AUTORES CELESTIALES

EL UNIVERSO HABITADO

Selección de escritos de la revelación Urantia

Recopilados por Saskia Praamsma

Traducción del inglés
por Ángel F. Sánchez Escobar

SQUARE CIRCLES PUBLISHING

EL UNIVERSO HABITADO
por Autores Celestiales
Recopilados por Saskia Praamsma
a partir de una selección de escritos de la revelación Urantia.
Publicado inicialmente en 2014 como THE INHABITED UNIVERSE

Portada y formato del libro: Syrp & Co.
Collage de imágenes de www.nasa.gov/copyright Triff, 2014
Usado bajo licencia de Shutterstock.com

ISBN: 978-1-7344621-7-3
eISBN: 978-1-7344621-8-0

SQUARE CIRCLES PUBLISHING
Nevada, EE. UU.

SquareCirclesPublishing.com
SquareCircles.com
LifeOnOtherWorlds.com

Índice

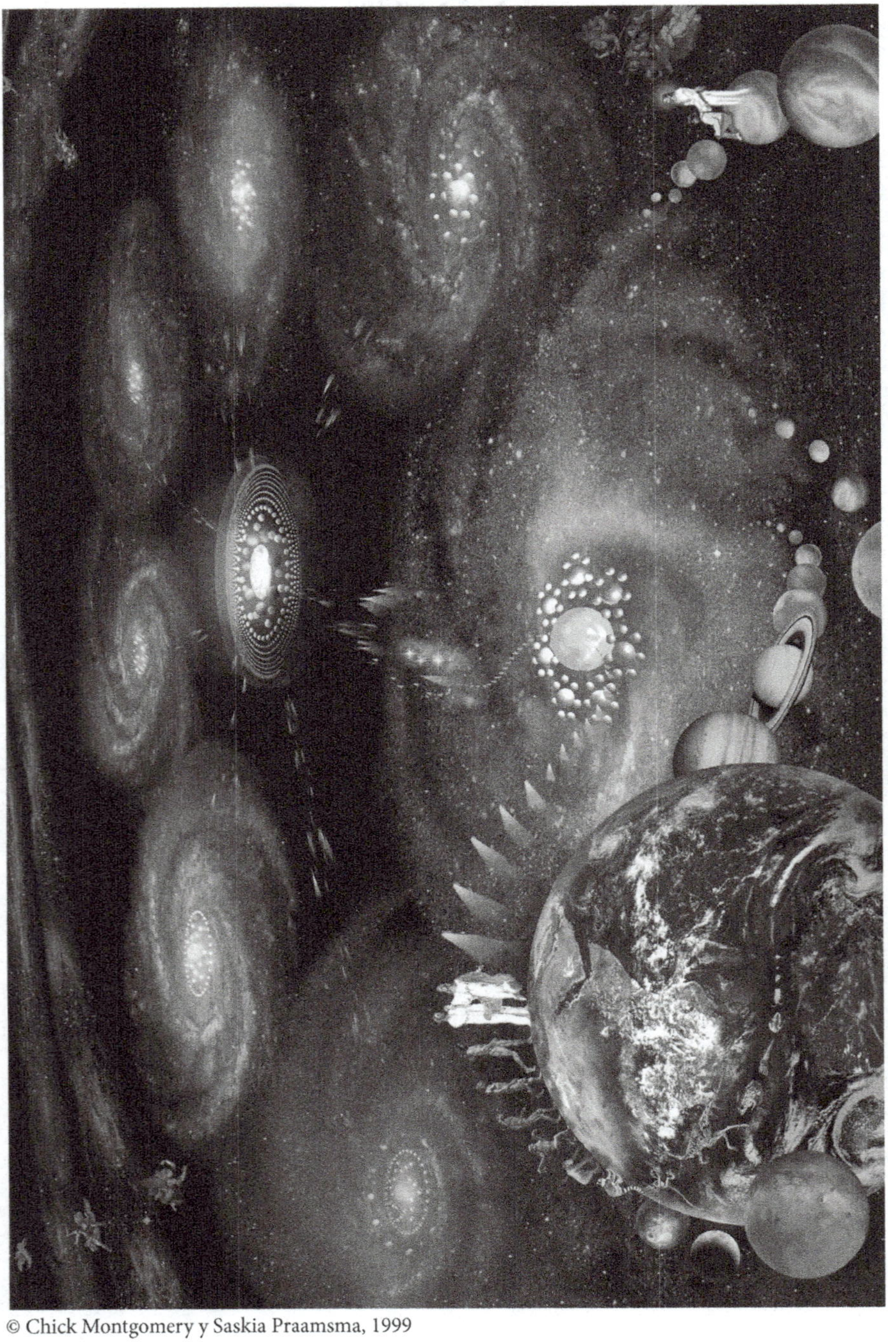

Concepción artística del universo matriz, tal como se describe en la revelación Urantia.

Introducción

POR MEDIO de un receptor humano anónimo, unos autores celestiales hicieron entrega a nuestro mundo de la REVELACIÓN URANTIA. Se publicó en 1955 como *The Urantia Book* (*El libro de Urantia*), un libro de 2097 páginas dividido en 196 escritos. En estos, se describe a Dios, el gran universo y sus numerosos habitantes, nuestra parte del cosmos, vida tras la muerte, el origen e historia de nuestro planeta —Urantia—, la vida y las enseñanzas de Jesús y el glorioso destino que Dios tiene previsto para todas las criaturas de sus inmensos dominios —una vida sin fin, de oportunidades inagotables y de progreso ilimitado—.

Los siguientes pasajes del Prólogo del libro, redactados por un ser personal sobrehumano que se llama a sí mismo "consejero divino de Orvontón, jefe del colectivo de seres personales del suprauniverso designado para describir en Urantia la verdad acerca de las Deidades del Paraíso y el universo de los universos", nos hace una breve representación de la configuración del gran universo:

> Vuestro mundo, Urantia, es uno de los muchos similares planetas habitados que componen el universo local de Nebadón. Este universo, junto a creaciones similares, forma el suprauniverso de Orvontón, de cuya capital, Uversa, procede nuestra comisión. Orvontón es uno de los siete suprauniversos evolutivos del tiempo y del espacio que circundan la creación sin principio ni fin de la perfección divina: el universo central de Havona. En el corazón de este universo central y eterno, se encuentra la Isla estacionaria del Paraíso, centro geográfico de la infinitud y morada del Dios Eterno.

> Al conjunto de los siete suprauniversos en evolución más el universo central y divino lo denominamos comúnmente *gran universo*; estos constituyen en este momento las creaciones organizadas y habitadas. Todas ellas forman parte del *universo matriz*, que a su vez engloba a los universos deshabitados, aunque en activación, del espacio exterior.

Esta selección de escritos se centra en los múltiples mundos con los que nos encontraremos conforme viajemos a través del universo, mundos rebosantes de vida, tanto humana como sobrehumana.

Saskia Praamsma
Compiladora

Sinopsis de los escritos

Estos escritos ni siquiera empiezan a agotar, ni pueden, la historia de las criaturas vivas, de los creadores, de los seres eventuados, ni incluso de seres que tienen otro modo de existencia, que viven y adoran y sirven en los universos pululantes del tiempo y en el universo central de la eternidad. (30:1.114)[1]

* * *

El Paraíso es el centro geográfico de la infinitud (11:9.2)... el centro de toda la creación, la fuente de todas las energías y el origen primordial de todos los seres personales... Para los mortales, lo más importante acerca del Paraíso eterno es el hecho de que esta morada perfecta del Padre Universal es el destino real y remoto de las almas inmortales de los hijos mortales y materiales de Dios, de las criaturas que ascienden de los mundos evolutivos del tiempo y del espacio. (11:9.8)

* * *

La gravedad es la atracción todopoderosa de la presencia física del Paraíso... el filamento omnipotente en el que se enhebran todas las estrellas fulgurantes, los soles brillantes y las esferas rotatorias que constituyen el ornamento físico y universal del Dios Eterno, que es todas las cosas, llena todas las cosas y en quien consisten todas las cosas. (11:8.1)

* * *

[1] En referencia al número de escrito (30), sección (1), párrafo (114) *Los Escritos de Urantia*..

El Padre ciertamente reside en el Paraíso, pero su divina presencia mora igualmente en la mente de los hombres (12:7.13)... "Dios es espíritu", pero el Paraíso no lo es. El universo material es siempre el escenario en donde toda la actividad espiritual tiene lugar; los seres espirituales y los espíritus que ascienden viven y laboran en esferas físicas de realidad material. (12:8.1)

* * *

Los universos del espacio y los sistemas y mundos de que están formados son esferas rotatorias, que se mueven a lo largo de las ilimitadas vías que circulan por los niveles espaciales del universo matriz. No hay en absoluto nada estacionario en todo el universo matriz, excepto el centro mismo de Havona, la Isla eterna del Paraíso, el centro de gravedad. (12:4.1)

* * *

Los seres espirituales no moran en un espacio nebuloso; no habitan mundos etéreos sino que residen en esferas auténticas de naturaleza material, en mundos tan reales como aquellos en los que viven los mortales. Los mundos de Havona son reales y auténticos, aunque su masa real difiere del patrón material de los planetas de los siete suprauniversos. (14:2.1)

* * *

Vuestro planeta forma parte de un cosmos enorme; vosotros pertenecéis a un conjunto casi infinito de mundos... (15:14.9) En el gran universo, el número de vuestro mundo es 5 342 482 337 666. Ese es el número registrado en Uversa y en el Paraíso, vuestro número en el censo de mundos habitados (15:14.8)... [Urantia] es el número 606 en el conjunto planetario, o sistema, de Satania. Este sistema tiene actualmente 619 mundos habitados, y más de doscientos otros planetas evolucionan de forma propicia para en el futuro transformarse en mundos habitados. (15:14.5)

* * *

La vida no se origina espontáneamente. La vida se forma según los planes formulados por los (no revelados) arquitectos del ser y aparece en los planetas habitados por importación directa o como consecuencia de las intervenciones de los portadores de vida de los universos locales. Estos portadores de vida se cuentan entre los seres más interesantes y versátiles de la diversa familia de hijos del universo. A ellos se les ha confiado diseñar y llevar la vida a las esferas planetarias. Y una vez que han implantado la vida en estos mundos nuevos, permanecen allí durante largos períodos de tiempo para impulsar su desarrollo. (36:0.1)

* * *

El amor por la aventura, la curiosidad y el temor a la monotonía —esas características innatas en la naturaleza evolutiva del hombre— no están ahí tan solo para exasperarte y perturbarte durante tu breve estancia en la tierra, sino más bien para sugerirte que la muerte es tan solo el comienzo de un interminable camino en la aventura, de una vida perpetua en la expectación, de un viaje eterno en el descubrimiento. (14:5.10)

* * *

En los mundos de las moradas, los supervivientes mortales resucitados continúan su vida exactamente donde la dejaron en el momento en el que los sorprendió la muerte. Cuando os dirijáis desde Urantia al primer mundo de morada, notaréis un cambio considerable, pero si procedierais de una esfera del tiempo más normal y progresiva, sería difícil que os percataseis de la diferencia a no ser por el hecho de que tendríais un cuerpo distinto; el tabernáculo de carne y hueso ha quedado atrás, en el mundo en el que nacisteis. (47:3.1)

* * *

Existe un propósito grande y glorioso en la marcha de los universos por el espacio. Todas vuestras luchas humanas no son en vano. Todos somos parte de un plan inmenso, de un gigantesco emprendimiento, y es la inmensidad de esta labor la que imposibilita que, en un momento determinado o durante una vida, veamos gran parte de ella. Todos formamos parte de un proyecto eterno que los Dioses dirigen y llevan a cabo. La espléndida totalidad del mecanismo universal sigue su marcha a través del espacio, con majestuosidad, al compás de la música del pensamiento infinito y del propósito eterno de la Primera Gran Fuente y Centro. (32:5.1)

UNO

La Isla eterna del Paraíso

(ESCRITO 11)

EL PARAÍSO es el centro eterno del universo de los universos y la morada del Padre Universal, del Hijo Eterno, del Espíritu Infinito y de sus divinos iguales en rango entre sí y colaboradores. Esta isla central es la masa organizada de realidad cósmica más gigantesca de todo el universo matriz. El Paraíso es una esfera material al igual que una morada espiritual. Toda la creación inteligente del Padre Universal reside en moradas materiales; por consiguiente, el centro rector absoluto debe ser también material, real. Y de nuevo debe reiterarse que las cosas y los seres espirituales son *reales*.

La belleza material del Paraíso consiste en la magnificencia de su perfección física; la grandiosidad de la Isla de Dios se manifiesta en los excelentes logros intelectuales y en el desarrollo mental de sus habitantes; la gloria de la Isla central se muestra en la infinita dotación del ser personal espiritual y divino, de la luz de la vida. Pero la intensidad de la belleza espiritual y las maravillas de este conjunto magnífico sobrepasan por completo la comprensión de la mente finita de las criaturas materiales. La gloria y el esplendor espiritual de la morada divina son inimaginables para los mortales. Y el Paraíso existe desde la eternidad; no existe constancia ni tradición alguna en cuanto al origen de esta isla nuclear de luz y vida.

1. El lugar de residencia divino

El Paraíso tiene muchos cometidos en relación con la administración de los dominios universales, pero para los seres creados existe esencialmente como morada de la Deidad. La presencia personal del Padre Universal reside en el centro mismo de la superficie superior de esta morada de las Deidades, cuya forma es casi circular, pero no esférica. Esta presencia del Padre Universal en el Paraíso está rodeada de cerca por la presencia personal del Hijo Eterno, mientras que ambos están investidos de la inefable gloria del Espíritu Infinito.

Dios habita, ha habitado y habitará por siempre en esta misma morada central y eterna. Siempre lo hemos hallado allí y siempre allí lo hallaremos. El Padre Universal converge cósmicamente, se hace personal espiritualmente y reside geográficamente en este centro del universo de los universos.

Todos conocemos la ruta que hemos de seguir para encontrar al Padre Universal. Vosotros no podéis comprender mucho acerca de la morada divina debido a la remota distancia que está de vosotros y a la inmensidad del espacio que os separa de ella, pero los que pueden entender el significado de estas distancias enormes conocen la ubicación y la morada de Dios con tanta certeza y exactitud como vosotros conocéis la ubicación de Nueva York, Londres, Roma o Singapur, ciudades claramente situadas en la geografía de Urantia. Si fueras un hábil navegante y estuvieras equipado de nave, mapas y brújula, podrías encontrar estas ciudades con facilidad. Asimismo, si tuvieras el tiempo y el modo de viajar, estuvieras capacitado espiritualmente y contaras con la guía necesaria, podrías pilotar de universo en universo y circular vía tras vía, viajando siempre hacia el interior a través de los dominios estelares, hasta que por fin te hallaras ante el resplandor central de la gloria espiritual del Padre Universal. Provisto de todo lo necesario para el viaje, resulta tan factible encontrar la presencia personal de Dios en el centro de todas las cosas como lo es encontrar ciudades distantes en vuestro propio planeta. El hecho de que no hayas visitado estos sitios no niega en modo alguno su realidad ni su existencia como tal. El hecho de que tan pocas criaturas del universo hayan encontrado a Dios en el Paraíso niega, en modo alguno, ni la realidad de su existencia ni la de su persona espiritual en el centro de todas las cosas.

Siempre se encontrará al Padre localizado en este centro. Si él se trasladara, se desencadenaría el caos universal, porque en él convergen, en este centro de residencia, las líneas universales de la gravedad desde los confines de la creación. Ya sea que remontemos la vía circulatoria del ser personal a través de los universos o sigamos a los seres personales que ascienden en dirección interna en su viaje hacia el Padre, ya sea que remontemos las líneas de la gravedad material hasta el Paraíso inferior o sigamos los ciclos pulsantes de la fuerza cósmica, ya sea que remontemos las líneas de la gravedad espiritual hasta el Hijo Eterno o sigamos la marcha en dirección interna de los hijos de Dios del Paraíso, ya sea que remontemos las vías circulatorias de la mente o sigamos los billones de billones de seres celestiales que surgen del Espíritu Infinito, mediante cualquiera o todas estas observaciones se nos conducirá directamente hasta la presencia del Padre, en su morada central. Aquí Dios está personal, auténtica y realmente presente, y desde su ser infinito fluye el caudal de la vida, de la energía y del ser personal para todos los universos.

2. Naturaleza de la Isla eterna

Puesto que estáis comenzando a vislumbrar la enormidad del universo material perceptible incluso desde vuestra ubicación astronómica, desde vuestra posición espacial en los sistemas estelares, debería ser evidente para vosotros que un universo material tan colosal ha de contar con una capital adecuada y digna, con una sede central a la altura de la dignidad e infinidad del Gobernante universal de toda esa extensa creación de dominios materiales y de seres vivos.

El Paraíso, en su forma, se diferencia de los cuerpos espaciales habitados por no ser esférico. Es claramente elipsoide, siendo un sexto más largo en su diámetro norte-sur que en su diámetro este-oeste. La Isla central es esencialmente plana, y la distancia desde la superficie superior hasta la superficie inferior es un décimo del diámetro este-oeste.

Estas diferencias en dimensiones, junto con su condición estacionaria y la mayor presión exterior de la fuerza-energía en el extremo norte de la Isla, permiten establecer su absoluta orientación en el universo matriz.

La Isla central se divide geográficamente en tres ámbitos de actividad:

1. El Paraíso superior.
2. El Paraíso periférico.
3. El Paraíso inferior.

La superficie del Paraíso, el lugar de actividad de los seres personales, se define como la zona superior y, la superficie opuesta, como la zona inferior. La periferia del Paraíso acomoda una actividad que no es, en sentido estricto, ni personal ni no personal. La Trinidad parece dominar el plano personal o superior, el Absoluto Indeterminado, el plano inferior o impersonal. No creemos de ninguna manera que el Absoluto Indeterminado sea una persona, pero sí consideramos que la presencia operativa en el espacio de este Absoluto tiene su punto de convergencia en el Paraíso inferior.

La Isla eterna está formada de una sola materia —sistemas estacionarios de realidad—. Esta sustancia real del Paraíso, organizada homogéneamente a partir de la potencia espacial, no se encuentra en ninguna otra parte del amplio universo de los universos. Ha recibido muchos nombres en los diferentes universos, y los melquisedecs de Nebadón, desde hace mucho tiempo, la han denominado *absolutum*. Esta materia originaria del Paraíso no está ni muerta ni viva; es la expresión primigenia y no espiritual de la Primera Fuente y Centro; es *Paraíso,* y el Paraíso no tiene duplicado

Parece que la Primera Fuente y Centro ha concentrado todo el potencial absoluto de la realidad cósmica en el Paraíso como parte de su modo de liberarse a sí misma de las limitaciones de la infinitud, como medio para posibilitar la creación subinfinita e incluso la espacio-temporal. Pero del hecho de que el universo de los universos exhiba estas cualidades no se desprende que el Paraíso esté limitado por el tiempo y el espacio. El Paraíso existe sin tiempo y no tiene ubicación en el espacio.

A grandes rasgos, el espacio al parecer se origina justo debajo del Paraíso inferior; el tiempo, justo encima del Paraíso superior. El tiempo, tal como vosotros lo entendéis, no caracteriza la existencia en el Paraíso, aunque los habitantes de la Isla central son plenamente conscientes de la secuencia temporal de los acontecimientos. El movimiento no es inherente al Paraíso; es volitivo. Pero el concepto de distancia, incluso de distancia absoluta, tiene gran significado al poderse aplicar a ubicaciones relativas en el Paraíso. El Paraíso no es espacial; por consiguiente sus áreas son absolutas y, por lo tanto, utilizables en modos que sobrepasan la noción de la mente mortal.

3. El Paraíso superior

En el Paraíso superior se dan tres grandes ámbitos de actividad: la *presencia de la Deidad*, el *Ámbito Santísimo* y el *Área Santa*. La inmensa región que rodea inmediatamente la presencia de las Deidades, el Ámbito Santísimo, se dedica a la labor de adoración, de trinitización y de elevado logro espiritual. En esta zona, no hay construcciones materiales ni creaciones puramente intelectuales; no podrían existir allí. Me resulta inútil intentar describir para la mente humana la naturaleza divina y la esplendorosa magnitud del Ámbito Santísimo del Paraíso. Este entorno es completamente espiritual; y vosotros sois casi completamente materiales. Una realidad puramente espiritual es, para un ser puramente material, aparentemente inexistente.

Aunque no haya materia física en el área del Santísimo, hay abundantes recuerdos de vuestros días materiales en los sectores de la Tierra Santa y los hay incluso más en las áreas históricas recordatorias del Paraíso periférico.

El Área Santa, la región exterior o de residencia, está dividida en siete zonas concéntricas. Al Paraíso se le llama a veces "la casa del Padre" puesto que es su lugar de eterna residencia, y a estas siete zonas se las denomina con frecuencia "las moradas del Padre en el Paraíso". La zona interior o primera está ocupada por los ciudadanos del Paraíso y los originarios de Havona que puedan habitar en el Paraíso. La zona siguiente, o segunda, es la zona de residencia de los originarios de los siete suprauniversos del tiempo y del espacio. Esta segunda zona está en parte subdividida en siete inmensas divisiones. Es la residencia habitual en el Paraíso de seres espirituales y de criaturas que ascienden desde los universos evolutivos. Cada uno de estos sectores está dedicado en exclusiva al bien y al progreso de los seres personales de cada suprauniverso, pero estos complejos sobrepasan de manera casi infinita las especificaciones de los actuales siete suprauniversos.

Cada uno de los siete sectores del Paraíso se subdivide en unidades residenciales capaces de albergar a mil millones de equipos de seres glorificados. Mil de estas unidades constituyen una división. Cien mil divisiones corresponden a una congregación. Diez millones de congregaciones constituyen una asamblea. Mil millones de asambleas componen una gran unidad. Y esta serie ascendente continúa a través de la segunda gran unidad, la tercera y así sucesivamente hasta la séptima gran unidad. Siete de las grandes unidades componen las unidades mayores, y siete unidades mayores constituyen una unidad superior. De este modo, en agrupaciones de siete, las series ascendentes se expanden a través de las unidades superiores, suprasuperiores, celestiales y supracelestiales, hasta las unidades supremas. Pero incluso esto no llega a ocupar todo el espacio disponible. Este asombroso número de residencias del Paraíso, un número que rebasa vuestro entendimiento, ocupa mucho menos del uno por ciento del área asignada de Tierra Santa. Aún hay lugar de sobra para los que están de camino al interior, e incluso para los que no comenzarán la ascensión al Paraíso sino hasta los tiempos del futuro eterno.

4. El Paraíso periférico

La Isla central termina de forma abrupta en la periferia, pero su extensión es tan enorme que su ángulo de terminación es relativamente imperceptible desde cualquier área determinada. La superficie periférica del Paraíso está ocupada, en parte, por los recintos de llegada y salida de distintos grupos de seres personales espirituales. Puesto que las zonas no infundidas del espacio casi tocan la periferia, todos los transportes de seres personales destinados al Paraíso hacen su llegada en estas regiones. Ni el Paraíso superior ni el inferior son accesibles para los supernafines de transporte ni para otros tipos de surcadores del espacio.

Los siete espíritus mayores tienen su posición personal de potencia y autoridad en las siete esferas del Espíritu, que circundan el Paraíso en el espacio entre los orbes resplandecientes del Hijo y la vía de circulación interna de los mundos de Havona, pero mantienen sedes centrales de convergencia de la fuerza en la periferia del Paraíso. Aquí, las presencias de los siete directores supremos de la potencia, circundando lentamente, indican la ubicación de las siete estaciones de transmisión de determinadas energías que salen del Paraíso para los siete suprauniversos.

Aquí, en el Paraíso periférico, están las enormes áreas de exposición histórica y profética asignadas a los hijos creadores, y dedicadas a los universos locales del tiempo y del espacio. Hay justamente siete billones de estos enclaves históricos ya establecidos o en reserva, pero dichos emplazamientos en su conjunto ocupan solamente alrededor de un cuatro por ciento de esa porción del área periférica asignada para ello. Deducimos que estas inmensas reservas pertenecen a creaciones que en algún momento se localizarán más allá de las fronteras de los siete suprauniversos habitados actualmente conocidos.

Tal porción del Paraíso designada para el uso de los universos existentes está ocupada solamente entre un uno y un cuatro por ciento, en tanto que el área asignada a esta actividad es al menos un millón de veces mayor de lo que se requiere para dicho objeto. El Paraíso es lo suficientemente grande como para dar cabida a la actividad de una creación casi infinita.

Pero no sería de utilidad continuar intentando que imaginéis las glorias del Paraíso. Debéis esperar, y ascender mientras esperáis, porque verdaderamente "el ojo no ha visto, ni el oído ha oído, ni ha penetrado en la mente del hombre mortal, lo que el Padre Universal ha preparado para los que sobreviven a la vida en la carne de los mundos del tiempo y del espacio".

5. El Paraíso inferior

En cuanto al Paraíso inferior, sabemos tan solo lo que se ha revelado; los seres personales no habitan allí. No tiene nada que ver con los asuntos de las inteligencias espirituales, ni tampoco obra allí el Absoluto de la Deidad. Se nos informa de que todas las vías circulatorias de la energía física y de la fuerza cósmica tienen su origen en el Paraíso inferior, y de que este está constituido de la siguiente manera:

1. Directamente bajo la ubicación de la Trinidad, en la porción central del Paraíso Inferior, se encuentra la desconocida y no revelada Zona de la Infinitud.

2. Esta zona está inmediatamente rodeada por un área sin identificar.

3. En los márgenes externos de la superficie inferior hay una región relacionada mayormente con la potencia del espacio y la fuerza-energía. La actividad de este inmenso centro elíptico de fuerza no se identifica con las funciones conocidas de ninguna triunidad, pero la carga primordial de fuerza del espacio parece que tiene su punto de convergencia en esta zona. Este centro consta de tres zonas elípticas concéntricas: la más interior es el punto de actividad de la fuerza-energía del Paraíso mismo; la más exterior puede identificarse posiblemente con las funciones del Absoluto Indeterminado; si bien, no estamos seguros respecto a las funciones espaciales de la zona intermedia.

La zona interior de este centro de fuerza parece servir de corazón gigantesco cuyas pulsaciones dirigen las corrientes hacia las fronteras más exteriores del espacio físico. Dirige y modifica la fuerza-energías, pero realmente no las impulsa. La realidad de la presión-presencia de esta fuerza primordial es ciertamente mayor en el extremo norte del centro del Paraíso que en las regiones del sur; esta es una diferencia que se registra con uniformidad. La fuerza matriz del espacio parece fluir hacia dentro en el sur y hacia fuera en el norte, mediante la operación de un sistema circulatorio desconocido que se ocupa de la difusión de esta forma básica de fuerza-energía. Periódicamente, también se manifiestan diferencias en las presiones este-oeste. Las fuerzas que emanan de esta zona no responden a ninguna gravedad física observable, pero siempre obedecen a la gravedad del Paraíso.

La zona intermedia del centro de fuerza rodea directamente a esta área. Esta zona intermedia parece ser estática excepto que se expande y contrae a través de tres ciclos de actividad. La menor de estas pulsaciones lo hace en dirección este-oeste; la siguiente, en sentido norte-sur; mientras que la fluctuación más grande se hace en todas las direcciones; sigue una expansión y una contracción generalizadas. La acción de esta área intermedia nunca ha sido en verdad identificada; si bien, debe tener algo que ver con los ajustes mutuos entre las zonas interior y exterior del centro de fuerza. Muchos creen que la zona intermedia es el mecanismo de control del espacio intermedio o zonas quietas que separan los niveles espaciales consecutivos del universo matriz, pero no hay evidencia o revelación alguna que lo confirme. Dicha suposición se basa en el conocimiento de que esta área intermedia se relaciona de alguna manera con el funcionamiento de los mecanismos del espacio no infundido del universo matriz.

La zona exterior es la más grande y más activa de los tres cinturones concéntricos y elípticos del potencial espacial no identificado. Esta área es el lugar de una inimaginable actividad; es el punto central de la vía circulatoria de las emanaciones que van hacia el espacio en todas direcciones hasta las fronteras más exteriores de los siete suprauniversos y más allá, hasta extenderse a los dominios, enormes e inescrutables, de todo el espacio exterior. Esta presencia espacial es enteramente impersonal a pesar de que, de alguna manera no desvelada, parece responder indirectamente a la voluntad y mandatos de las Deidades infinitas cuando actúan como Trinidad. Se cree que este es el punto central de convergencia, el centro en el Paraíso de la presencia espacial del Absoluto Indeterminado.

Todas las formas de fuerza y todas las facetas de la energía parecen ser circulatorias; circulan por el universo y regresan por rutas definidas. Pero, en cuanto a las emanaciones de la zona activada del Absoluto Indeterminado, parece que la dirección fuese hacia fuera o hacia dentro —nunca en ambas direcciones simultáneamente—. Esta zona exterior emite pulsaciones en ciclos temporales de proporciones gigantescas. Durante poco más de mil millones de años de Urantia, la fuerza espacial sale de este centro; luego, durante un período de tiempo semejante, retornará. Y las manifestaciones de la fuerza espacial de dicho centro son universales y se extienden por todas partes del espacio infundible.

Toda fuerza física, energía y materia son una. Toda la fuerza-energía proviene originariamente del Paraíso inferior y acabará por regresar allí tras completar su vía circulatoria en el espacio. Pero no toda organización material y energética del universo de los universos en sus estados fenoménicos actuales se originó en el Paraíso inferior; el espacio es el seno de varias formas de energía y de premateria. Aunque la zona exterior del centro de fuerza en el Paraíso es la fuente de las energías espaciales, el espacio no se origina allí. El espacio no es fuerza ni energía ni potencia. Tampoco las pulsaciones de esta zona explican la respiración del espacio; no obstante, las fases de entrada y de salida de esta zona están sincronizadas con los ciclos espaciales de expansión-contracción de dos mil millones de años.

6. La respiración del espacio

No conocemos el mecanismo real de la respiración espacial; simplemente observamos que el espacio completo se contrae y se expande de forma alternativa. Esta respiración afecta tanto a la extensión horizontal del espacio infundido como a las extensiones verticales del espacio no infundido que existen en los inmensos reservorios espaciales por encima y por debajo del Paraíso. Para intentar imaginar la configuración del volumen de estos reservorios espaciales, podríais pensar en un reloj de arena.

Cuando los universos de la extensión horizontal del espacio infundido se expanden, los reservorios de la extensión vertical del espacio no infundido se contraen, y viceversa. Hay una confluencia del espacio infundido y no infundido justo bajo el Paraíso inferior. Ambos tipos de espacio confluyen allí a través de canales reguladores y trasmutadores, donde se operan cambios que hacen no infundible el espacio infundible y viceversa en los ciclos de contracción y expansión del cosmos.

Espacio "no infundido" significa no infundido de aquellas fuerzas, energías, potencias y presencias que se sabe existen en el espacio infundido. No sabemos si el espacio vertical (reservorio) está siempre destinado a obrar como el contrapeso del espacio horizontal (universo); no sabemos si hay una intención creativa respecto del espacio no infundido; realmente sabemos muy poco acerca de los reservorios espaciales, simplemente que existen y que parecen contrabalancear los ciclos espaciales de expansión-contracción del universo de los universos.

Los ciclos de respiración del espacio duran en cada fase poco más de mil millones de años de Urantia. Durante una fase, los universos se expanden; durante la siguiente, se contraen. El espacio infundido se está aproximando ahora a un punto medio de la fase de expansión, en tanto que el espacio no infundido se aproxima al punto medio de la fase de contracción, y se nos ha informado de que los límites externos de ambas extensiones espaciales están ahora, en teoría, aproximadamente equidistantes del Paraíso. Los reservorios de espacio no infundido se extienden ahora en sentido vertical por encima del Paraíso superior y por debajo del Paraíso inferior, al igual que el espacio infundido del universo se extiende horizontalmente hacia fuera desde el Paraíso periférico hasta el cuarto nivel del espacio exterior e incluso más allá.

Durante mil millones de años en tiempo de Urantia, los reservorios espaciales se contraen mientras que el universo matriz y la actividad de fuerza de todo el espacio horizontal se expanden. Por consiguiente, hacen falta algo más de dos mil millones de años de Urantia para concluir el ciclo completo de expansión-contracción.

7. Actividad espacial del Paraíso

El espacio no existe en ninguna de las superficies del Paraíso. Si uno "mirara" directamente hacia arriba desde la superficie superior del Paraíso, no "vería" nada sino espacio no infundido que entra o que sale, y que en este momento entra. El espacio no toca al Paraíso; solo las *zonas quiescentes del espacio intermedio* entran en contacto con la Isla central.

El Paraíso es, en realidad, el núcleo inmóvil de las zonas relativamente quiescentes que existen entre el espacio infundido y el espacio no infundido. Geográficamente, estas zonas parecen ser una extensión relativa del Paraíso, pero probablemente tengan algún movimiento. Sabemos muy poco acerca de ellas, pero observamos que tales zonas de reducido movimiento espacial separan el espacio infundido del espacio no infundido. Zonas similares existieron en el pasado entre los niveles del espacio infundido, pero ahora son menos quiescentes.

Una sección vertical del espacio total se asemejaría ligeramente a una cruz de Malta, donde los brazos horizontales representan el espacio infundido (universo) y los brazos verticales representan el espacio no infundido (reservorio). Las áreas entre los cuatro brazos las separarían de forma semejante a como las zonas del espacio intermedio separan el espacio infundido del no infundido. Estas zonas quiescentes del espacio intermedio se van agrandando cada vez más cuanto más aumentan su lejanía del Paraíso y, finalmente, abarcan las fronteras de todo el espacio y encierran completamente tanto los reservorios espaciales como toda la extensión horizontal del espacio infundido.

El espacio no es ni una condición subabsoluta dentro del Absoluto Indeterminado ni la presencia de este, ni tampoco es la acción del Último. Es concesión del Paraíso, y se cree que el espacio del gran universo y el de todas las regiones exteriores realmente está infundido por la ancestral potencia espacial del Absoluto Indeterminado. Desde un lugar próximo al Paraíso periférico, este espacio infundido se extiende horizontalmente hacia fuera a través del cuarto nivel espacial y más allá de la periferia del universo matriz, pero no sabemos cuánto más.

Si imagináis un plano en forma de V, finito pero inconcebiblemente grande, ubicado en ángulo recto respecto de las superficies superior e inferior del Paraíso, con la punta casi tangente al Paraíso Periférico, y luego imagináis ese plano en revolución elíptica alrededor del Paraíso, su revolución esbozaría aproximadamente el volumen del espacio infundido.

Hay un límite superior y un límite inferior del espacio horizontal con referencia a cualquier lugar dado en los universos. Si uno pudiera moverse lo bastante lejos en ángulo recto respecto del plano de Orvontón, ya sea hacia arriba o hacia abajo, se podría encontrar finalmente el límite superior o inferior del espacio infundido. Dentro de las dimensiones conocidas del universo matriz, estos límites se separan cada vez más del Paraíso; el espacio se ensancha, y se ensancha con algo más de rapidez que lo hace el plano de la creación, de los universos.

Las zonas relativamente quietas entre los niveles del espacio, tal como la que separa a los siete suprauniversos del primer nivel del espacio exterior, son enormes regiones elípticas de quiescente actividad espacial. Estas zonas separan las inmensas galaxias que giran de forma veloz y en ordenada procesión alrededor del Paraíso. Podéis concebir el primer nivel del espacio exterior, donde incalculables universos están ahora en proceso de formación, como una inmensa procesión de galaxias que giran alrededor del Paraíso, limitadas hacia arriba y hacia abajo por las zonas quiescentes del espacio intermedio y limitadas en los márgenes interior y exterior por zonas de espacio relativamente tranquilas.

Un nivel espacial actúa, pues, como una región elíptica de movimiento rodeada por todas partes de una relativa falta de movimiento. Tales relaciones de movimiento y quiescencia constituyen una senda espacial curva de menor resistencia al movimiento, a la que la siguen de forma universal la fuerza cósmica y la energía emergente conforme circundan por siempre la Isla del Paraíso.

Esta división del universo matriz en zonas alternas, junto con el flujo alterno de las galaxias en el sentido de las manecillas del reloj y en sentido contrario, constituye un factor estabilizador de la gravedad física concebido para prevenir el aumento de la presión de la gravedad, hasta el punto de producirse actividades disruptivas o de dispersión. Esta disposición ejerce un efecto antigravitatorio y sirve de freno a velocidades, que de otro modo serían problemáticas.

8. La gravedad del Paraíso

La atracción ineludible de la gravedad mantiene realmente sujetos a todos los mundos de todos los universos de todo el espacio. La gravedad es la atracción todopoderosa de la presencia física del Paraíso. La gravedad es el filamento omnipotente en el que se enhebran todas las estrellas fulgurantes, los soles brillantes y las esferas rotatorias que constituyen el ornamento físico y universal del Dios Eterno, que es todas las cosas, llena todas las cosas y en quien consisten todas las cosas.

El centro y el punto de actividad de la gravedad material absoluta es la Isla del Paraíso, complementada por los cuerpos oscuros de gravedad que circundan Havona y equilibrada por los reservorios del espacio inferior y superior. Todas las emanaciones conocidas del Paraíso inferior invariable e infaliblemente responden a la atracción de la gravedad central que opera en las interminables vías que circulan por los niveles espaciales elípticos del universo matriz. Toda forma conocida de realidad cósmica tiene la curvatura de las eras, la tendencia del círculo, la oscilación de la gran elipse.

El espacio no responde a la gravedad, pero sirve de equilibrador de la gravedad. Sin la amortiguación del espacio, la acción explosiva sacudiría los cuerpos espaciales circundantes. El espacio infundido también ejerce una influencia antigravitatoria sobre la gravedad física o lineal; el espacio puede realmente neutralizar la acción de la gravedad aunque no puede retardarla. La gravedad absoluta es la gravedad del Paraíso. La gravedad local o lineal pertenece a una etapa eléctrica de la energía o de la materia; opera dentro del universo central, los suprauniversos y los universos exteriores, dondequiera que haya tenido lugar una adecuada materialización.

Las numerosas formas de la fuerza cósmica, de la energía física, de la potencia universal y de las diversas materializaciones revelan tres etapas generales no perfectamente delineadas de respuesta a la gravedad del Paraíso:

1. *Etapas pregravitatorias (fuerza).* Este es el primer paso en la diferenciación de la potencia espacial en formas preenergéticas de fuerza cósmica. Este estado es análogo al concepto de la carga-fuerza primordial del espacio, a veces llamada *energía pura* o *segregata.*

2. *Etapas gravitatorias (energía).* Esta modificación de la carga-fuerza del espacio se produce por la acción de los organizadores de la fuerza del Paraíso. Señala la aparición de los sistemas de energía que responden a la atracción de la gravedad del Paraíso. Esta energía emergente es originariamente neutral, pero después de posteriores metamorfosis mostrará las llamadas cualidades positivas y negativas. Designamos a estas etapas *ultimata.*

3. *Etapas posgravitatorias (potencia del universo o potencia universal).* En esta etapa, la energía-materia revela su respuesta a la acción de la gravedad lineal. En el universo central, estos sistemas físicos son estructuras triples conocidas como *triata.* Estos son los sistemas maternos de la absoluta potencia de las creaciones del tiempo y del espacio. Los directores de la potencia del universo y sus colaboradores activan los sistemas físicos de los suprauniversos. Estas estructuras materiales tienen una constitución doble y se conocen como *gravita.* Los cuerpos oscuros de gravedad que circundan Havona no son ni triata ni gravita, y su poder de atracción desvela las dos formas de gravedad física, la lineal y la absoluta.

La potencia del espacio no está sujeta a la interacción de forma alguna de gravitación. Esta dotación primordial del Paraíso no constituye un nivel auténtico de realidad, pero antecede a todas las realidades, operativas y relativas, no espirituales —todas las manifestaciones de la fuerza-energía y la organización de la potencia y la materia—. La potencia espacial es un término difícil de definir. No significa aquello ancestral al espacio; su significado debe transmitir la idea de las potencias y potenciales existentes dentro del espacio. Se podría pensar, de manera aproximada, que incluye todas esas influencias y potenciales absolutos que emanan del Paraíso y constituyen la presencia espacial del Absoluto Indeterminado.

El Paraíso es la fuente absoluta y el eterno punto de actividad de toda la energía-materia del universo de los universos. El Absoluto Indeterminado es el revelador, regulador y depositario de aquello que tiene al Paraíso como su fuente y origen. La presencia universal del Absoluto Indeterminado parece ser equivalente al concepto de una extensión gravitatoria infinitamente potencial, de una tensión elástica de la presencia del Paraíso. Este concepto nos ayuda a captar el hecho de que todas las cosas son atraídas hacia el Paraíso. La ilustración es cruda, pero útil, no obstante. También explica por qué la gravedad siempre actúa de forma preferente en el plano perpendicular de la masa, un fenómeno que indica las dimensiones diferenciales del Paraíso y de las creaciones que lo rodean.

9. La singularidad del Paraíso

El Paraíso es único en el sentido de que constituye el origen primordial y el destino final de todos los seres personales espirituales. Aunque es cierto que no todos los seres espirituales menores de los universos locales están de inmediato destinados al Paraíso, el Paraíso no deja de ser la meta anhelada por todos los seres personales supramateriales.

El Paraíso es el centro geográfico de la infinitud; no es parte de la creación universal, ni siquiera parte real del eterno universo de Havona. Por lo común, nos referimos a la Isla central como perteneciente al universo divino, pero realmente no es así. El Paraíso es una existencia eterna y exclusiva.

En la eternidad del pasado, cuando el Padre Universal dio expresión infinita de su yo espiritual en el ser del Hijo Eterno, simultáneamente reveló la infinitud potencial de su yo no personal como Paraíso. Un Paraíso no personal y no espiritual parece haber sido la consecuencia inevitable de la voluntad y la acción del Padre que eternizó al Hijo Primigenio. De este modo, el Padre proyectó la realidad en dos facetas: la personal y la no personal, la espiritual y la no espiritual. La tensión entre ellas, frente a la voluntad de acción del Padre y del Hijo, dio existencia al Actor Conjunto y al universo central de mundos materiales y seres espirituales.

Cuando la realidad se diferencia entre el ser personal y lo no personal (el Hijo Eterno y el Paraíso), no es apropiado denominar "Deidad" a aquello que es no personal a menos que se determine de alguna manera. Las consecuencias materiales y energéticas de los actos de la Deidad difícilmente podrían llamarse Deidad. La Deidad puede originar muchas cosas que no son Deidad, el Paraíso no es Deidad; como tampoco es consciente de cómo el hombre mortal puede llegar a comprender dicho término.

El Paraíso no antecede a ningún ser o entidad viva; no es creador. El ser personal y las relaciones de mente-espíritu son *trasmisibles*, pero el modelo no lo es. Los modelos nunca son reflejos; nunca son duplicaciones, reproducciones. El Paraíso es el absoluto de los modelos; Havona es una manifestación de estos potenciales en actualidad.

El lugar de residencia de Dios es central y eterno, glorioso y ejemplar. Su residencia habitual constituye un bello modelo para todos los mundos sedes del universo; el universo central contiguo a su morada constituye un modelo para todos los universos en lo que se refiere a excelencia, organización y destino último.

El Paraíso es la sede universal de toda la actividad de los seres personales y el origen-centro de todas las manifestaciones de fuerza-espacio y de energía. Todo lo que ha sido, es ahora o está todavía por ser, ha procedido, procede ahora o procederá de esta morada central de los Dioses eternos. El Paraíso es el centro de toda la creación, la fuente de todas las energías y el origen primordial de todos los seres personales.

Al fin y al cabo, para los mortales, lo más importante acerca del Paraíso eterno es el hecho de que esta morada perfecta del Padre Universal es el destino real y remoto de las almas inmortales de los hijos mortales y materiales de Dios, de las criaturas que ascienden de los mundos evolutivos del tiempo y del espacio. Todo mortal que conoce a Dios y que ha emprendido la andadura del cumplimiento de la voluntad del Padre ya se ha embarcado en la larga, en la larguísima senda hacia el Paraíso para buscar la divinidad y lograr la perfección. Y cuando un ser de origen animal llega por fin a la presencia de los Dioses del Paraíso, como lo hacen innumerables otros, habiendo ascendido desde las esferas modestas del espacio, ese logro representa la realidad de una transformación espiritual que linda los límites de la supremacía.

[Exposición de un perfeccionador de la sabiduría encomendado para esta labor por los ancianos de días de Uversa.]

DOS

El universo de los universos

(escrito 12)

POR SU inmensidad, la extensa creación del Padre Universal está totalmente fuera del alcance de la imaginación finita; la enormidad del universo matriz deja estupefactos a seres incluso poseedores de la capacidad nocional del orden al que pertenezco. Pero, en gran medida, se puede instruir a la mente mortal en el plan y disposición de los universos. Hay cosas que podéis conocer en relación a su organización física y a su extraordinaria administración; podéis aprender mucho acerca de los diversos grupos de seres inteligentes que habitan los siete suprauniversos del tiempo y el universo central de la eternidad.

En principio, es decir, en cuanto a su eterno potencial, concebimos la creación material como infinita porque el Padre Universal es realmente infinito, pero a medida que estudiamos y observamos la creación material en su totalidad, sabemos que en un determinado momento es limitada, aunque para vuestras mentes finitas sea relativamente ilimitada, prácticamente sin límites.

Mediante el estudio de las leyes físicas y la observación de las regiones estelares hemos llegado al convencimiento de que el Creador Infinito aún no ha manifestado en completud su expresión cósmica, de que gran parte del potencial cósmico del Infinito sigue sin revelar y está contenido en sí mismo. Para los seres creados, el universo matriz puede que parezca casi infinito, pero dista de estar acabado; todavía existen límites físicos en la creación material, y la revelación del propósito eterno, a nivel experiencial, sigue su curso.

1. Los niveles espaciales del universo matriz

El universo de los universos no es un plano infinito ni un cubo sin límites ni un círculo ilimitado; ciertamente tiene dimensiones. Las leyes de la organización física y de la administración prueban de forma concluyente que, en su totalidad, el inmenso conjunto de fuerza-energía y materia-potencia actúa en último término como una unidad espacial, como un todo organizado y coordinado. La observación de cómo se rige la creación material corrobora que el universo físico tiene límites definidos. La prueba concluyente de que es un universo circular y delimitado está en el hecho, bien conocido para nosotros, de que todas las formas de energía básica giran siempre sobre la senda curva de los niveles espaciales del universo matriz, obedeciendo a la atracción incesante y absoluta de la gravedad del Paraíso.

Los niveles espaciales consecutivos del universo matriz conforman las principales divisiones del espacio infundido, de la creación total, tanto la organizada y parcialmente habitada como la que todavía está por organizar y habitar. Pensamos que si el universo matriz no consistiese en una serie de niveles espaciales elípticos de reducida resistencia al movimiento, alternándose con zonas de relativa quiescencia, se podría observar que algunas de las energías cósmicas saldrían proyectadas sobre una extensión infinita, siguiendo en el espacio una senda sin dirección alguna; pero jamás hemos observado una reacción así de la fuerza, de la energía o de la materia; estas siempre rotan, siempre giran siguiendo las rutas de las grandes vías que circulan por el espacio.

Partiendo del Paraíso y continuando a través de la extensión horizontal del espacio infundido, el universo matriz se conforma en seis elipses concéntricas o niveles espaciales que circundan a la Isla central:

1. El universo central: Havona.
2. Los siete suprauniversos.
3. El primer nivel del espacio exterior.
4. El segundo nivel del espacio exterior.
5. El tercer nivel del espacio exterior.
6. El cuarto o nivel ulterior del espacio.

Havona, el universo central, no es una creación del tiempo; tiene existencia eterna. Este universo sin principio ni fin consta de mil millones de esferas de perfección sublime y está rodeado por enormes cuerpos oscuros de gravedad. En el centro de Havona está la Isla del Paraíso, estacionaria y absolutamente estabilizada, rodeada por sus veintiún satélites. Debido a las enormes masas de estos cuerpos oscuros que la circundan al borde del universo central, la masa contenida en la creación central excede por mucho la totalidad de la masa conocida de los siete sectores del gran universo.

El sistema Paraíso-Havona. El universo eterno que circunda a la Isla eterna constituye el núcleo perfecto y eterno del universo matriz; en su totalidad, los siete suprauniversos y las regiones del espacio exterior rotan en órbitas determinadas alrededor del gigantesco conjunto central formado por los satélites del Paraíso y las esferas de Havona.

Los siete suprauniversos no son estructuras físicas primarias; sus fronteras no separan un sistema nebular en ningún punto ni tampoco atraviesan ningún universo local, ninguna unidad creativa principal. Cada suprauniverso es sencillamente una agrupación geográfica en el espacio ocupando alrededor de una séptima parte de la creación organizada y parcialmente habitada desde los tiempos posteriores a Havona, y cada uno es aproximadamente equivalente a los otros en número de universos locales de que está formado así como en el espacio que abarca. *Nebadón*, vuestro universo local, es una de las creaciones más nuevas de *Orvontón*, el séptimo suprauniverso.

El gran universo es la presente creación, organizada y habitada. Consiste en los siete suprauniversos con un potencial evolutivo total de unos siete billones de planetas habitados, sin mencionar las esferas eternas de la creación central. Pero en este cálculo aproximado no se toman en cuenta las esferas arquitectónicas de gobierno ni se incluyen los grupos exteriores de universos no organizados. El actual borde irregular del gran universo, su periferia desigual e inacabada, junto con el estado enormemente inestable de todo el plan astronómico, hace creer a nuestros estudiosos de las estrellas que los siete suprauniversos siguen aún incompletos. A medida que nos desplazamos desde dentro, desde el centro divino hacia fuera, en cualquier dirección, llegamos finalmente a los límites exteriores de la creación organizada y habitada; llegamos a los límites exteriores del gran universo. Y es cerca de esta frontera exterior, en un rincón remoto de tan espléndida creación, donde vuestro universo local tiene su pletórica existencia.

Los niveles del espacio exterior. Lejos en el espacio, a una distancia enorme de los siete suprauniversos habitados, se están acumulando inmensas e increíblemente extraordinarias vías circulatorias de fuerza y de energías en proceso de materialización. Entre las vías circulatorias de la energía de los siete suprauniversos y el gigantesco cinturón exterior formado por fuerza en actividad, hay una zona espacial de relativa calma con una anchura variable de unos cuatrocientos mil años luz de media. Estas zonas espaciales están libres de polvo estelar, de niebla cósmica. Aquellos que de entre nosotros estudian estos fenómenos dudan del carácter exacto de las fuerzas espaciales existentes en esta zona de calma relativa que circunda a los siete suprauniversos. Pero alrededor de medio millón de años luz más allá de la periferia del gran universo actual, observamos los comienzos de una zona de increíble actividad energética que aumenta de volumen e intensidad en una extensión de más de veinticinco millones de años luz. Estas enormes ruedas de fuerzas energizantes están situadas en el primer nivel del espacio exterior, en un cinturón continuo de actividad cósmica que rodea a toda la creación conocida, organizada y habitada.

Una actividad aún mayor está teniendo lugar lejos de estas regiones. Los físicos de Uversa han detectado, a más de cincuenta millones de años luz, tras la zona más ulterior del primer nivel del espacio exterior donde se observaron los fenómenos, los primeros indicios de manifestaciones de fuerza. Esta actividad preconiza sin duda la organización de las creaciones materiales del segundo nivel del espacio exterior del universo matriz.

El universo central es una creación en la eternidad; los siete suprauniversos son creaciones en el tiempo; los cuatro niveles del espacio exterior están diseñados para que la ultimidad de la creación devenga y evolucione. Y hay aquellos que sostienen que el Infinito, jamás podrá alcanzar su plena expresión a no ser en la infinitud y, por tanto, proponen la existencia de otra creación sin revelar más allá del cuarto nivel espacial exterior, la posibilidad de un universo infinito, sin fin y en constante expansión. En teoría, no sabemos cómo limitar ni la infinitud del Creador ni la infinitud potencial de la creación, pero tal como existe y se rige, consideramos que el universo matriz tiene límites, que está indudablemente delimitado y que linda en sus márgenes exteriores con el espacio abierto.

2. Los dominios del Absoluto Indeterminado

Cuando los astrónomos de Urantia escudriñan los misterios del espacio exterior a través de telescopios cada vez más potentes y contemplan la sorprendente evolución de los casi innumerables universos físicos, deberían darse cuenta de que están contemplando la monumental obra surgida de las inescrutables planificaciones de los arquitectos del universo matriz. En verdad tenemos pruebas que demuestran la influencia de ciertos seres personales del Paraíso en cualquier parte de las inmensas manifestaciones energéticas, características ahora de estas regiones exteriores; sin embargo, desde un punto de vista más amplio, las regiones espaciales que se extienden más allá de las fronteras exteriores de los siete suprauniversos se consideran generalmente los dominios del Absoluto Indeterminado.

Aunque a simple vista el ser humano tan solo pueda ver dos o tres nebulosas más allá de las fronteras del suprauniverso de Orvontón, vuestros telescopios ciertamente revelan la existencia de millones y millones de estos universos físicos en proceso de formación. La mayoría de las regiones estelares accesibles visualmente a vuestros telescopios modernos están en Orvontón, pero mediante técnicas fotográficas, los más potentes telescopios penetran mucho más allá de las fronteras del gran universo hasta llegar a los dominios del espacio exterior, donde hay un número incalculable de universos en proceso de organización. También existen otros millones de universos fuera del alcance de vuestros instrumentos actuales.

En un futuro no lejano, los nuevos telescopios revelarán a la sorprendida mirada de los astrónomos de Urantia no menos de 375 millones de nuevas galaxias en las remotas extensiones del espacio exterior. Al mismo tiempo, estos telescopios de mayor potencia desvelarán que muchos de los universos islas que se creían anteriormente localizados en el espacio exterior son en realidad parte del sistema galáctico de Orvontón. Los siete suprauniversos siguen aún creciendo, la periferia de cada uno de ellos se está expandiendo de forma gradual, nuevas nebulosas se están estabilizando y organizando constantemente y algunas de las nebulosas, que los astrónomos de Urantia consideran extragalácticas, están en realidad al borde de Orvontón y viajan con nosotros.

En Uversa, los estudiosos de las estrellas observan que el gran universo está rodeado por los antecesores de una serie de aglomeraciones estelares o planetarias que envuelven completamente a la creación actualmente habitada como anillos concéntricos pertenecientes a múltiples universos exteriores. Los físicos de Uversa calculan que la energía y la materia de estas regiones exteriores no cartografiadas ya equivalen a muchas veces la totalidad de la masa material y la carga de energía de los siete suprauniversos. Estamos informados de que la metamorfosis de la fuerza cósmica en estos niveles del espacio exterior es obra de los organizadores de la fuerza del Paraíso. Sabemos también que estas fuerzas son las predecesoras de esas energías físicas que actualmente activan el gran universo. Los directores de la potencia de Orvontón, sin embargo, no tienen nada que ver con estas remotas regiones, tampoco los movimientos de energía que allí ocurren están de forma manifiesta conectados con las vías circulatorias de la potencia de las creaciones organizadas y habitadas.

Conocemos muy poco el significado de estos extraordinarios fenómenos del espacio exterior. Solo sabemos que se está formando una futura creación de mayor tamaño. Podemos observar su inmensidad, apreciar su extensión y percibir sus majestuosas dimensiones, pero, por lo demás, conocemos poco más que los astrónomos de Urantia acerca de estas regiones. A nuestro entender, en ese anillo exterior de nebulosas, soles y planetas no existen seres materiales del orden humano ni ángeles ni ninguna otra criatura espiritual. Este distante dominio está más allá de la jurisdicción y administración de los gobiernos de los suprauniversos.

En todo Orvontón se cree que se está gestando un nuevo tipo de creación, un orden de universos destinados a convertirse en el escenario de la actividad futura del incipiente colectivo de finalizadores y, si nuestras suposiciones son correctas, entonces el ilimitado futuro deparará para todos vosotros el mismo fascinante panorama que el ilimitado pasado deparó para vuestros mayores y predecesores.

3. La gravedad universal

Todas las formas de la fuerza-energía —material, mental o espiritual— están igualmente sujetas a esas atracciones, a esas presencias universales, que llamamos gravedad. El ser personal también responde a la gravedad, a la exclusiva vía circulatoria del Padre. Si bien, aunque sea exclusiva de él, el Padre no está ausente de las otras vías circulatorias; el Padre Universal es infinito y actúa en la *totalidad* de las cuatro vías absolutas que circulan en el universo matriz:

1. La gravedad del ser personal del Padre Universal.
2. La gravedad espiritual del Hijo Eterno.
3. La gravedad mental del Actor Conjunto.
4. La gravedad cósmica de la Isla del Paraíso.

Estas cuatro vías no están relacionadas con el centro de fuerza del Paraíso inferior; tampoco son vías de fuerza ni de energía ni de potencia. Son vías *presenciales* absolutas y, como Dios, son independientes del tiempo y del espacio.

En relación a esto, es interesante indicar ciertas observaciones realizadas en recientes milenios en Uversa por el colectivo de investigadores de la gravedad. Este grupo de expertos ha llegado a las siguientes conclusiones respecto a los diferentes sistemas de gravedad del universo matriz:

1. *Gravedad física.* Tras haber establecido la suma total de la capacidad de gravedad física del universo, se ha efectuado un estudio comparativo de este resultado con una valoración total de la presencia de la gravedad absoluta ahora operativa. Estos cálculos indican que la acción total de la gravedad del gran universo es una parte muy pequeña de la atracción gravitatoria que se estima proviene del Paraíso, computada sobre la base de la respuesta gravitatoria de las unidades físicas básicas de la materia del universo. Estos investigadores han llegado a la sorprendente conclusión de que el universo central y los siete suprauniversos que lo rodean están en la actualidad haciendo uso aproximado de un cinco por ciento de la capacidad activa de la atracción de la gravedad absoluta del Paraíso. Dicho de otro modo: en este momento, alrededor del noventa y cinco por ciento de la acción de la gravedad cósmica en actividad de la Isla del Paraíso, computada en base a esta teoría de totalidad, está destinada a regir sistemas materiales más allá de las fronteras de los actuales universos organizados. Todos estos cálculos se refieren a la gravedad absoluta; la gravedad lineal es un fenómeno interactivo que solo se puede computar si se conoce la gravedad real del Paraíso.

2. *Gravedad espiritual.* Mediante igual método de valoración y cálculo comparativos, estos investigadores han explorado la capacidad actual de reacción de la gravedad espiritual y, con la cooperación de los mensajeros solitarios y de otros seres personales espirituales, han conseguido calcular la suma total de la gravedad espiritual en actividad de la Segunda Fuente y Centro. Es muy significativo observar que se da

aproximadamente el mismo valor para la presencia real y operativa de la gravedad espiritual en el gran universo que el que se presupone para la suma total de la actual gravedad espiritual en actividad. Dicho de otro modo: en este momento, prácticamente la totalidad de la gravedad espiritual del Hijo Eterno, computada con base en esta teoría de la totalidad, se puede observar en acción en el gran universo. Si estos resultados son fiables, podemos llegar a la conclusión de que los universos que en la actualidad evolucionan en el espacio exterior son, en este momento, no espirituales por completo. Y si esto es cierto, se explicaría de manera satisfactoria por qué los seres dotados de espíritu poseen tan poca o ninguna información acerca de estas inmensas manifestaciones energéticas, aparte de conocer el hecho de su existencia física.

3. *Gravedad mental.* Según estos mismos principios de cómputo comparativo, dichos expertos han acometido la cuestión de la presencia y reacción de la gravedad mental. La unidad mental de cálculo resultó de hallar la media de tres tipos de mentalidad material y tres tipos de la espiritual, aunque el tipo de mente de los directores de la potencia y de sus colaboradores resultó ser un factor inquietante en cuanto a nuestra intención de definir una unidad básica para calcular la gravedad mental. Poco había que impidiera el cómputo de la capacidad actual de la Tercera Fuente y Centro para la acción de la gravedad mental de acuerdo con esta teoría de la totalidad. Aunque en este caso los resultados no son tan definitivos como en el caso anterior de la gravedad física y espiritual, son, si se les considera comparativamente, muy significativos además de fascinantes. Estos investigadores deducen que alrededor del ochenta y cinco por ciento de la respuesta de la gravedad mental sujeta a la atracción intelectual del Actor Conjunto se origina en el gran universo actual. Esto indicaría la posible implicación de una actividad mental en relación con la actividad física observable ahora que tiene lugar en todas las regiones del espacio exterior. Aunque este cálculo probablemente diste de ser preciso, concuerda, en principio, con nuestra convicción de que la evolución en los niveles espaciales situados más allá de los límites exteriores mismos del gran universo la dirigen, de hecho, organizadores inteligentes de la fuerza. Sea cual fuere la naturaleza de esta inteligencia, cuya existencia presuponemos, no parece responder a la gravedad espiritual.

Pero todas estas operaciones son, en el mejor de los casos, cálculos basados en leyes aceptadas, que consideramos razonablemente fiables.

Aunque hubiese algunos seres espirituales en el espacio exterior, el conjunto de su presencia no tendría una notoria influencia en estos cálculos basados en tan enormes dimensiones.

La gravedad del ser personal no es computable. Reconocemos la vía por donde circula, pero no podemos medir ni cualitativa ni cuantitativamente las realidades que responden a ella.

4. El espacio y el movimiento

Todas las unidades de energía cósmica están en revolución primaria; están ocupadas en la ejecución de su cometido mientras giran alrededor de la órbita universal. Los universos del espacio y los sistemas y mundos de que están formados son esferas rotatorias, que se mueven a lo largo de las ilimitadas vías que circulan por los niveles espaciales del universo matriz. No hay en absoluto nada estacionario en todo el universo matriz, excepto el centro mismo de Havona, la Isla eterna del Paraíso, el centro de gravedad.

El Absoluto Indeterminado está operativamente limitado al espacio, pero no estamos tan seguros respecto a la relación de este Absoluto con el movimiento. ¿Es el movimiento inherente a él? No lo sabemos. Sabemos que el movimiento no es inherente al espacio; tampoco son intrínsecos los movimientos *del* espacio. Pero no estamos tan seguros acerca de la relación del Indeterminado con el movimiento. ¿Quién, o qué, es realmente responsable de la gigantesca actividad de transmutaciones de la fuerza-energía que tienen actualmente lugar tras la frontera de los actuales siete suprauniversos? Respecto al origen del movimiento opinamos lo siguiente:

1. Pensamos que el Actor Conjunto da inicio al movimiento *en* el espacio.

2. Si el Actor Conjunto causa los movimientos *del* espacio, no podemos probarlo.

3. El Absoluto Universal no origina el movimiento inicial, pero sí equilibra y rige todas las tensiones originadas por el movimiento.

Parece que en el espacio exterior los organizadores de la fuerza son responsables de la producción de las gigantescas ruedas del universo actualmente en proceso de evolución estelar, pero su capacidad para obrar de este modo debe haber sido posibilitada por una cierta modificación de la presencia espacial del Absoluto Indeterminado.

El espacio desde el punto de vista humano es nada —es negativo—; existe solamente en la medida en que se relaciona con algo positivo y no espacial. El espacio es, sin embargo, real. Contiene y condiciona al movimiento. Incluso se mueve. En líneas generales, los movimientos del espacio se pueden clasificar de la siguiente manera:

1. Movimiento primario: la respiración espacial, el movimiento del espacio mismo.

2. Movimiento secundario: las oscilaciones direccionales alternativas de los niveles espaciales consecutivos.

3. Movimientos relativos: relativos en el sentido de que no se les valora con el Paraíso como punto de referencia. Los movimientos primario y secundario son absolutos: movimiento en relación con el inmóvil Paraíso.

4. Movimiento compensatorio o correlativo destinado a coordinar a todos los otros movimientos.

La relación actual de vuestro sol con los planetas a él vinculados, aunque desvela la existencia en el espacio de muchos movimientos relativos y absolutos, tiende a dar la impresión a los observadores astronómicos de que estáis relativamente estacionarios en el espacio, y de que las aglomeraciones y flujos estelares que os rodean se alejan a velocidades cada vez más grandes, a medida que procedéis con vuestros cálculos en dirección al exterior, hacia el espacio. Pero este no es el caso. No percibís la actual expansión uniforme de todo el espacio infundido hacia el exterior de las creaciones físicas. Vuestra propia creación local (Nebadón) participa de este movimiento de expansión universal hacia el exterior. Los siete suprauniversos participan de los ciclos de respiración espacial de dos mil millones de años de duración junto con las regiones exteriores del universo matriz.

Cuando los universos se expanden y se contraen, las masas materiales del espacio infundido se mueven alternativamente a favor y en contra de la atracción de la gravedad del Paraíso. La acción realizada en el movimiento de la masa de energía material de la creación es acción *espacial*, pero no acción de la *potencia-energía*.

Aunque el cálculo de las velocidades astronómicas de vuestros espectroscopios es razonablemente fiable cuando se aplica a las regiones estelares pertenecientes a vuestro suprauniverso y a los suprauniversos a él vinculados, cuando se aplica este cómputo a las regiones del espacio exterior carece por completo de credibilidad. Las líneas espectrales se desplazan desde la posición normal hacia el violeta al aproximarse una estrella; asimismo esas líneas se desplazan hacia el rojo al alejarse una estrella. Se interponen muchas influencias, dando la impresión de que la velocidad de recesión de los universos exteriores incrementa en una proporción de más de ciento sesenta kilómetros por segundo por cada millón de años luz que aumenta en distancia. Con este método de cómputo, a partir de que haya telescopios más potentes, parecerá que estos remotos sistemas se están alejando de esta parte del universo a la increíble velocidad de más de cuarenta y ocho mil kilómetros por segundo. Pero esta aparente velocidad de recesión no es real; resulta de numerosos factores de error tales como el ángulo de observación al que se añaden las distorsiones espacio-temporales.

Pero la distorsión más extrema surge porque los inmensos universos del espacio exterior, en las regiones próximas a los dominios de los siete suprauniversos, parecen estar rotando en dirección opuesta a la del gran universo. Es decir, estas miríadas de nebulosas y sus soles y esferas acompañantes están en la actualidad rotando en el sentido de las manecillas del reloj alrededor de la creación central. Los siete suprauniversos rotan alrededor del Paraíso en dirección opuesta a las manecillas del reloj. Parece que el segundo universo exterior de galaxias, al igual que los siete suprauniversos, rota en dirección contraria a las manecillas del reloj alrededor del Paraíso. Y los observadores astronómicos de Uversa creen haber detectado evidencias, en un tercer cinturón exterior del espacio remoto, de movimientos rotatorios que comienzan a mostrar tendencia a moverse en la dirección de las manecillas del reloj.

Es probable que estas direcciones alternas de los consecutivos avances espaciales de los universos tengan algo que ver con el curso de la gravedad interna del universo matriz procedente del Absoluto Universal, que coordina las fuerzas y compensa las tensiones espaciales. El movimiento, así como el espacio, constituye un elemento de contrapeso o equilibrio de la gravedad.

5. El espacio y el tiempo

Al igual que el espacio, el tiempo es concesión del Paraíso, pero no en el mismo sentido sino tan solo de forma indirecta. El tiempo se produce en virtud del movimiento y porque la mente es, de forma inherente, consciente de lo secuencial. Desde un punto de vista práctico, el movimiento es esencial al tiempo, pero no existe unidad de tiempo universal alguna basada en el movimiento, exceptuando el hecho de que el día regular del Paraíso-Havona se reconoce como tal de forma arbitraria. La totalidad de la respiración espacial anula su valor local como un origen del tiempo.

El espacio no es infinito, aunque se origine en el Paraíso; tampoco es absoluto, porque está infundido por el Absoluto Indeterminado. No conocemos los límites absolutos del espacio, pero sí sabemos que el absoluto del tiempo es la eternidad.

El tiempo y el espacio son inseparables tan solo en las creaciones espacio-temporales, en los siete suprauniversos. El espacio no temporal (espacio sin tiempo) existe teóricamente, pero el único lugar verdaderamente no temporal es el *área* del Paraíso. El tiempo no espacial (tiempo sin espacio) existe en la mente que obra en el nivel del Paraíso.

Las zonas intermedias del espacio relativamente inmóviles que lindan con el Paraíso y separan el espacio infundido del no infundido son zonas de transición del tiempo a la eternidad; de aquí la necesidad de que los peregrinos del Paraíso estén inconscientes durante este tránsito, si ha de culminar con la ciudadanía del Paraíso. Los *visitantes* con conciencia temporal pueden ir al Paraíso sin este sueño, pero continuarán siendo criaturas del tiempo.

La relación respecto al tiempo no existe sin movimiento en el espacio, pero sí existe la conciencia del tiempo. Con la secuencia, se puede tener conciencia de tiempo incluso en la ausencia de movimiento. La mente del hombre está menos confinada al tiempo que al espacio por la propia naturaleza de esta. Incluso durante los días terrenales en la carne, a pesar de que la mente del hombre está estrictamente confinada al espacio, la creativa imaginación humana está relativamente libre del tiempo. Pero el tiempo mismo no es en origen una cualidad de la mente.

Existen tres niveles diferentes de conocimiento del tiempo:

1. Tiempo percibido por la mente: conciencia de secuencia, movimiento y sentido de duración.

2. Tiempo percibido por el espíritu: percepción del movimiento en dirección a Dios y conciencia del movimiento de ascensión hacia niveles crecientes de divinidad.

3. El ser personal *crea* un singular sentido del tiempo mediante la percepción de la Realidad más la conciencia de presencia y la noción de duración.

Los animales, al ser no espirituales, solo conocen el pasado y viven en el presente. El hombre en quien more el espíritu tiene poderes de previsión (percepción); puede visualizar el futuro. Solo las actitudes de avance y progreso son reales a niveles personales. La ética estática y la moral tradicional están tan solo levemente fuera del ámbito de lo animal. Tampoco el estoicismo imparte un orden elevado de realización de uno mismo. La ética y la moral se hacen verdaderamente humanas cuando son dinámicas y progresistas, vivas con la realidad del universo.

El ser personal humano no es un mero fenómeno conectado con los acontecimientos del tiempo y del espacio; el ser personal humano también puede servir de causa cósmica de tales acontecimientos.

6. Acción directiva universal

El universo no es estático. La estabilidad no es resultado de la inercia sino más bien producto de energías en equilibrio, de mentes en cooperación, de morontias coordinadas, de una acción directiva del espíritu y de la unificación de todos los factores del ser personal. La estabilidad siempre es completamente proporcional a la divinidad.

En su potestad material sobre el universo matriz, el Padre Universal ejerce su prioridad y primacía a través de la Isla del Paraíso; Dios es absoluto en la administración espiritual del cosmos en la persona del Hijo Eterno. Respecto a los ámbitos de la mente, el Padre y el Hijo obran en paridad en el Actor Conjunto.

La Tercera Fuente y Centro ayuda a mantener el equilibrio y la coordinación de las energías y las estructuras físicas y espirituales coligadas mediante su absoluto dominio de la mente cósmica y el ejercicio de los correspondientes elementos intrínsecos y universales de la gravedad física y de la espiritual. Cuando y dondequiera que suceda un nexo entre lo material y lo espiritual, ese fenómeno mental es la acción del Espíritu Infinito. Solo la mente puede asociar entre sí las fuerzas y las energías físicas del nivel material con las potencias y los seres espirituales del nivel espiritual.

En toda contemplación de los fenómenos universales, aseguraos de tomar en consideración la relación mutua existente entre las energías físicas, las intelectuales y las espirituales, y de tener en cuenta los fenómenos inesperados como consecuencia de su unificación por el ser personal y los fenómenos imprevisibles que resultan de las acciones y reacciones de la Deidad experiencial y de los Absolutos.

El universo es bastante predecible, aunque solo en un sentido cuantitativo o en cuanto al cómputo de la gravedad; ni siquiera las fuerzas físicas primordiales responden a la gravedad lineal, como tampoco lo hacen los contenidos mentales superiores ni los verdaderos valores espirituales de las realidades universales últimas. Cualitativamente, el universo no es muy predecible en lo que respecta a nuevos vínculos entre las fuerzas, sean estas físicas, mentales o espirituales, aunque muchas de estas coligaciones de energías o fuerzas se hacen en parte previsibles si se las somete a una profunda observación. Cuando la materia, la mente y el espíritu se unifican mediante el ser personal creatural, nos resulta del todo imposible predecir las decisiones de un ser con tan libre voluntad.

Todas las facetas de la fuerza primordial, del espíritu incipiente y de otras ultimidades no personales parecen reaccionar de acuerdo con ciertas leyes relativamente estables aunque desconocidas, y se caracterizan por un ámbito de actuación y una flexibilidad de respuesta, a menudo desconcertantes, cuando se encuentran en fenómenos limitados y aislados. ¿Cómo se explica tal imprevisible libertad de reacción que se desvela en estas manifestaciones emergentes del universo? Estos desconocidos e insondables sucesos imprevistos —ya sea en relación con la respuesta de una unidad primordial de fuerza, con la reacción de un nivel mental no identificado o con el fenómeno de un inmenso preuniverso en vías de creación en los dominios del espacio exterior— probablemente desvelan la actividad del Último y la presencia-actuación de los Absolutos, que anteceden a la acción de todos los creadores de los universos.

No lo sabemos realmente, pero suponemos que una versatilidad tan sorprendente y una coordinación tan profunda denotan la presencia y la actuación de los Absolutos, y que una diversidad de respuesta así frente a una causalidad uniforme parece desvelar la respuesta de estos Absolutos, no solo a la causalidad situacional e inmediata, sino también a todas las demás causalidades en todo el universo matriz.

Los seres tienen individualmente sus guardianes del destino; los planetas, sistemas, constelaciones, universos y suprauniversos cuentan cada uno con sus respectivos gobernantes, los cuales contribuyen al bien de sus dominios. Havona e incluso el gran universo tienen los vigilantes cuidados de aquellos a quienes se ha confiado tan alta responsabilidad. Pero ¿quién asiste y atiende las necesidades fundamentales del universo matriz en su conjunto, desde el Paraíso hasta el nivel cuarto, el más exterior de los niveles espaciales? Existencialmente, estos vigilantes cuidados están probablemente asignados a la Trinidad del Paraíso, pero desde el punto de vista experiencial, la aparición de los universos posteriores a Havona depende:

1. de los Absolutos en potencial,
2. del Último en dirección,
3. del Supremo en coordinación evolutiva, y
4. de los arquitectos del universo matriz en la administración antes de la aparición de los gobernantes correspondientes.

El Absoluto Indeterminado se infunde sobre todo el espacio. No tenemos del todo claro el carácter exacto del Absoluto de la Deidad y del Absoluto Universal, pero sabemos que este último obra dondequiera que obran el Absoluto de la Deidad y el Absoluto Indeterminado. El Absoluto de la Deidad puede tener presencia universal, pero de ninguna manera presencia espacial. El Último tiene, o alguna vez tendrá, presencia espacial hasta las márgenes exteriores del cuarto nivel espacial. Dudamos de que el Último tenga jamás una presencia espacial más allá de la periferia del universo matriz, pero, dentro de estos límites, el Último, de forma paulatina, integra la estructura creativa de los potenciales de los tres Absolutos.

7. La parte y el todo

Hay una ley, inexorable e impersonal, que opera en todo tiempo y espacio y en relación a toda realidad cualquiera que sea su naturaleza, y que equivale a la acción de una providencia cósmica. La misericordia caracteriza la actitud del amor de Dios por cada ser; la imparcialidad motiva la actitud de Dios hacia la totalidad. La voluntad de Dios no prevalece necesariamente en la parte, en el corazón de un determinado ser personal, pero su voluntad sí gobierna realmente en la totalidad, en el universo de los universos.

No es cierto que las leyes de Dios, en su relación total con todos sus seres, sean en sí mismas arbitrarias. Para vosotros, con vuestra visión limitada y vuestro punto de vista finito, las acciones de Dios a menudo han de parecer arbitrarias y dictatoriales. Las leyes de Dios son simplemente hábitos de Dios, su modo repetido de hacer las cosas; y él siempre hace todas las cosas bien. Observáis que Dios hace la misma cosa de la misma manera, repetidas veces, sencillamente porque es la mejor manera de hacer esa cosa particular en determinadas circunstancias; y la mejor manera es la manera correcta y, por tanto, la sabiduría infinita siempre dicta que se haga de esa manera precisa y perfecta. Debéis recordar también que la naturaleza no es acción exclusiva de la Deidad; existen otras influencias en esos fenómenos que el hombre llama naturaleza.

A la naturaleza divina le resulta desagradable cualquier tipo de alteración o incluso permitir, en momento alguno, la realización de un acto puramente personal de una manera que la desmerezca. Debe aclararse, sin embargo, que *si*, en cualquier situación que requiera divinidad, en cualquier circunstancia extrema, en cualquier caso donde el curso de la sabiduría suprema pudiera requerir una conducta diferente, si por cualquier razón, en nombre de la perfección, se hiciera necesario dictar otro método de respuesta, uno que fuera mejor, entonces, y allí mismo, el Dios omnisapiente obraría de esa manera mejor y más adecuada. Eso sería la expresión de una ley superior, no la revocación de una ley inferior.

Dios no es esclavo de sus hábitos, de la repetición crónica de su propios y voluntarios actos. Las leyes del Infinito no se contradicen; todas ellas resultan de la inequívoca perfección de su naturaleza; todas son indisputables actos que expresan decisiones impecables. La ley es la invariable reacción de una mente infinita, perfecta y divina. Los actos de Dios son todos volitivos a pesar de esta aparente uniformidad. En Dios "no hay mudanza ni sombra de variación". Pero todo lo que se puede decir en verdad del Padre Universal no se puede decir con igual certeza de todas sus inteligencias de menor rango o de sus criaturas evolutivas.

Porque Dios es invariable, podéis tener la confianza de que, en circunstancias normales, hará lo mismo, de idéntica y habitual manera. Dios es garantía de estabilidad para todas las cosas y seres creados. Él es Dios y, por tanto, no cambia.

Toda esta inquebrantable conducta y acción uniforme es personal, consciente y sumamente volitiva, porque el gran Dios no es el esclavo indefenso de su propia perfección e infinitud. Dios no es una fuerza instintiva e indeliberada; no es un poder sometido a una ley esclavizante. Dios no es ni una ecuación matemática ni una fórmula química. Es un ser personal primordial en posesión de una voluntad libre. Es el Padre Universal; un ser colmado de ser personal y la fuente universal del ser personal creatural.

La voluntad de Dios no predomina consistentemente en el corazón del mortal material que busca a Dios, pero si se magnifica el orden temporal hasta abarcar en un instante la totalidad de la primera vida, entonces la voluntad de Dios se hace cada vez más perceptible en los frutos espirituales que nacen en la vida de los hijos de Dios guiados por el espíritu. Y si la vida humana se magnifica más hasta incluir la experiencia del estado morontial, se observará que la voluntad divina resplandece con mayor brillo en los actos espiritualizantes de esas criaturas del tiempo, que han comenzado a sentir el divino gozo de la relación del ser personal del hombre con el ser personal del Padre Universal.

A nivel del ser personal, se da una paradoja en la Paternidad de Dios y la fraternidad del hombre en relación a la parte y el todo. Dios ama a *cada* ser individualmente como hijo de la familia celestial. Sin embargo, Dios ama de esta manera a *todos* los seres; no hace acepción de personas, y la universalidad de su amor produce una relación de totalidad, de fraternidad universal.

El amor del Padre distingue de forma absoluta a cada ser personal como hijo único del Padre Universal, un hijo que no tiene igual en el infinito, una criatura de voluntad irreemplazable para toda la eternidad. El amor del Padre glorifica a cada hijo de Dios, iluminando a cada miembro de la familia celestial, perfilando nítidamente la naturaleza singular de cada persona frente a los niveles impersonales que se hallan fuera de la vía fraternal del Padre de todos. El amor de Dios refleja vivamente el valor supremo de cada criatura de voluntad, revela inequívocamente el alto valor que el Padre Universal ha colocado sobre todos y cada uno de sus hijos, desde el más elevado ser personal creador de grado paradisíaco hasta el ser personal más modesto de dignidad y voluntad entre las tribus de los hombres salvajes de los albores de la especie humana, en algún mundo evolutivo del tiempo y del espacio.

El mismo amor de Dios hacia cada ser da origen a la familia divina de todos los seres, a la fraternidad universal de los hijos de libre voluntad del Padre del Paraíso. Y esta fraternidad, siendo universal, constituye la relación del todo. La fraternidad, cuando es universal, no desvela *cada* relación individual, sino la relación con *todos*. La fraternidad es una realidad de la totalidad y, por consiguiente, desvela cualidades del todo en contraste con las cualidades de la parte.

La fraternidad constituye un factor de relación entre todos los seres personales existentes en el universo. Ninguna persona puede escapar a los beneficios o desventajas que puedan sobrevenirle como resultado de su relación con otras personas. La parte se beneficia o sufre en relación con el todo. El esfuerzo benigno de cada hombre beneficia a todos los hombres; el error o el mal de cada hombre aumentan las tribulaciones de todos los hombres. Al moverse la parte, se mueve el todo. Según avanza el todo, así avanza la parte. La velocidad relativa de la parte y del todo determina si la parte se retrasa por la inercia del todo o se adelanta por el impulso de la fraternidad cósmica.

Resulta un misterio el hecho de que Dios sea una persona sumamente consciente de sí misma, con una morada central y, al mismo tiempo, esté personalmente presente en un universo tan inmenso y mantenga contacto personal con un número casi infinito de seres. Que tal fenómeno sea un misterio que rebasa la comprensión humana no debe disminuir en lo más mínimo vuestra fe. No dejéis que la magnitud de la infinitud, la inmensidad de la eternidad y la grandeza y gloria del carácter incomparable de Dios os sobrecojan, os hagan vacilar u os desalienten; porque el Padre no está muy lejos de ninguno de vosotros; mora en vosotros, y en él todos nosotros literalmente nos movemos, realmente vivimos y verdaderamente somos.

Aunque el Padre del Paraíso obra a través de sus creadores divinos y de sus hijos creados, disfruta también del más íntimo contacto interior con vosotros, un contacto tan sublime, tan sumamente personal, que incluso rebasa mi comprensión —esa misteriosa comunión de una fracción del Padre con el alma humana y con la mente mortal en la cual realmente mora—. Al saber lo que hacéis con estos dones de Dios, sabéis por consiguiente que el Padre está en estrecha relación, no solo con sus colaboradores divinos, sino también con sus hijos mortales evolutivos del tiempo. El Padre ciertamente reside en el Paraíso, pero su divina presencia mora igualmente en la mente de los hombres.

Aunque se derrame el espíritu de un hijo del Paraíso sobre toda carne, aunque un hijo habitara cierta vez entre vosotros semejando un hombre mortal, aunque los serafines personalmente os guarden y guíen, ¿cómo puede ninguno de estos seres divinos del Segundo y Tercer Centro tener alguna vez la esperanza de acercarse tanto a vosotros o comprenderos con tanta plenitud como el Padre, que ha dado una parte de sí mismo para que esté en vosotros, para que sea vuestro ser real, divino e incluso eterno?

8. La materia, la mente y el espíritu

"Dios es espíritu", pero el Paraíso no lo es. El universo material es siempre el escenario en donde toda la actividad espiritual tiene lugar; los seres espirituales y los espíritus que ascienden viven y laboran en esferas físicas de realidad material.

El otorgamiento de la fuerza cósmica, el dominio de la gravedad cósmica, es labor de la Isla del Paraíso. Toda la fuerza-energía primigenia procede del Paraíso, y la materia para la formación de incalculables universos circula ahora por todo el universo matriz en la forma de una presencia de supragravedad que constituye la carga-fuerza del espacio infundido.

Cualesquiera que sean las transformaciones de la fuerza en los universos remotos, habiendo salido del Paraíso, viaja sujeta a la infinita, eterna e infalible atracción de la Isla eterna, girando por siempre, diligente e inherentemente, alrededor de las sendas espaciales eternas de los universos. La energía física es la única realidad que es verdadera y firme en su obediencia a la ley universal. Solo en los ámbitos de la voluntad de la criatura ha habido desviación de la senda divina y de los planes primigenios. La potencia y la energía evidencian, a nivel universal, la estabilidad, la fiabilidad y la eternidad de la Isla central del Paraíso.

La dádiva del espíritu y la espiritualización de los seres personales, el dominio de la gravedad espiritual, es el ámbito del Hijo Eterno. Y esta gravedad espiritual del Hijo, que atrae de forma constante a todas las realidades espirituales hacia él, es tan real y absoluta como la todopoderosa atracción material de la Isla del Paraíso. Pero el hombre de mente material está, por naturaleza, mucho más familiarizado con las manifestaciones materiales de la naturaleza física que con las formidables actuaciones, igualmente reales, de la naturaleza espiritual, tan solo apreciables mediante la percepción espiritual del alma.

Conforme la mente de cualquier ser personal del universo se hace más espiritual —más semejante a Dios— menos responde a la gravedad material. La realidad, medida por la respuesta a la gravedad física, es la antítesis de la realidad determinada por la cualidad del contenido espiritual. La acción física de la gravedad es un determinador cuantitativo de la energía no espiritual; la acción de la gravedad espiritual es la medida cualitativa de la energía viva de la divinidad.

Lo que el Paraíso es para la creación física y lo que el Hijo Eterno es para el universo espiritual, el Actor Conjunto es para los ámbitos de la mente —el universo inteligente de seres y de seres personales materiales, morontiales y espirituales—.

El Actor Conjunto responde tanto a las realidades materiales como a las espirituales y, por ello, intrínsecamente, se convierte en el benefactor universal de todos los seres inteligentes, de los seres que constituyan la unión de las facetas materiales y espirituales de la creación. La dotación de la inteligencia, el ministerio de lo material y de lo espiritual en el fenómeno de la mente, es el ámbito exclusivo del Actor Conjunto, que se vuelve así el compañero de la mente espiritual, de la esencia de la mente morontial y de la sustancia de la mente material de las criaturas evolutivas del tiempo.

La mente constituye el modo en que las realidades espirituales se convierten en experiencias en los seres personales creaturales. Y, en última instancia, las posibilidades unificadoras incluso de la mente humana —la capacidad de coordinar cosas, ideas y valores— es supramaterial.

Aunque no resulta del todo posible que la mente mortal comprenda los siete niveles de la realidad cósmica relativa, el intelecto humano debería alcanzar a comprender gran parte del significado de los tres niveles de carácter operativo de la realidad finita:

1. *La materia.* La energía organizada que está sujeta a la gravedad lineal, excepto cuando el movimiento la modifica o la mente la condiciona.

2. *La mente.* La conciencia organizada que no está totalmente sometida a la gravedad material y que se vuelve realmente libre cuando el espíritu la modifica.

3. *El espíritu.* La realidad personal más elevada. El verdadero espíritu no está sujeto a la gravedad física, pero se vuelve finalmente la influencia motivadora de todos los sistemas energéticos evolutivos de la dignidad del ser personal.

La meta de la existencia de todos los seres personales es el espíritu; las manifestaciones materiales son relativas, y la mente cósmica media entre estos opuestos universales. La dádiva de la mente y el ministerio del espíritu son obra de las personas compañeras de la Deidad: el Espíritu Infinito y el Hijo Eterno. La realidad de la Deidad Total no es mente sino espíritu-mente, mente-espíritu unificados por el ser personal. No obstante, los Absolutos tanto del espíritu como de las cosas convergen en la persona del Padre Universal.

En el Paraíso, las tres energías, física, mental y espiritual, son equiparables. En el cosmos evolutivo, la energía-materia rige excepto en la persona, donde el espíritu, a través de la mediación de la mente, pugna por imponerse. El espíritu es la realidad fundamental de la experiencia personal de todas las criaturas, porque Dios es espíritu. El espíritu es invariable, y por tanto, en todas las relaciones personales, trasciende tanto la mente como la materia, que son variables experienciales logradas de forma progresiva.

En la evolución cósmica, la materia constituye la sombra filosófica proyectada por la mente en presencia de la luminosidad espiritual de la lucidez divina, pero esto no invalida la realidad de la materia-energía. La mente, la materia y el espíritu son igualmente reales, pero no tienen el mismo valor para el ser personal que busca lograr la divinidad. La conciencia de la divinidad es una experiencia espiritual progresiva.

Cuanto más intenso sea el resplandor del ser personal espiritualizado (gracias al Padre del universo, a la fracción del ser personal potencialmente espiritual que mora en toda criatura) tanto mayor será la sombra proyectada por la mente mediadora sobre su vestimenta material. En el tiempo, el cuerpo del hombre es tan real como la mente o el espíritu, pero en la muerte, tanto la mente (identidad) como el espíritu sobreviven, mientras que el cuerpo no sobrevive. Una realidad cósmica puede no existir en la experiencia personal. Y así, vuestra figura retórica griega —lo material como la sombra de la más real sustancia espiritual— tiene un significado filosófico.

9. Realidades personales

El espíritu es la realidad personal fundamental en los universos, y el ser personal es básico para avanzar en la experiencia de la realidad espiritual. Cada faceta de la experiencia como persona en cada nivel sucesivo de progreso que se alcanza en el universo está repleta de hallazgos que llevan al descubrimiento de las fascinantes realidades personales. El verdadero destino del hombre consiste en la creación de nuevas metas espirituales para luego responder a los atractivos cósmicos de tan excelsas metas sin ningún valor material.

El amor es el secreto de los beneficiosos vínculos entre los seres personales. No es posible conocer realmente a una persona en un solo encuentro. No es posible apreciar la música a través de la deducción matemática, aunque la música tenga forma de ritmo matemático. El número asignado a un abonado al sistema de teléfonos de ninguna manera identifica a la persona de ese abonado ni significa nada respecto de su carácter.

La matemática, como ciencia material, es indispensable para el estudio inteligente de los aspectos materiales del universo, pero tal conocimiento no implica una cognición más elevada de la verdad ni la apreciación personal de las realidades espirituales. No solo en los ámbitos de la vida sino también en el mundo de la energía física, la suma de dos o más cosas es muy a menudo algo *más* que o *diferente* de las consecuencias previsibles de la adición de tales uniones. La ciencia entera de las matemáticas, el ámbito completo de la filosofía, la más profunda física o química no pueden predecir ni conocer que la unión de dos átomos gaseosos de hidrógeno con un átomo gaseoso de oxígeno resultarían en una sustancia nueva y de un valor cualitativo añadido: el agua líquida. El conocimiento y la apreciación de este singular fenómeno físico-químico deberían por sí solo haber evitado el desarrollo de la filosofía materialista y de la cosmología mecanicista.

Un análisis técnico no revela lo que una persona o cosa puede hacer. Por ejemplo: el agua se usa con eficacia para extinguir el fuego. Que el agua apaga el fuego es un hecho de la experiencia cotidiana, pero tal propiedad no se puede desvelar jamás del análisis del agua. El análisis determina que el agua está compuesta de hidrógeno y oxígeno; un estudio posterior de estos elementos desvelaría que el oxígeno es en realidad el sostén de la combustión y que el mismo hidrógeno arde profusamente.

Vuestra religión se está tornando real porque está saliendo de la esclavitud del temor y de la servidumbre de la superstición. Vuestra filosofía lucha por liberarse del dogma y de la tradición. Vuestra ciencia está empeñada en una eterna contienda entre la verdad y el error, mientras lucha por liberarse de la servidumbre de la abstracción, de la esclavitud de las matemáticas y de la relativa ceguera del materialismo mecanicista.

El hombre mortal tiene un núcleo espiritual. La mente es un sistema personal-energético que existe alrededor de un núcleo espiritual divino y que obra en un entorno material. Tal relación vital de mente personal y espíritu constituye el potencial universal del eterno ser personal. El problema real, la decepción perdurable, las derrotas graves o la muerte ineludible solamente ocurren cuando la autoestima se atreve a desplazar totalmente al poder director del núcleo espiritual central, trastornando así el esquema cósmico de la identidad personal.

[Exposición de un perfeccionador de la sabiduría que actúa bajo la autoridad de los ancianos de días.]

TRES

Las esferas sagradas del Paraíso

(ESCRITO 13)

ENTRE LA Isla central del Paraíso y las vías planetarias más interiores de Havona se encuentran situadas en el espacio tres vías circulatorias menores formadas por esferas especiales. La más interna está constituida por las siete esferas secretas del Padre Universal; la segunda la componen los siete mundos luminosos del Hijo Eterno; la más externa la conforman las siete inmensas esferas del Espíritu Infinito, los mundos rectores que constituyen las sedes centrales de los siete espíritus mayores.

Estas tres vías formadas por los siete mundos del Padre, del Hijo y del Espíritu contienen esferas de grandeza insuperable y gloria inimaginable. Incluso su construcción física o material es de un orden que no se os ha revelado. Cada vía es de distinto material, y cada mundo de cada vía es diferente, exceptuando los siete mundos del Hijo que son de igual constitución física. Las veintiuna esferas son enormes, y cada grupo de siete está eternizado de diferente manera. Hasta donde sabemos, estas esferas siempre han sido así; como el Paraíso, son eternas. No existe constancia ni crónica de su origen.

Las siete esferas secretas del Padre Universal, que circundan el Paraíso en estrecha proximidad a la Isla eterna, reflejan en grado sumo la luminosidad espiritual procedente del resplandor interno de las Deidades eternas, que vierten esta luz de gloria divina por todo el Paraíso e incluso sobre las siete vías planetarias de Havona.

Parece que las energías impersonales de luminosidad espiritual se originan en los siete mundos sagrados del Hijo Eterno. Ningún ser personal puede habitar en ninguno de estos siete ámbitos de resplandor. Con su gloria espiritual iluminan todo el Paraíso y Havona, y dirigen hacia los siete suprauniversos una luminosidad espiritual pura. Asimismo, estas esferas brillantes de la segunda vía emiten su luz (luz sin calor) al Paraíso y a las siete vías circulatorias formadas por los mil millones de mundos del universo central.

Los siete espíritus mayores, que presiden los destinos de los siete suprauniversos, ocupan los siete mundos del Espíritu Infinito y envían a estas creaciones del tiempo y del espacio la luz espiritual de la tercera persona de la Deidad. Y todo Havona, aunque no la Isla del Paraíso, se inunda de estas influencias espiritualizadoras.

Aunque los mundos del Padre son esferas de condición última para todos los seres que el Padre ha dotado del ser personal, este no es su cometido exclusivo. Muchos seres y entidades distintas a las personales los habitan. En cada mundo de la vía circulatoria del Padre y de la vía circulatoria del Espíritu hay una determinada clase de ciudadanía permanente, pero pensamos que en los mundos del Hijo normalmente moran seres distintos a los personales. Entre los originarios de Lugar de la Divinidad se cuentan las fracciones del Padre; los otros órdenes de ciudadanía permanente no se os han revelado.

Los veintiún satélites del Paraíso tienen muchos cometidos tanto en el universo central como en los suprauniversos no revelados en estas narraciones. Es tan poco lo que podéis comprender respecto a la vida en estas esferas, que no podéis abrigar la esperanza de tener una visión exacta de ellas ni en cuanto a su naturaleza ni a su labor; allí se dan miles de tareas no reveladas. Estas veintiuna esferas abarcan los *potenciales* de la capacidad del universo matriz. Estos escritos tan solo proporcionan un breve atisbo de cierta delimitada actividad correspondiente a la presente era del gran universo —más bien, de uno de los siete sectores del gran universo—.

1. Los siete mundos sagrados del Padre

La vía circulatoria de las esferas de vida sagrada del Padre contiene los únicos secretos consustanciales al ser personal del universo de los universos. Estos satélites del Paraíso, que conforman la vía más interior de las tres, son las únicas áreas prohibidas del universo central relacionadas con el ser personal. El Paraíso inferior y los mundos del Hijo están de igual modo cerrados a los seres personales, pero ninguno de ellos se ocupa del ser personal directamente.

El más elevado orden de hijos estacionarios de la Trinidad, los seres secretos trinitizados de supremacía, dirigen los mundos del Paraíso del Padre. Poco puedo decir de estos mundos y, menos aún, de su numerosa actividad. Tal información atañe tan solo a aquellos seres que actúan y tienen su lugar de procedencia allí. Y aunque tengo algún conocimiento de seis de estos mundos especiales, nunca he descendido a Lugar de la Divinidad. Ese mundo me está completamente prohibido.

Una de las razones del secreto de estos mundos es que cada una de estas esferas sagradas disfruta de una representación, o manifestación, distintiva de las Deidades que componen la Trinidad del Paraíso; no se trata de una manifestación personal sino de una singular presencia de la divinidad que solo pueden reconocer y percibir esos grupos determinados de seres inteligentes que residen en esa esfera específica, o que son admitidos a ella. Los seres secretos trinitizados de supremacía son las instancias intermedias personales de estas presencias distintivas e impersonales de la Divinidad; son seres sumamente personales, dotados espléndidamente y adaptados maravillosamente a su excelsa y exigente labor.

1. LUGAR DE LA DIVINIDAD. Este mundo es, en un sentido único, el "seno del Padre", la esfera de comunión personal del Padre Universal, y en él existe una manifestación especial de su divinidad. Lugar de la Divinidad es el punto de encuentro en el Paraíso de los modeladores del pensamiento, pero es también la residencia habitual de numerosas otras entidades, de seres personales y de otros seres que se originan en el Padre Universal. Muchos otros seres personales, además del Hijo Eterno, se originan directamente bajo la acción única del Padre Universal. Solamente las fracciones del Padre y esos seres personales y otros seres que tienen su origen directa y exclusivamente en el Padre Universal, fraternizan y desempeñan su labor en esta morada.

Los secretos de Lugar de la Divinidad incluyen el secreto de la dádiva y de la misión de los modeladores del pensamiento. Su naturaleza, su origen y su modo de contacto con las criaturas más modestas de los mundos evolutivos se conservan en secreto en esta esfera del Paraíso. Esta formidable tarea no tiene nada que ver personalmente con el resto de nosotros, y, por lo tanto, las Deidades consideran apropiado evitar que conozcamos del todo ciertas características de este ministerio grandioso y divino. Se nos permite tener un conocimiento completo de este proceso siempre que entremos en contacto con esta faceta de la actividad divina, pero no se nos informa del todo en cuanto a los pormenores de dicha magna dádiva.

Esta esfera también alberga los secretos de la naturaleza, propósito y actividad de todas las otras formas de las fracciones del Padre, de los mensajeros de la gravedad y de multitudes de otros seres que no se os han revelado. Es muy probable que esas verdades de Lugar de la Divinidad que se me ocultan, si fueran reveladas, no harían sino confundirme y dificultar mi labor actual y, además, tal vez estén más allá de la capacidad conceptual de los seres del orden al que pertenezco.

2. LUGAR DEL HIJO. Esta esfera es el "seno del Hijo", el mundo personal de acogida del Hijo Eterno. Es la sede en el Paraíso de los hijos de Dios descendentes y ascendentes cuando, y después de que, se les reconoce totalmente y obtienen la aprobación para ello. Este mundo constituye la residencia habitual en el Paraíso de todos los hijos del Hijo Eterno y de sus hijos homólogos y adjuntos. Hay numerosos órdenes de filiación divina vinculados a esta morada excelsa no revelados a los mortales, dado que no están implicados en el plan de ascensión establecido para el progreso espiritual del ser humano hacia el Paraíso a través de los universos.

Los secretos de Lugar del Hijo incluyen el secreto de la encarnación de los hijos divinos. El hecho de que un hijo de Dios se convierta en Hijo del Hombre, naciendo literalmente de una mujer, como ocurrió en vuestro mundo hace mil novecientos años, es un misterio del universo. Lo mismo ocurre en todos los universos, y es el secreto de la filiación divina de Lugar del Hijo. Los modeladores son un misterio del Dios Padre. La encarnación de los hijos divinos es un misterio del Dios Hijo. Es un secreto oculto en el séptimo sector de Lugar del Hijo, un ámbito en el que nadie penetra salvo los que han pasado personalmente por esta singular vivencia. Os han informado solamente de aquellas facetas de la encarnación que guardan relación con vuestra andadura de ascensión. Existen otros muchos aspectos referentes al misterio de la encarnación de los hijos del Paraíso en cuando a misiones en el universo para la realización de algún servicio, que tampoco se os han revelado. Y todavía existen otros misterios en Lugar del Hijo.

3. LUGAR DEL ESPÍRITU. Este mundo es el "seno del Espíritu", la residencia habitual en el Paraíso de los seres elevados que representan de forma exclusiva al Espíritu Infinito. Aquí se congregan los siete

espíritus mayores y algunos de sus vástagos de todos los universos. En esta morada celestial también pueden encontrarse numerosos órdenes no revelados de seres personales espirituales, de seres asignados a múltiples tareas universales no relacionadas con los planes para elevar a las criaturas mortales del tiempo a los niveles eternos del Paraíso.

Los secretos de Lugar del Espíritu incluyen los misterios impenetrables de la reflectividad. Os hablamos del fenómeno inmenso y universal de la reflectividad, más en particular tal como opera en los mundos sedes de los siete suprauniversos, pero nunca damos una información completa porque no lo entendemos del todo. Comprendemos bastante, pero muchos detalles esenciales nos resultan todavía un misterio. La reflectividad es un secreto del Dios Espíritu. Se os ha instruido respecto a la acción de la reflectividad en relación con el plan de ascensión y supervivencia de los mortales y, en efecto, obra de ese modo; pero la reflectividad es también un elemento indispensable en la labor ordinaria de numerosas otras facetas ocupacionales del universo. Esta dotación procedente del Espíritu Infinito se utiliza también en otros canales además de aquellos dedicados a reunir datos y a diseminar información. Y existen otros secretos en Lugar del Espíritu.

4. LUGAR DE VICERREGENCIA. Este planeta es el "seno del Padre y del Hijo", y es la esfera secreta de ciertos seres no revelados que tienen su origen en los actos del Padre y del Hijo. Esta es también la residencia habitual en el Paraíso de muchos seres glorificados de ascendencia compleja, de aquellos cuyo origen es complejo debido a los múltiples y distintos métodos operativos en los siete suprauniversos. Muchos grupos de seres de identidad no revelada a los mortales de Urantia se reúnen en este mundo.

Los secretos de Lugar de Vicerregencia incluyen los secretos de la trinitización, y la trinitización constituye el secreto de la potestad para representar a la Trinidad, para servir de vicerregentes de los Dioses. La autorización para representar a la Trinidad corresponde solo a aquellos seres, revelados y no revelados, que son trinitizados, creados, devenidos o eternizados por cualquier combinación de dos miembros de la Trinidad del Paraíso o de los tres juntos. Los seres personales que tienen su existencia mediante los actos de trinitización de ciertos tipos de criaturas glorificadas no representan sino la activación del potencial conceptual de esa trinitización, si bien, tales criaturas pueden ascender por la ruta de acogimiento de la Deidad, abierta a todos los de su clase.

Los seres no trinitizados no comprenden por completo el método de trinitización por parte de dos o tres creadores o de ciertas criaturas. Nunca comprenderéis del todo un fenómeno así a menos que, en el futuro remoto de vuestra andadura glorificada, intentéis esta aventura y triunféis, porque de otro modo estos secretos de Lugar de Vicerregencia siempre os serán prohibidos. Pero para mí, un ser elevado de origen en la Trinidad, todos los sectores de Lugar de Vicerregencia están abiertos. Comprendo totalmente, al igual que guardo de forma plena y sagrada, el secreto de mi origen y mi destino.

Todavía existen otras formas y facetas de la trinitización que no han sido puestas en conocimiento de los pueblos de Urantia, y estas experiencias, en sus aspectos personales, están debidamente guardadas en el sector secreto de Lugar de Vicerregencia.

5. LUGAR DE SOLITUD. Este mundo es el "seno del Padre y el Espíritu" y el punto de encuentro de una magnífica multitud de seres no revelados que se originan en los actos conjuntos del Padre Universal y del Espíritu Infinito, de seres que, además de ser herederos del Espíritu, comparten rasgos del Padre.

Esta es también la residencia habitual de los mensajeros solitarios y de otros seres personales de órdenes supraangélicos. Vosotros conocéis a muy pocos de estos seres; hay un inmenso número de órdenes no revelados en Urantia. El hecho de que residan en el quinto mundo no indica necesariamente que el Padre haya tenido que ver con la creación de los mensajeros solitarios o con sus colaboradores supraangélicos, pero en esta era del universo él sí está relacionado con la labor que realizan. Durante la presente era del universo, esta es también la esfera estacional de los directores de la fuerza del universo.

Existen otros numerosos órdenes de seres personales espirituales, seres desconocidos para el hombre mortal, que consideran Lugar de Solitud como su esfera y residencia habitual en el Paraíso. Debe recordarse que todas las divisiones y niveles referentes a la actividad del universo están tan completamente provistas de servidores espirituales como lo está el ámbito dedicado a la labor de ayudar al hombre mortal a ascender a su divino destino en el Paraíso.

Los secretos de Lugar de Solitud. Además de ciertos secretos de trinitización, este mundo encierra los secretos de la relación personal del Espíritu Infinito con algunos de los vástagos más elevados de la Tercera Fuente y Centro. En Lugar de Solitud se guardan los misterios de la estrecha relación de numerosas clases no reveladas con los espíritus del Padre, del Hijo y del Espíritu, con el triple espíritu de la Trinidad y con los espíritus del Supremo, el Último y el Supremo-Último.

6. LUGAR DE SERAFINES. Esta esfera es el "seno del Hijo y del Espíritu", y la residencia habitual de inmensas multitudes de seres no revelados creados por el Hijo y el Espíritu. Es también la esfera de destino de todos los órdenes de servidores de las multitudes de ángeles, incluyendo a los supernafines, los seconafines y los serafines. También sirven en el universo central y en los universos más lejanos muchos órdenes de espíritus magníficos que no son "espíritus servidores para aquellos que serán herederos de la salvación". Todos ellos, que realizan una labor espiritual en todos los niveles y ámbitos referentes a la actividad del universo, consideran Lugar de Serafines como su residencia habitual en el Paraíso.

Los secretos de Lugar de Serafines contienen un triple misterio, de los cuales solamente puedo mencionar uno: el misterio del transporte seráfico. La capacidad, de distintos órdenes de serafines y de seres espirituales afines, de envolver dentro de su forma espiritual a todos los órdenes de seres personales no materiales y transportarlos en largos viajes interplanetarios es un secreto guardado en los sectores sagrados de Lugar de Serafines. Los serafines transportadores entienden este misterio, pero ellos no lo comunican al resto de nosotros, o tal vez no pueden. Los otros misterios de Lugar de Serafines pertenecen a la experiencia personal de ciertas clases de espíritus servidores hasta ahora sin revelar a los mortales. Y nos abstenemos de hablar de los secretos de esos seres tan íntimamente relacionados con vosotros, porque casi podríais llegar a comprender órdenes de existencia tan cercanos, y desvelar nuestro conocimiento de dicho fenómeno, por parcial que sea, sería como traicionar una confianza depositada en nosotros.

7. LUGAR DE LA ASCENSIÓN. Este mundo singular es "el seno del Padre, del Hijo y del Espíritu", el punto de encuentro de las criaturas que ascienden del espacio, la esfera de acogida de los peregrinos del tiempo que atraviesan el universo de Havona en su camino al Paraíso. Lugar de la Ascensión es en realidad la morada en el Paraíso de las almas que ascienden del tiempo y del espacio hasta que alcanzan estatus paradisíaco. Durante la estancia en Havona, vosotros los mortales pasaréis la mayor parte de vuestras "vacaciones" en Lugar de la Ascensión. Durante vuestra vida en Havona, Lugar de la Ascensión será para vosotros lo que

los directores de reversión fueron en la ascensión en el universo local y en el suprauniverso. Aquí os ocuparéis de miles de tareas que escapan a la imaginación humana. Y al igual que en cada uno de los avances previos en el ascenso hacia Dios, vuestro yo humano entrará aquí en una nueva relación con vuestro yo divino.

Los secretos de Lugar de la Ascensión incluyen el misterio de la creación continuada y segura en la mente mortal y material de un equivalente espiritual y potencialmente inmortal de su carácter e identidad. Este fenómeno constituye uno de los misterios más desconcertantes de los universos: la evolución de un alma inmortal en la mente de una criatura mortal y material.

Jamás comprenderéis del todo este hecho misterioso hasta que lleguéis a Lugar de la Ascensión. Precisamente por eso, todo Lugar de la Ascensión se abrirá ante vuestros asombrados ojos. Una séptima parte de este mundo me está prohibida —ese sector que se ocupa de este mismo secreto que es (o será) posesión y vivencia exclusiva de vuestro tipo de ser—. Esta experiencia personal pertenece a vuestro orden humano de existencia. El orden de ser personal al que pertenezco no tiene relación directa con estos hechos. Por tanto, su conocimiento me está prohibido, aunque acabará por ser revelado. Pero, incluso después de que os sea revelado, por alguna razón seguirá siendo siempre vuestro secreto. No lo revelaréis a nosotros ni a ningún otro orden de seres. Sabemos de la fusión eterna de un modelador divino y de un alma inmortal de origen humano, pero los ascendentes finalizadores sienten esta vivencia misma como una realidad absoluta.

2. Relaciones en los mundos del Padre

Estos mundos, que constituyen la residencia habitual de diversos órdenes de seres espirituales, son esferas portentosas y maravillosas, y son iguales al Paraíso en su belleza incomparable y su espléndida gloria. Son mundos de encuentro, esferas de reunión, que sirven en el cosmos de residencias fijas. Como finalizadores, tendréis vuestro domicilio en el Paraíso, pero Lugar de la Ascensión será en todo momento vuestra residencia fija, incluso cuando iniciéis vuestro servicio en el espacio exterior. Durante toda la eternidad consideraréis Lugar de la Ascensión como vuestro hogar, que recordaréis con emoción y evocaréis en vuestra memoria. Cuando os convirtáis en seres espirituales de la séptima etapa, es posible que renunciéis a vuestro estatus de residentes del Paraíso.

Si los universos exteriores están en proceso de creación, si han de ser habitados por criaturas del tiempo potencialmente capacitadas para ascender, se deduce que estos hijos del futuro también estarán destinados a considerar Lugar de la Ascensión como su mundo y residencia habitual en el Paraíso.

Lugar de la Ascensión es la única esfera sagrada que estará abierta sin reservas a vuestra contemplación al llegar al Paraíso. Lugar de Vicerregencia es la única esfera sagrada que está total e incondicionalmente abierta a mi observación. Aunque sus secretos guardan relación con mi origen, en esta era del universo no considero Lugar de Vicerregencia como mi residencia habitual. Los seres de origen en la Trinidad y los seres trinitizados no son la misma cosa.

Los seres de origen en la Trinidad no comparten por completo los mundos del Padre. Tienen su residencia en la Isla del Paraíso en estrecha proximidad al Ámbito Santísimo. A menudo, estos aparecen en Lugar de la Ascensión, "el seno del Padre, el Hijo y el Espíritu" donde fraternizan con sus hermanos procedentes de los modestos mundos del espacio.

Podríais suponer que los hijos creadores, teniendo su origen en el Padre y el Hijo, vieran Lugar de Vicerregencia como su residencia habitual, pero tal no es el caso en esta era del universo característica de la acción del Dios Séptuplo. Y hay muchos problemas similares que os sorprenderán, porque seguro que encontraréis muchas dificultades al intentar comprender estas cosas tan cercanas al Paraíso. Tampoco podréis dar respuesta alguna convincente mediante la razón a estas interrogantes. Es poco lo que sabéis. Y si conocierais más sobre los mundos del Padre, simplemente os encontraríais con una mayor dificultad hasta que lo supierais *todo* sobre ellos. El estatus en cualquiera de estos mundos secretos se adquiere tanto mediante el servicio como mediante el tipo de origen, y las consecutivas eras del universo pueden redistribuir, como de hecho lo hacen, algunas de estas agrupaciones de seres personales.

Los mundos de la vía circulatoria interior son realmente mundos de fraternidad o de estatus más que verdaderas esferas de residencia. Los mortales alcanzarán algún estatus en cada uno de los mundos del Padre, salvo en uno. Por ejemplo: cuando llegáis a Havona, se os concede permiso para visitar Lugar de la Ascensión, donde se os acoge cálidamente, pero no se os permite visitar los otros seis mundos sagrados. Con posterioridad a vuestro paso por el régimen del Paraíso y tras vuestra admisión en el colectivo final, se os concede permiso para ir a Lugar del Hijo puesto que sois hijos de Dios a la vez que seres ascendentes, e incluso sois algo más. Pero siempre quedará una séptima parte de Lugar del Hijo, el sector que guarda los secretos sobre la encarnación de los hijos divinos, que no estará abierto a vuestra observación. Jamás se revelarán esos secretos a los hijos ascendentes de Dios.

Acabaréis por tener completo acceso a Lugar de la Ascensión y acceso relativo a las otras esferas del Padre excepto a Lugar de la Divinidad. Pero incluso cuando se os conceda permiso para llegar a las otras cinco esferas secretas, cuando os hayáis convertido en finalizadores, no se os permitirá visitar todos los sectores de esos mundos. Tampoco se os permitirá arribar a las orillas de Lugar de la Divinidad, el "seno del Padre", aunque con seguridad estaréis repetidas veces "a la diestra del Padre". Nunca durante toda la eternidad se necesitará vuestra presencia en el mundo de los modeladores del pensamiento.

Estos mundos de encuentro de la vida espiritual son terreno prohibido hasta el extremo de que se nos pide que no consultemos el acceso a aquellas facetas de estas esferas que están completamente fuera del ámbito de nuestra experiencia. Vosotros podéis llegar a ser criaturas perfectas tal como el Padre Universal es perfecto en cuanto deidad, pero no podéis conocer todos los secretos experienciales de todos los demás órdenes de seres personales del universo. Cuando el Creador tiene un secreto personal respecto a las experiencias personales de sus criaturas, el Creador guarda el secreto en eterna confidencia.

Se supone que el colectivo conjunto de los seres secretos trinitizados de supremacía conocen todos estos secretos. A estos seres se les conoce del todo solo en sus grupos de mundos especiales; seres de otros órdenes los comprenden poco. Una vez que alcancéis el Paraíso, conoceréis y amaréis con fervor a los diez seres secretos de supremacía que dirigen Lugar de la Ascensión. Con excepción de Lugar de la Divinidad, también podréis comprender de forma parcial a los seres secretos de supremacía de los otros mundos del Padre, aunque no tan perfectamente como en Lugar de la Ascensión.

Los seres secretos trinitizados de supremacía, como su nombre mismo sugiere, se relacionan con el Supremo; asimismo se relacionan con el Último y con el futuro Supremo-Último. Estos seres conforman los secretos del Supremo y también los secretos del Último, e incluso los secretos del Supremo-Último.

3. Los mundos sagrados del Hijo Eterno

Las siete esferas luminosas del Hijo Eterno son los mundos de las siete fases de la existencia del espíritu puro. Estos orbes resplandecientes son la fuente de la triple luz del Paraíso y de Havona. Su influencia está limitada, en gran parte, aunque no del todo, al universo central.

El ser personal no está presente en estos satélites del Paraíso; por tanto, poco de lo relacionado con estas moradas de espíritus puros puede exponerse al ser personal mortal y material. Se nos enseña que estos mundos están repletos de una vida diferente a la personal propia de los seres del Hijo Eterno. Deducimos que se están congregando estas entidades para servir en los nuevos universos del espacio exterior en proyecto. Los filósofos del Paraíso sostienen que en cada ciclo del Paraíso, de unos dos mil millones de años de tiempo de Urantia, se evidencia la creación de una nueva provisión de estos órdenes en los mundos secretos del Hijo Eterno.

Por lo que yo sé, ningún ser personal ha estado jamás en ninguna de estas esferas del Hijo Eterno. En toda mi larga experiencia dentro y fuera del Paraíso, jamás se me ha asignado la visita a ninguno de estos mundos. Ni siquiera los seres personales cocreados por el Hijo Eterno acuden a dichos mundos. Se desprende de esto que se admiten a estos mundos espirituales a todas las clases de espíritus impersonales, con independencia de su origen. Como yo soy una persona y tengo forma espiritual, cualquiera de estos mundos indudablemente me parecería vacío y desierto aunque se me permitiese visitarlo. Los elevados seres personales espirituales no son dados a sentirse atraídos por una curiosidad sin un fin determinado o puramente por una aventura sin sentido. Hay, en todo momento, demasiadas aventuras fascinantes y con propósito como para permitir dejarse llevar por el interés en proyectos que son inútiles o irreales.

4. Los mundos del Espíritu Infinito

Entre la vía planetaria interior de Havona y las brillantes esferas del Hijo Eterno circundan los siete orbes del Espíritu Infinito, mundos habitados por los vástagos del Espíritu Infinito, por los hijos trinitizados de seres personales creados y glorificados y por otros tipos de seres no revelados que se ocupan eficazmente de la dirección de muchos proyectos en los diferentes ámbitos de actividad del universo.

Los siete espíritus mayores son los representantes supremos y últimos del Espíritu Infinito. Ellos mantienen sus estaciones personales, sus focos de fuerza, en la periferia del Paraíso, pero todas las operaciones relacionadas con su gestión y dirección del gran universo se dirigen desde estas siete esferas rectoras especiales del Espíritu Infinito. Los siete espíritus mayores constituyen, en realidad, un eje equilibrador de la mente-espíritu del universo de los universos, una fuerza central que todo lo abarca, todo lo incluye y todo lo coordina.

Desde estas siete esferas especiales, los espíritus mayores actúan para equilibrar y estabilizar las vías del gran universo por donde circula la mente cósmica. También guardan relación con las actitudes espirituales diferentes y con la presencia de las Deidades en todo el gran universo. Las reacciones físicas son uniformes, invariables y siempre instantáneas y automáticas. Pero la presencia experiencial y espiritual está de acuerdo con las condiciones implícitas o los estados de receptividad espiritual consustancial a cada una de las mentes de las criaturas de los mundos.

La autoridad, la presencia y la acción físicas son invariables en todos los universos, por pequeños o grandes que sean. El factor diferenciador en la presencia espiritual, o reacción, constituye el diferencial de oscilación en su reconocimiento y recepción por parte de las criaturas volitivas. Aunque la presencia espiritual de la Deidad absoluta y existencial no se determina en modo alguno en virtud de las actitudes de lealtad o deslealtad por parte de los seres creados, es cierto, al mismo tiempo, que la presencia efectiva de la Deidad subabsoluta y experiencial está directa y claramente determinada por las decisiones, elecciones y actitudes de estas criaturas finitas en el ejercicio de su voluntad —por la lealtad y devoción de los seres, planetas, sistemas, constelaciones o universos individuales—. Pero esta presencia espiritual de la divinidad no es caprichosa ni arbitraria. Su variante experiencial es consustancial a la dotación de libre voluntad de las criaturas personales.

El factor determinante del diferencial de la presencia espiritual existe en vuestro corazón y mente, y se basa en la manera en la que elegís, en las decisiones de vuestra mente y en la determinación de vuestra voluntad. Este diferencial es consustancial a las reacciones de la libre voluntad de los seres personales inteligentes, seres para quienes el Padre Universal ha decretado que ejerzan esta libertad de elección. Las Deidades son siempre fieles al fluir y refluir de sus espíritus en la satisfacción y cumplimiento de las condiciones y exigencias de este diferencial de elección de la criatura, ya sea otorgando más de su presencia en respuesta a un sincero deseo de la criatura, ya sea retirándose de la escena cuando las criaturas deciden de forma desfavorable en el ejercicio de esta libertad de elección concedida de forma divina. Y, de este modo, el espíritu divino obedece con humildad la decisión de las criaturas de los mundos.

Las moradas rectoras de los siete espíritus mayores son, en realidad, las sedes paradisíacas de los siete suprauniversos y de sus correspondientes segmentos en el espacio exterior. Cada espíritu mayor preside un suprauniverso, y cada uno de estos siete mundos se asigna exclusivamente a uno de los espíritus mayores. No existe literalmente ninguna faceta de la administración de los siete suprauniversos desde la zona baja del Paraíso que no esté contemplada en estos mundos rectores. Estos no son tan exclusivos como las esferas del Padre o del Hijo, y aunque la condición de residente esté limitada a los seres nativos y a los que allí realizan alguna labor, estos siete planetas de gobierno están siempre abiertos a todos los seres que deseen visitarlos, y que puedan disponer de los necesarios medios de transporte.

Para mí, estos mundos rectores son los lugares más interesantes y fascinantes que hay fuera del Paraíso. En ningún otro lugar del inmenso universo puede uno observar una actividad tan variada, en la que participan tantos órdenes diferentes de seres vivos, que guardan relación con actuaciones en tantos niveles distintos, con tareas que son a la vez materiales, intelectuales y espirituales. Cuando se me concede un período de licencia de mis cometidos, si por casualidad me encuentro en el Paraíso o en Havona, por lo general acudo a uno de estos atareados mundos de los siete espíritus mayores, para dejar que mi mente se inspire ante la contemplación de tanta ocupación, devoción, lealtad, sabiduría y eficacia. En ninguna otra parte he podido observar una interrelación tan sorprendente de seres personales en el desempeño de sus tareas en los siete niveles de la realidad del universo. Y siempre me estimula observar la actividad de los que tan bien saben realizar su labor y tan plenamente la disfrutan haciéndola.

[Exposición de un perfeccionador de la sabiduría, a quien los ancianos de días de Uversa han encomendado esta labor.]

CUATRO

EL UNIVERSO CENTRAL Y DIVINO

(ESCRITO 14)

EL UNIVERSO perfecto y divino ocupa el centro de toda la creación. Es el núcleo eterno a cuyo alrededor giran las inmensas creaciones del tiempo y del espacio. El Paraíso es una gigantesca isla nuclear absolutamente estable, que reposa inmóvil en el corazón mismo del magnífico universo eterno. Esta agrupación planetaria central se llama Havona y está muy distante del universo local de Nebadón. Es de dimensiones enormes y de una masa casi increíble. Consta de mil millones de esferas de belleza inimaginable y de grandeza majestuosa, pero la verdadera magnitud de esta inmensa creación excede totalmente la comprensión de la mente humana.

Es el único conjunto de mundos perfectos y estables. Es un universo totalmente creado y perfecto. No proviene de un desarrollo evolutivo. Es el núcleo eterno de perfección en torno al cual gira esa procesión infinita de universos que constituyen el formidable experimento evolutivo, la audaz aventura de los hijos creadores de Dios que aspiran a duplicar en el tiempo y a reproducir en el espacio este modelo del universo, el ideal de la completitud divina, de la completud suprema, de la realidad última y de la perfección eterna.

1. El sistema Paraíso-Havona

Desde la periferia del Paraíso hasta los límites interiores de los siete suprauniversos, se dan en el espacio las siete condiciones y movimientos siguientes:

1. Las zonas quiescentes del espacio medio que lindan con el Paraíso.

2. El movimiento procesional en el sentido de las manecillas del reloj de las tres vías circulatorias en torno al Paraíso y las siete de Havona.

3. La zona espacial semiquieta que separa las vías circulatorias de Havona de los cuerpos oscuros de gravedad del universo central.

4. El cinturón interior de los cuerpos oscuros de gravedad que se mueven en sentido opuesto al de las manecillas del reloj.

5. La segunda zona espacial única que divide las dos rutas espaciales de los cuerpos oscuros de gravedad.

6. El cinturón exterior de los cuerpos oscuros de gravedad que giran en el sentido de las manecillas del reloj alrededor del Paraíso.

7. Una tercera zona espacial —una zona semiquieta— que separa el cinturón exterior de los cuerpos oscuros de gravedad de las vías circulatorias más interiores de los siete suprauniversos.

Los mil millones de mundos de Havona están dispuestos en siete vías circulatorias concéntricas que rodean directamente a las tres vías circulatorias de satélites del Paraíso. Hay más de treinta y cinco millones de mundos en la vía más interior de Havona y más de doscientos cuarenta y cinco millones en la más exterior, con cantidades proporcionales entre ambos. Cada vía difiere, pero todas están perfectamente equilibradas y excelentemente organizadas, y cada una está infundida de una representación distintiva del Espíritu Infinito, de uno de los siete espíritus de las vías. Además de otros cometidos, este espíritu impersonal coordina la realización de los asuntos celestiales en todas y cada una de estas vías.

Las vías planetarias de Havona no están superpuestas, sino que sus mundos se suceden en una ordenada procesión lineal. El universo central gira alrededor de la Isla estacionaria del Paraíso en un inmenso plano que consta de diez unidades concéntricas estabilizadas: las tres vías circulatorias formadas por las esferas del Paraíso y las siete formadas por los mundos de Havona. Desde el punto de vista físico, las vías de Havona y las del Paraíso constituyen un mismo sistema; su separación responde a una división de carácter operativo y administrativo.

En el Paraíso no se computa el tiempo. Los oriundos de la Isla central tienen, de forma innata, una noción secuencial ininterrumpida de los acontecimientos. Pero el tiempo es propio de las vías planetarias de Havona y de numerosos seres de origen tanto celestial como terrestres que allí habitan. Cada mundo de Havona tiene su propio tiempo local, determinado por la vía circulatoria en la que se encuentran. En todos los mundos de una determinada vía, los años tienen la misma duración puesto que giran uniformemente alrededor del Paraíso, y la duración de estos años planetarios decrece según se va de la vía circulatoria más exterior a la más interior.

Aparte del tiempo propio de las vías de Havona, existe en el conjunto Paraíso-Havona un día regular además de otras divisiones temporales que se determinan a partir de los siete satélites del Espíritu Infinito del Paraíso. El día regular del Paraíso-Havona se computa sobre la base del tiempo que las moradas planetarias de la primera vía circulatoria de Havona, la más interior, requieren para completar una rotación alrededor de la Isla del Paraíso; y aunque su velocidad es enorme, debido a su situación entre los cuerpos oscuros de gravedad y el gigantesco Paraíso, lleva a estas esferas casi mil años completar su órbita. Sin apercibiros leísteis la verdad cuando vuestros ojos se posaron sobre la frase "un día es como mil años para con Dios, no más que una de las vigilias de la noche". Un día del Paraíso-Havona dura mil años del presente calendario bisiesto de Urantia menos solamente siete minutos, tres segundos y un octavo de segundo.

Este día del Paraíso-Havona constituye la medida de tiempo estándar en los siete suprauniversos, aunque cada uno mantiene sus propios patrones temporales internos.

En los alrededores de este inmenso universo central, en la lejanía, más allá del séptimo cinturón de los mundos de Havona, gira un increíble número de enormes cuerpos oscuros de gravedad. Estas innumerables masas oscuras son bastante diferentes a los otros cuerpos espaciales en muchos aspectos; incluso en su forma son muy diferentes. Estos cuerpos oscuros de gravedad no reflejan ni absorben la luz; no son reactivos a la luz de la energía física, y rodean y envuelven tan completamente a Havona que la ocultan a la visión de incluso los universos habitados cercanos del tiempo y del espacio.

Una singular intrusión espacial divide a este gran cinturón de cuerpos oscuros en dos vías circulatorias elípticas iguales. El cinturón interior gira en sentido contrario a las manecillas del reloj; el exterior, en el sentido de las manecillas. Estas direcciones alternadas de movimiento, combinadas con la extraordinaria masa de los cuerpos oscuros, equilibran tan eficazmente las líneas de la gravedad de Havona que convierten al universo central en una creación físicamente equilibrada y perfectamente estabilizada.

La procesión interior de cuerpos oscuros de gravedad tiene una disposición tubular consistente en tres agrupaciones circulares. Una sección transversal de esta vía mostraría tres círculos concéntricos de densidad aproximadamente igual. La vía exterior de cuerpos oscuros de gravedad está dispuesta de forma perpendicular, siendo diez mil veces más alta que la vía interior. El diámetro vertical de la vía exterior es cincuenta mil veces el del diámetro transversal.

El espacio intermedio que existe entre estas dos vías circulatorias de cuerpos de gravedad es *único* puesto que no se encuentra nada que se le asemeje en ninguna otra parte del inmenso universo. En esta zona, caracterizada por enormes movimientos en onda de naturaleza vertical, se da una enorme actividad energética de orden desconocido.

En nuestra opinión, no habrá nada de características similares a los cuerpos oscuros de gravedad del universo central en la evolución futura de los niveles del espacio exterior; consideramos estas procesiones alternadas de formidables cuerpos equilibradores de la gravedad como únicos en el universo matriz.

2. Constitución de Havona

Los seres espirituales no moran en un espacio amorfo; no habitan mundos etéreos sino que residen en esferas reales de naturaleza material, en mundos tan reales como aquellos en los que viven los mortales. Los mundos de Havona son reales y auténticos, aunque su masa real difiere del patrón material de los planetas de los siete suprauniversos.

Las realidades físicas de Havona conforman un tipo de organización energética radicalmente diferente al de cualquier otro imperante en los universos evolutivos del espacio. Las energías de Havona son triples. Las unidades de energía-materia del suprauniverso contienen una doble carga de energía, aunque existe una forma de energía en fases negativa y positiva. La creación del universo central es triple (la Trinidad); la creación de un universo local (de forma directa) es doble, por un hijo creador y un espíritu creativo.

La materia de que está hecha Havona consiste en un sistema de exactamente mil elementos químicos básicos y conlleva la actuación equilibrada de siete formas de energía. Cada una de estas energías básicas manifiesta siete facetas de sensaciones, de manera que los originarios de Havona responden a cuarenta y nueve estímulos sensoriales diferentes. En otras palabras, visto desde un punto de vista puramente físico, los originarios del universo central poseen cuarenta y nueve formas específicas de sensaciones. Los sentidos morontiales son setenta, y los más elevados órdenes espirituales de reacción varían, según las diferentes clases de seres, de setenta a doscientos diez.

Ninguno de los seres físicos del universo central sería visible para los urantianos. Tampoco suscitaría ninguno de los estímulos físicos de esos mundos remotos reacción alguna en vuestros elementales órganos sensitivos. Si uno de los mortales de Urantia pudiese ser trasladado a Havona, sería allí sordo, ciego y carente por completo de toda otra reacción sensorial. Solamente podría obrar como un ser de limitada conciencia de sí mismo privado de todo estímulo ambiental y de toda reacción al entorno.

Hay numerosos fenómenos físicos y reacciones espirituales que ocurren en la creación central que resultan desconocidos en mundos como los de Urantia. La organización fundamental de una creación triple es completamente distinta de la constitución doble de los universos creados del tiempo y del espacio.

Toda ley natural se coordina sobre una base que difiere enteramente de la de los sistemas duales de energía de las creaciones en evolución. El universo central está organizado de acuerdo con un sistema triple de supervisión perfecta y simétrica. En todo el sistema Paraíso-Havona, se mantiene un perfecto equilibrio entre todas las realidades cósmicas y todas las fuerzas espirituales. El Paraíso, en su potestad absoluta sobre la creación material, regula y mantiene perfectamente las energías físicas de este universo central. El Hijo Eterno, como parte de esta potestad espiritual que todo lo abarca, sostiene, con la mayor perfección, el estatus espiritual de todos aquellos que habitan en Havona. En el Paraíso nada es experimental, y el sistema Paraíso-Havona constituye una unidad de perfección creativa.

La gravedad universal espiritual del Hijo Eterno es sorprendentemente activa en todo el universo central. Todos los valores del espíritu y todos los seres personales espirituales son de forma incesante atraídos hacia adentro, hacia la morada de los Dioses. Este impulso hacia Dios es intenso e ineludible. El anhelo de alcanzar a Dios es más intenso en el universo central, no porque la gravedad espiritual sea más intensa que en los universos más distantes, sino porque esos seres que han llegado a Havona están más plenamente espiritualizados y, como consecuencia, responden más a la acción, siempre presente, de la atracción universal de la gravedad espiritual del Hijo Eterno.

De igual manera, el Espíritu Infinito atrae hacia el Paraíso todos los valores intelectuales. En todo el universo central, la gravedad mental del Espíritu Infinito obra en conjunción con la gravedad espiritual del Hijo Eterno y, juntos, constituyen el impulso combinado de las almas que ascienden para encontrar a Dios, alcanzar la Deidad, lograr el Paraíso y conocer al Padre.

Havona es un universo espiritualmente perfecto y físicamente estable. La supervisión y la estabilidad equilibrada del universo central parecen ser perfectos. Todo lo físico o lo espiritual es perfectamente previsible, pero los fenómenos de la mente y la volición personal no lo son. De esto deducimos que el pecado es imposible que ocurra allí, pero lo hacemos partiendo de la base de que a las criaturas de libre voluntad originarias de Havona nunca se les ha culpado de transgredir la voluntad de la Deidad. Durante toda la eternidad, estos seres excelsos han sido invariablemente leales a los eternos de días. Tampoco ha aparecido el pecado en ninguna criatura que haya llegado a Havona como peregrino. No ha habido nunca ningún caso de conducta indebida de parte de ninguna criatura de ningún grupo de seres personales creados en el universo central de Havona, o admitidos a este. Tan perfectos y tan divinos son los métodos y medios de selección en los universos del tiempo que no hay constancia en Havona de error alguno; no se han cometido jamás equivocaciones; jamás se ha admitido prematuramente en el universo central a ninguna de las almas ascendentes.

3. Los mundos de Havona

No existe gobierno alguno en el universo central. Havona es tan excelentemente perfecto que no necesita ningún sistema intelectual de gobierno. No existen tribunales que se constituyan regularmente ni hay asambleas legislativas. Havona requiere tan solo instrucciones administrativas. Aquí puede observarse la altura de los ideales del verdadero *auto*gobierno.

No hace falta gobierno entre estas inteligencias de tal perfección y casi perfectas. No tienen ninguna necesidad de regulación, porque son seres de perfección innata entremezclados con criaturas evolutivas que han estado mucho antes bajo la observación de los tribunales supremos de los suprauniversos.

La administración de Havona no es espontánea, pero es maravillosamente perfecta y divinamente eficiente. Es mayormente planetaria y pertenece al eterno de días que allí reside. Cada una de las esferas de Havona está dirigida por uno de estos seres personales de origen en la Trinidad. Los eternos de días no son creadores, sino administradores perfectos. Imparten sus enseñanzas con suprema pericia y dirigen a sus hijos planetarios con una sabiduría tan perfecta que linda en lo absoluto.

Los mil millones de esferas del universo central constituyen los mundos de formación de los elevados seres personales originarios del Paraíso y de Havona y, además, sirven de prueba final para las criaturas que ascienden desde los mundos evolutivos del tiempo. En la ejecución del magno plan del Padre Universal para la ascensión de la criatura, los peregrinos del tiempo arriban a los mundos receptores de la vía exterior o séptima y, tras formarse de manera progresiva y engrandecerse experiencialmente, avanzan continuamente hacia adentro, de planeta en planeta y de círculo en círculo, hasta que acaban por alcanzar las Deidades y lograr su residencia en el Paraíso.

Actualmente, aunque las esferas que forman las siete vías circulatorias se mantienen en toda su excelsa gloria, tan solo se utiliza aproximadamente el uno por ciento de toda la capacidad planetaria en la labor de promover el plan universal del Padre relativo a la ascensión de los mortales. Alrededor de un décimo del uno por ciento del área de estos enormes mundos está dedicado a la vida y actividad de los colectivos finales, de seres eternamente asentados en luz y vida que con frecuencia permanecen y sirven en los mundos de Havona. Estos excelsos seres tienen su residencia personal en el Paraíso.

La estructura planetaria de las esferas de Havona es enteramente diferente a la de los mundos y sistemas evolutivos del espacio. En ninguna otra parte de todo el gran universo es conveniente utilizar esferas tan enormes como mundos habitados. El elemento físico de la triata, combinado con el efecto equilibrador de los inmensos cuerpos oscuros de gravedad, posibilita igualar de manera perfecta las fuerzas físicas y equilibrar de forma excelente la diversa atracción de esta formidable creación. La antigravedad también se emplea en la organización de las tareas materiales y de la actividad espiritual de estos enormes mundos.

La arquitectura, iluminación y calentamiento, así como el embellecimiento biológico y artístico de las esferas de Havona están mucho más allá del mayor alcance posible de la imaginación humana. No es mucho lo que os puedo decir acerca de Havona; para comprender su belleza y grandeza, debéis verla. Pero hay ríos y lagos verdaderos en estos mundos perfectos.

Espiritualmente, estos mundos están inmejorablemente equipados y se adaptan perfectamente a su propósito de alojar a numerosos y diferenciados órdenes de seres que obran en el universo central. En estos mundos hermosos tiene lugar mucha actividad cuya comprensión escapa a los humanos.

4. Las criaturas del universo central

Hay siete formas esenciales de organismos vivos y de seres en los mundos de Havona, y cada una de ellas se compone de tres modalidades distintas. Cada una de estas tres modalidades tiene a su vez setenta divisiones principales, y cada una de estas divisiones principales se compone de mil divisiones menores, que a su vez se subdividen, y así sucesivamente. Estos grupos esenciales de vida pueden clasificarse como:

1. Material.
2. Morontial.
3. Espiritual.
4. Absonito.
5. Último.
6. Coabsoluto.
7. Absoluto.

La descomposición y la muerte no son parte del ciclo de vida en los mundos de Havona. En el universo central, los organismos vivos de menor rango sufren la transmutación de su materialidad. Cambian de forma y manifestación, pero no se transforman siguiendo un proceso de descomposición y muerte celular.

Los originarios de Havona son todos vástagos de la Trinidad del Paraíso. No tienen progenitores y no se reproducen. No podemos describir la creación de estos ciudadanos del universo central porque son seres que no fueron creados. La historia completa de la creación de Havona responde a un intento de poner en términos espacio-temporales un hecho de la eternidad, que no tiene ninguna relación con el tiempo ni con el espacio, tal como el hombre mortal los entiende. Pero debemos conceder a la filosofía humana un punto de origen ya que incluso los seres personales que están muy por encima del nivel humano requieren un concepto de "principio". Sin embargo, el sistema Paraíso-Havona es eterno.

Los originarios de Havona viven en los mil millones de esferas del universo central de la misma manera en la que otros órdenes de ciudadanía habitan de forma permanente en sus respectivas esferas de origen. Tal como el orden de hijos materiales se ocupa de los recursos materiales, intelectuales y espirituales de mil millones de sistemas locales dentro de un suprauniverso, del mismo modo, en un sentido más amplio, los originarios de Havona viven y obran en los mil millones de mundos del universo central. Quizás pudierais considerar a estos habitantes de Havona como criaturas materiales si la palabra "material" pudiera ampliar su significado para poder describir las realidades físicas del universo divino.

Existe una vida que es oriunda de Havona y que posee significación en sí y a partir de sí misma. Los originarios de Havona sirven de muchas maneras a los que descienden del Paraíso y a los que ascienden de los suprauniversos, pero también viven una vida única en el universo central que, con independencia del Paraíso o de los suprauniversos, tiene un sentido propio.

Así como la adoración de los hijos de fe en los mundos evolutivos sirve para satisfacción del amor del Padre Universal, del mismo modo la sublime adoración de las criaturas de Havona contenta los perfectos ideales de belleza y de verdad divinas. Así como el hombre mortal se afana por hacer la voluntad de Dios, estos seres del universo central viven para complacer los ideales de la Trinidad del Paraíso. En su naturaleza misma, *son* la voluntad de Dios. El hombre se regocija en la bondad de Dios, los habitantes de Havona gozan de la belleza divina, mientras que ambos disfrutáis del ministerio liberador de la verdad viva.

Los originarios de Havona tienen destinos no revelados, tanto presentes como futuros, a los que pueden optar. Y existe entre estas criaturas una forma de desarrollo peculiar al universo central, un desarrollo que no incluye ni el ascenso al Paraíso ni la incursión en los suprauniversos. Este desarrollo a un estatus más elevado en Havona puede indicarse de la siguiente manera:

1. Desarrollo experiencial hacia fuera, desde la primera hasta la última vía circulatoria.

2. Desarrollo hacia dentro desde la séptima hasta la primera vía circulatoria.

3. Desarrollo entre las vías orbitales: desarrollo dentro de los mundos de una vía circulatoria determinada.

Además de los originarios de Havona, entre los habitantes del universo central hay numerosas clases de seres que conforman los modelos para diversos grupos del universo —consejeros, directores y maestros de su tipo y para su tipo en toda la creación—. Todos los seres en todos los universos se modelan según algún orden de modelo creatural que vive en uno de los mil millones de mundos de Havona. Incluso los mortales del tiempo tienen su meta e ideales en cuanto a su existencia creatural en las vías planetarias exteriores de estas esferas modelos de las alturas.

Luego existen esos seres que han alcanzado al Padre Universal, y que tienen derecho a ir y venir, que están asignados por doquier en los universos, en misiones de servicio especial. Y en cada mundo de Havona se hallan quienes pretenden llegar hasta el final, quienes físicamente han llegado al universo central, pero no han logrado aún ese desarrollo espiritual que les permitirá solicitar residencia en el Paraíso.

Hay un gran número de seres personales que representan al Espíritu Infinito en los mundos de Havona; son seres de gracia y gloria que rigen los intrincados asuntos intelectuales y espirituales del universo central. En estos mundos de perfección divina, realizan una labor connatural a la conducta normal de esta inmensa creación y, además, llevan a cabo múltiples tareas de enseñanza, formación y servicio en favor del enorme número de criaturas ascendentes que han escalado a la gloria desde los oscuros mundos del espacio.

Existen numerosos grupos de seres originarios del sistema Paraíso-Havona que no están de modo alguno vinculado directamente con el plan de ascensión de las criaturas en su logro de la perfección; así pues, se han omitido de la clasificación de los seres personales dada a conocer a las razas mortales. Aquí se exponen solamente los grupos principales de seres sobrenaturales y aquellos órdenes de seres directamente relacionados con vuestra experiencia de supervivencia.

Havona está repleta de la vida de todos las variedades de seres inteligentes, que buscan allí avanzar desde las vías circulatorias inferiores hasta las superiores y se esfuerzan por alcanzar niveles cada vez más elevados de cognición de la divinidad y una percepción más amplia de los contenidos supremos, de los valores últimos y de la realidad absoluta.

5. La vida en Havona

En Urantia pasáis por una prueba breve e intensa durante vuestra vida inicial en la existencia material. En los mundos de las moradas y a través de vuestro sistema, constelación y universo local, ascendéis a través de las fases morontiales. En los mundos de formación del suprauniverso pasáis por las verdaderas etapas de desarrollo espiritual y se os prepara para el tránsito final a Havona. En las siete vías de Havona, vuestra realización es intelectual, espiritual y experiencial. Y en cada uno de los mundos de cada una de estas vías ha de realizarse una tarea específica.

La vida en los mundos divinos del universo central es tan rica y plena, tan completa y pletórica, que trasciende del todo lo que un ser creado pudiera imaginar sentir. Las actividades sociales y económicas de esta creación eterna son enteramente distintas a las ocupaciones de las criaturas materiales que viven en mundos evolutivos como Urantia. Incluso el método de pensamiento en Havona difiere del proceso de pensamiento en Urantia.

Las reglas en el universo central son adecuadas e intrínsecamente naturales; las normas de conducta no son arbitrarias. Tras cada imperativo exigido en Havona se desvela la razón de la rectitud y el reinado de la justicia. Y estos dos factores, combinados, equivalen a lo que en Urantia se denomina *ecuanimidad*. Cuando lleguéis a Havona, disfrutaréis haciendo de manera natural las cosas del modo en el que deben hacerse.

Cuando los seres inteligentes alcanzan por primera vez el universo central, se les recibe y alberga en el mundo piloto de la séptima vía circulatoria de Havona. Cuando los recién llegados progresan espiritualmente y consiguen comprender la identidad del espíritu mayor de su suprauniverso, se les transfiere al sexto círculo (a partir de esta distribución en el universo central se han asignado los círculos de progreso de la mente humana). Una vez que los seres ascendentes han logrado reconocer la presencia de la Supremacía y están por tanto preparados para la aventura de la Deidad, se trasladan a la quinta vía; y, después de reconocer la presencia del Espíritu Infinito, se les transfiere a la cuarta. Tras alcanzar el Hijo Eterno, se las traslada a la tercera; y, cuando han reconocido la presencia del Padre Universal, proceden a la segunda vía circulatoria de los mundos donde se familiarizan más con las multitudes de seres del Paraíso. La llegada de los candidatos del tiempo a la primera vía de Havona significa su aceptación para servir en el Paraíso. Según la duración y naturaleza de su ascensión como criaturas, los candidatos permanecen en el círculo interior continuando, de forma indefinida, con su progreso espiritual. Desde este círculo interior, los peregrinos ascendentes proseguirán hacia dentro para obtener la residencia en el Paraíso y su admisión en el colectivo final.

Durante tu estancia en Havona como peregrino en ascenso, se te permitirá visitar con libertad los mundos de la vía planetaria que se te han asignado. También se te permitirá regresar a los planetas de aquellas vías que ya hayas atravesado. Todo esto es posible para los que residen en los círculos de Havona sin tener que ser transportados por un supernafín. Los peregrinos del tiempo pueden equiparse para cruzar el espacio "alcanzado", pero han de depender del procedimiento establecido para franquear el espacio "no alcanzado". Un peregrino no puede salir de Havona ni ir más allá de la vía asignada sin la ayuda de un supernafín transportador.

Existe en esta inmensa creación central una singularidad que resulta reconfortante. Aparte de la organización física de la materia y de la constitución innata de los órdenes esenciales de seres inteligentes y de otros seres vivos, los mundos de Havona no tienen nada en común. Cada uno de estos planetas es una creación singular, única y exclusiva; cada planeta ha sido formado de una manera inigualable, espléndida y perfecta. Y esta diversidad individual, que caracteriza a estos planetas, se extiende a todos los aspectos físicos, intelectuales y espirituales. Cada uno de estos mil millones de esferas perfectas se ha desarrollado y embellecido conforme a los planes del eterno de días que allí reside. Y es precisamente por esto por lo que no hay dos esferas iguales.

Hasta que no hayas recorrido la última de las vías circulatorias de Havona y visitado el último de los mundos de Havona no desaparecerán de tu camino el incentivo hacia la aventura y el estímulo hacia la curiosidad. Y entonces, el impulso, el ímpetu de seguir adelante hacia la eternidad, reemplazará a lo anterior, al aliciente hacia la aventura del tiempo.

La monotonía indica la inmadurez de la imaginación creativa y la inactividad en cuanto a la coordinación intelectual con la dotación espiritual. Cuando un mortal que asciende comienza la exploración de estos mundos celestiales, ya ha alcanzado la madurez emocional, intelectual y social, e incluso la espiritual.

No solo te enfrentarás a cambios inimaginables a medida que avances en Havona de vía en vía, sino que tu asombro será indescriptible conforme progreses de planeta en planeta dentro de cada vía. Cada uno de estos mil millones de mundos de aprendizaje es una verdadera fábrica de sorpresas. El continuo asombro, la interminable maravilla, constituye la experiencia de los que recorren estas vías y visitan estas gigantescas esferas. La monotonía no forma parte de tu camino en Havona.

El amor por la aventura, la curiosidad y el temor a la monotonía —esas características innatas en la naturaleza evolutiva del hombre— no están ahí tan solo para exasperarte y perturbarte durante tu breve estancia en la tierra, sino más bien para sugerirte que la muerte es tan solo el comienzo de un interminable camino en la aventura, de una vida perpetua en la expectación, de un viaje eterno en el descubrimiento.

La curiosidad —la tendencia hacia el análisis, el impulso hacia el descubrimiento, el estímulo hacia la exploración— forma parte de la dotación innata y divina de las criaturas evolutivas del espacio. No se te dieron estos deseos naturales simplemente para que los coartaras y reprimieras. Es verdad que este impulso hacia lo ideal debe contenerse durante tu corta vida en la tierra y, a veces, se debe experimentar la decepción, pero se realizarán en plenitud y se satisfarán con gloria durante las largas eras por venir.

6. El propósito del universo central

En las siete vías planetarias de Havona se desarrolla un enorme ámbito de actividad. De manera general, este se puede describir como:

1. Havonal.
2. Paradisíaca.
3. Ascendente-finita —evolutiva suprema-última—.

En la presente era del universo, tiene lugar en Havona bastante actividad suprafinita, incluyendo una inenarrable diversidad de etapas absonitas y de otras facetas de las actuaciones de la mente y del espíritu. Es posible que el universo central sirva muchos propósitos que no me han sido revelados, ya que realiza numerosas funciones que están más allá de la comprensión de la mente creada. No obstante, intentaré describir de qué manera se ocupa esta creación perfecta de las necesidades de los siete órdenes de inteligencia del universo y contribuye a su satisfacción.

1. *El Padre Universal:* la Primera Fuente y Centro. La perfección de la creación central proporciona al Dios Padre una suprema satisfacción paterna. Goza con la experiencia de la plenitud del amor en términos

cercanos a la correspondencia. Al Creador perfecto le complace divinamente la adoración de la criatura perfecta.

Havona permite al Padre conseguir una gratificación suprema. La realización de la perfección en Havona compensa la demora espacio-temporal en la expansión infinita del impulso hacia la eternidad.

El Padre disfruta de la respuesta de Havona a la belleza divina. Le es de satisfacción a la mente divina ofrecer a todos los universos en evolución un modelo de perfección de excelente armonía.

Nuestro Padre contempla el universo central con plenitud de gozo porque es una meritoria revelación de la realidad espiritual para todos los seres personales del universo de los universos.

El Dios de los universos tiene en favorable consideración a Havona y al Paraíso como el núcleo eterno de la potencia para toda la posterior expansión universal en el tiempo y en el espacio.

El Padre eterno contempla con ilimitada satisfacción la creación de Havona como meta digna y fascinante para los candidatos que ascienden del tiempo, sus nietos mortales del espacio en su logro de la residencia eterna de su Padre-Creador. Y Dios se complace en el universo Paraíso-Havona como la eterna residencia de la Deidad y de la familia divina.

2. *El Hijo Eterno*: la Segunda Fuente y Centro. Para el Hijo Eterno, la espléndida creación central ofrece la eterna evidencia de los fuertes vínculos existentes en la familia divina: el Padre, el Hijo y el Espíritu. Constituye el fundamento espiritual y material para la confianza absoluta en el Padre Universal.

Havona proporciona al Hijo Eterno una base casi ilimitada para llevar a cabo la constante expansión de la potencia espiritual. El universo central proporcionó al Hijo Eterno el escenario en el que pudo demostrar de manera segura y cierta la esencia y el proceder respecto a la instrucción de sus hijos del Paraíso, a él vinculados, en su ministerio de gracia.

Havona constituye el fundamento de la realidad para el Hijo Eterno, en cuanto al dominio de la gravedad espiritual que ejerce en el universo de los universos. Este universo proporciona al Hijo la gratificación de su anhelo paterno, de la reproducción espiritual.

Los mundos de Havona y sus habitantes perfectos constituyen la demostración primera y concluyente en la eternidad de que el Hijo es el Verbo del Padre. De este modo, se gratifica de forma perfecta la conciencia del Hijo como el infinito complementario del Padre.

Y este universo ofrece la oportunidad de realizar de forma recíproca la fraternidad en igualdad entre el Padre Universal y el Hijo Eterno, y esto constituye la prueba perpetua de la infinitud del ser personal de cada uno de ellos.

3. *El Espíritu Infinito:* la Tercera Fuente y Centro. El universo de Havona proporciona al Espíritu Infinito la prueba de ser el Actor Conjunto, la infinita representación de la unificación del Padre-Hijo. En Havona, el Espíritu Infinito siente la satisfacción conjunta de llevar a cabo su actividad creativa mientras goza de la satisfacción de la coexistencia absoluta con este logro divino.

En Havona, el Espíritu Infinito encontró el escenario para demostrar su capacidad y deseo de obrar como benefactor potencial de la misericordia. En esta creación perfecta, el Espíritu se preparó para su trepidante ministerio en los universos evolutivos.

Esta creación perfecta proporcionó al Espíritu Infinito la oportunidad de participar en la administración del universo con sus dos progenitores divinos —para regir un universo como vástago y creador-compañero, preparándose así para la administración conjunta de los universos locales bajo la forma de los espíritus creativos colaboradores de los hijos creadores—.

Los mundos de Havona constituyen un laboratorio en el terreno de la mente para los creadores de la mente cósmica y los asesores de esta para todas las criaturas existentes. La mente es diferente en cada mundo de Havona y sirve de modelo para todos los intelectos de las criaturas espirituales y materiales.

Estos mundos perfectos son las escuelas graduadas de la mente para todos los seres destinados a ser parte de la sociedad del Paraíso. Proporcionaron al Espíritu una gran oportunidad para probar su método de impartir el ministerio de la mente en seres personales seguros y dignos de confianza.

Havona compensa al Espíritu Infinito por su inmensa y desinteresada labor en los universos del espacio. Havona es el perfecto lugar de residencia y retiro para el infatigable benefactor de la mente del tiempo y del espacio.

4. *El Ser Supremo*: la unificación evolutiva de la Deidad experiencial. La creación de Havona representa la prueba eterna y perfecta de la realidad espiritual del Ser Supremo. Esta creación perfecta es una revelación de la naturaleza espiritual perfecta y proporcionada del Dios

Supremo antes de emprender la síntesis de la potencia-ser personal entre los reflejos finitos de las Deidades del Paraíso y los universos experienciales del tiempo y del espacio.

En Havona los potenciales de fuerza del Todopoderoso se unifican con la naturaleza espiritual del Supremo. Esta creación central constituye un ejemplo de la futura unidad eterna del Supremo.

Havona constituye el modelo perfecto del potencial y universalidad del Supremo. Este universo representa de forma final la perfección futura del Supremo e indica el potencial del Último.

Havona pone de manifiesto la completud de los valores espirituales existentes en las criaturas vivas de voluntad con un supremo y perfecto dominio de sí mismas, en una mente que existe como equivalente último del espíritu con una realidad y una unidad intelectual potencialmente ilimitadas.

5. *Los hijos creadores de igual rango.* Havona es el campo de entrenamiento en el que los migueles del Paraíso se preparan para sus posteriores aventuras en la creación de los universos. Esta creación perfecta y divina constituye el modelo para cada hijo creador, que se esfuerza por lograr que su propio universo acabe por alcanzar esos niveles de perfección del Paraíso-Havona.

Los hijos creadores se benefician de las criaturas de Havona por su capacidad de ser modelos del ser personal para sus propios hijos mortales y seres espirituales. Los migueles, junto con otros hijos del Paraíso, consideran el Paraíso y Havona como el destino divino de los hijos del tiempo.

Los hijos creadores saben que la creación central es la verdadera fuente de esa indispensable acción directiva sobre el universo que estabiliza y unifica sus universos locales. Saben que en Havona está la presencia personal de la siempre presente influencia del Supremo y del Último.

Havona y el Paraíso constituyen la fuente del poder creativo de un hijo miguel. Aquí moran los seres que cooperan con él en la creación de los universos. Del Paraíso proceden los espíritus maternos de los Universos, los cocreadores de los universos locales.

Los hijos del Paraíso consideran la creación central como el hogar de sus divinos padres, como su propio hogar. Es el sitio al que les gusta regresar periódicamente.

6. *Las hijas servidoras de igual rango.* Los espíritus maternos de los universos, cocreadores de los universos locales, obtienen su formación de carácter prepersonal en los mundos de Havona en estrecha

vinculación con los espíritus de las vías. En el universo central, las hijas espirituales de los universos locales fueron debidamente instruidas para poder cooperar con los hijos del Paraíso, siempre sujetos a la voluntad del Padre.

En los mundos de Havona, el Espíritu y las hijas del Espíritu encuentran los modelos de mentes para todos sus grupos de inteligencias espirituales y materiales, y este universo central es el destino futuro de esas criaturas que un espíritu materno del universo auspicia en conjunto con su compañero, un hijo creador.

La creadora materna del universo recuerda el Paraíso y Havona como el lugar de su origen y el lugar de residencia del Espíritu Materno Infinito, morada de la presencia personal de la Mente Infinita.

De este universo central también procede la concesión de las prerrogativas personales de creación que una benefactora divina del universo emplea para complementar la labor de un hijo creador en su creación de criaturas vivas de voluntad.

Y finalmente, al ser probable que estos espíritus hijas del Espíritu Materno Infinito no regresen jamás a su lugar de residencia en el Paraíso, encuentran una gran satisfacción en el fenómeno universal de la reflectividad vinculado con el Ser Supremo en Havona y manifestado como ser personal en Majestón en el Paraíso.

7. *Los mortales evolutivos en su camino de ascensión.* Havona es el lugar de residencia del modelo del ser personal para todas las clases de mortales y el lugar de residencia de todos los seres personales sobrenaturales vinculados a los mortales que no son oriundos de las creaciones del tiempo.

Estos mundos son un estímulo para el impulso que incita al ser humano a lograr los verdaderos valores espirituales en los más altos niveles concebibles de la realidad. Havona constituye la antesala del Paraíso en la formación de cada uno de los mortales ascendentes. Aquí los mortales encuentran la Deidad preparadisíaca —el Ser Supremo—. Havona se erige ante todas las criaturas de voluntad como la vía de acceso al Paraíso y a la consecución de Dios.

El Paraíso es el lugar de residencia y Havona el taller y lugar de recreo para los que llegan hasta el final. Y todo mortal que conozca a Dios anhela ser un finalizador.

El universo central no es solamente el destino establecido del hombre, sino que es también el punto de partida en la eterna andadura de los finalizadores hasta que alguna vez emprendan la aventura universal no revelada: la experiencia de explorar la infinitud del Padre Universal.

Es incuestionable que Havona seguirá en su función y significación absonita incluso en las eras futuras del universo, que quizás sean testigos del intento de los peregrinos del espacio por encontrar a Dios en niveles suprafinitos. Havona tiene la capacidad de servir como universo de formación para seres absonitos. Probablemente, será el centro de instrucción final al igual que los siete suprauniversos sirven de centros de instrucción de nivel medio para los graduados de los centros de educación primaria del espacio exterior. Y tendemos a opinar que la eterna Havona tiene un potencial realmente ilimitado, que el universo central está capacitado eternamente para servir como universo de formación experiencial para todas las clases de seres creados, tanto del pasado y del presente como del futuro.

[Exposición de un perfeccionador de la sabiduría, a quien los ancianos de días de Uversa le han encomendado esta labor.]

CINCO

Los siete suprauniversos

(ESCRITO 15)

EN LO que concierne al Padre Universal —como Padre— los universos son prácticamente inexistentes; él trata con seres personales; él es el Padre de los seres personales. En lo que concierne al Hijo Eterno y al Espíritu Infinito —como compañeros creadores— los universos tienen ubicación y difieren, y están bajo el gobierno conjunto de los hijos creadores y de los espíritus creativos. En lo que concierne a la Trinidad del Paraíso, fuera de Havona solo existen siete universos habitados, los siete suprauniversos que mantienen jurisdicción sobre el círculo del primer nivel espacial posterior a Havona. Los siete espíritus mayores irradian su influencia desde la Isla central hacia fuera, formando así pues esta inmensa creación, una rueda gigantesca con su núcleo central en la Isla eterna del Paraíso; sus siete rayos son las irradiaciones de los siete espíritus mayores; y su perímetro, las regiones exteriores del gran universo.

Al iniciarse la materialización de la creación universal se designó el esquema séptuplo en la organización y el gobierno del suprauniverso. La primera creación posterior a Havona se dividió en siete formidables segmentos, y se diseñaron y construyeron los mundos que se convertirían en las sedes centrales de los gobiernos de los suprauniversos. El actual esquema de administración ha existido desde casi la eternidad, y los gobernantes de estos siete suprauniversos se llaman, con toda razón, ancianos de días.

De la inmensa cantidad de conocimiento existente en relación a los suprauniversos, poco puedo deciros, pero hay, por todas estas regiones, un modo de proceder que indica la existencia de una dirección inteligente tanto de las fuerzas físicas como de las espirituales, y la presencia de la gravedad universal obra ahí con poder majestuoso y armonía perfecta. Es importante que os forméis primero una idea adecuada de la constitución física y de la organización material del suprauniverso, porque así estaréis mejor preparados para captar el significado de la maravillosa organización dispuesta para su gobierno espiritual y como lugar del avance intelectual de las criaturas de voluntad, que moran en las miríadas de planetas habitados esparcidos por todos los lugares de los siete suprauniversos.

1. El nivel espacial del suprauniverso

Dentro del limitado espectro de registros, observaciones y recuerdos de las generaciones de un millón o de mil millones de vuestros cortos años, a efectos prácticos, Urantia y el universo del que forma parte están sumidos en una inmersión prolongada y desconocida de un espacio nuevo; pero, de acuerdo con los archivos de Uversa, según observaciones más antiguas, en armonía con la experiencia y los cálculos más amplios de seres del orden al que pertenezco, y como resultado de las conclusiones basadas en estos y otros hallazgos, sabemos que los universos están involucrados en una procesión ordenada, bien entendida y perfectamente controlada, que gira con majestuosidad y grandeza alrededor de la Primera Gran Fuente y Centro y del universo donde reside.

Hace mucho tiempo que descubrimos que los siete suprauniversos se mueven a lo largo de una gran elipse, de un gigantesco círculo alargado. Vuestro sistema solar y otros mundos del tiempo no se están precipitando sin mapas ni brújulas en un espacio desconocido. El universo local al que pertenece vuestro sistema sigue un curso definido y bien conocido, en sentido contrario a las manecillas del reloj, alrededor del inmenso círculo que rodea al universo central. Esta ruta cósmica está bien trazada, y los observadores de las estrellas del suprauniverso la conocen en detalle, tal como los astrónomos de Urantia pueden conocer las órbitas de los planetas que constituyen vuestro sistema solar.

Urantia está situada en un universo local y en un suprauniverso no organizado por completo. Vuestro universo local está en inmediata proximidad a numerosas creaciones físicas que no están totalmente completas. Pertenecéis a uno de los universos relativamente recientes. Pero, en este momento, no os precipitáis sin control en el espacio inexplorado ni rotáis ciegamente en regiones desconocidas. Os movéis siguiendo la ruta ordenada y predeterminada del nivel espacial del suprauniverso. Estáis ahora pasando a través del mismo espacio que vuestro sistema planetario, o sus predecesores, recorrieron tiempos atrás; y algún día, en el futuro remoto, vuestro sistema o sus sucesores nuevamente recorrerán el mismo espacio en el que con tanta celeridad os precipitáis.

En esta era y según se percibe en Urantia la dirección, el suprauniverso número uno gira casi en dirección norte, aproximadamente en posición opuesta, hacia el este, a la residencia en el Paraíso de las Grandes Fuentes y Centros y del universo central de Havona. Esta posición, con la correspondiente del oeste, representa el mayor acercamiento físico de las esferas del tiempo a la Isla eterna. El suprauniverso número dos está en el norte, preparándose para girar hacia el oeste, mientras que el número tres en estos momentos ocupa el segmento más septentrional de la gran ruta espacial, habiendo ya virado la curva que lo conduce en su desplazamiento hacia el sur. El número cuatro sigue una trayectoria relativamente recta hacia el sur, con las regiones adelantadas situándose ya en oposición a los Grandes Centros. El número cinco casi ha dejado su posición frente al Centro de los Centros, siguiendo un curso directo hacia el sur justo antes de girar hacia el este. El número seis ocupa la mayor parte de la curva meridional, el segmento que vuestro suprauniverso casi ha franqueado.

Nebadón, vuestro universo local, pertenece a Orvontón, el séptimo suprauniverso, que se mueve entre los suprauniversos uno y seis, habiendo virado desde no hace mucho (según calculamos nosotros el tiempo) la curva meridional del nivel espacial del suprauniverso. Hoy en día, el sistema solar al que pertenece Urantia dejó atrás, hace unos cuantos miles de millones de años, su recorrido alrededor de la curva meridional, de manera que, en este momento, vosotros estáis avanzando más allá de la curva meridional y os desplazáis rápidamente a través de la larga y relativamente recta ruta septentrional. Durante incalculables eras, Orvontón seguirá este curso septentrional casi directo.

Urantia pertenece a un sistema que está bien al exterior hacia los límites de vuestro universo local; y vuestro universo local está en este momento atravesando la periferia de Orvontón. Más allá de vosotros aún hay otros, pero vosotros estáis muy alejados en el espacio de aquellos sistemas físicos que giran alrededor del gran círculo en relativa proximidad a la Gran Fuente y Centro.

2. Organización de los suprauniversos

Solo el Padre Universal conoce la ubicación y el número real de los mundos habitados del espacio; a todos llama por su nombre y número. Yo tan solo puedo daros el número aproximado de planetas habitados o habitables, porque algunos universos locales tienen más mundos adecuados para la vida inteligente que otros. Tampoco están organizados todos los universos en proyecto. Por tanto, los cálculos que os ofrezco son únicamente con el propósito de ofreceros una idea de la inmensidad de la creación material.

Hay siete suprauniversos en el gran universo, y están constituidos aproximadamente de la siguiente manera:

1. *Sistemas.* Son las unidades básicas del gobierno de los suprauniversos y constan de unos mil mundos habitados o habitables. No se han incluido en este grupo ni soles resplandecientes ni mundos helados ni planetas demasiado cercanos a los ardientes soles ni otras esferas no adecuadas para ser habitadas por criaturas. Se llama sistema a estos mil mundos adaptados para mantener la vida, pero en los sistemas más jóvenes tan solo un número relativamente pequeño de estos mundos puede estar habitado. Cada planeta habitado está presidido por un príncipe planetario, y cada sistema local tiene una esfera arquitectónica como su sede central, que está gobernada por un soberano del sistema.

2. *Constelaciones.* Cien sistemas (unos 100 000 planetas habitables) forman una constelación. Cada constelación tiene como sede central arquitectónica una esfera y residen en ella tres hijos vorondadecs, o altísimos. Cada constelación también tiene un fiel de días como observador, esto es, un embajador de la Trinidad del Paraíso.

3. *Universos locales.* Cien constelaciones (unos 10 000 000 de planetas habitables) constituyen un universo local. Cada universo local tiene un magnífico mundo como sede central arquitectónica, que está gobernada por uno de los hijos creadores de Dios, de igual rango, del orden de Miguel. Cada universo está bendecido por la presencia de un unión de días, esto es, un representante de la Trinidad del Paraíso.

4. *Sectores menores.* Cien universos locales (unos 1 000 000 000 de planetas habitables) constituyen un sector menor del gobierno del suprauniverso. Poseen un maravilloso mundo como sede desde el que sus gobernantes, los recientes de días, rigen los asuntos del sector menor. En cada sede central de un sector menor hay tres recientes de días, que son seres personales supremos de la Trinidad.

5. *Sectores mayores.* Cien sectores menores (unos 100 000 000 000 de mundos habitables) constituyen un sector mayor. Cada sector mayor posee una espléndida sede central y está presidido por tres perfectos de días, que son seres personales supremos de la Trinidad.

6. *Suprauniversos.* Diez sectores mayores (sobre 1 000 000 000 000 de planetas habitables) constituyen un suprauniverso. Cada suprauniverso posee un mundo enorme y glorioso como sede central y está gobernado por tres ancianos de días.

7. *El gran universo.* Siete suprauniversos constituyen el actual gran universo organizado, que consiste en aproximadamente siete billones de mundos habitables además de las esferas arquitectónicas y de los mil millones de esferas habitadas de Havona. Los suprauniversos están gobernados y regidos de forma indirecta y mediante la reflectividad desde el Paraíso por los siete espíritus mayores. Los eternos de días rigen directamente cada uno de los mil millones de mundos de Havona. Cada uno de estos seres personales supremos de la Trinidad preside una de estas esferas perfectas.

Excluyendo las esferas del Paraíso-Havona, en el plan de organización del universo se establecen las siguientes unidades:

Suprauniversos	7
Sectores mayores	70
Sectores menores	7000
Universos locales	700 000
Constelaciones	70 000 000
Sistemas locales	7 000 000 000
Planetas habitables	7 000 000 000 000

Cada uno de los siete suprauniversos está constituido, aproximadamente, de la siguiente manera:

Un sistema:	1000 mundos
Una constelación (100 sistemas)	100 000 mundos
Un universo (100 constelaciones)	10 000 000 de mundos
Un sector menor (100 universos)	1 000 000 000 de mundos
Un sector mayor (100 sectores menores)	100 000 000 000 de mundos
Un suprauniverso (10 sectores mayores)	1 000 000 000 000 de mundos

Todos estos cálculos son, como mucho, aproximaciones, porque hay nuevos sistemas que evolucionan constantemente, a la vez que hay otras formaciones que temporalmente dejan de tener existencia material.

3. El suprauniverso de Orvontón

Prácticamente, todas las regiones estelares visibles a simple vista desde Urantia pertenecen a la séptima sección del gran universo, el suprauniverso de Orvontón. El inmenso sistema estrellado de la Vía Láctea representa el núcleo central de Orvontón, que está en gran parte más allá de los límites de vuestro universo local. Este gran conjunto de soles, de islas oscuras del espacio, de estrellas dobles, de acumulaciones globulares, de nubes de estrellas, de nebulosas espirales y de otras formas de nebulosas, junto con miríadas de planetas, está agrupado a la manera de un reloj circular alargado de aproximadamente un séptimo de los universos habitados evolutivos.

Desde la posición astronómica de Urantia, si examináis una sección transversal de los sistemas cercanos a la gran Vía Láctea, observaréis que las esferas de Orvontón se mueven en una inmensa superficie plana alargada, siendo mucho más grande de ancho que de grueso y más largo que ancho.

La observación de la llamada Vía Láctea desvela el aumento relativo de la densidad estelar en Orvontón cuando los cielos se ven en una dirección, mientras que en ambos lados la densidad disminuye; el número de estrellas y de otras esferas disminuye al alejarse del plano principal de nuestro suprauniverso material. Cuando el ángulo de observación es favorable, al mirar a través del cuerpo principal de esta zona de máxima densidad, dirigís vuestras miradas al universo residencial y centro de todas las cosas.

Los astrónomos de Urantia han identificado aproximadamente ocho de las diez divisiones mayores de Orvontón. Es difícil reconocer por separado las otras dos porque estáis forzados a visualizar estos fenómenos desde el interior. Si pudierais observar el suprauniverso de Orvontón desde una remota posición en el espacio, inmediatamente reconoceríais los diez sectores principales de la séptima galaxia.

El centro de rotación de vuestro sector menor está situado lejos en la enorme y densa nube de estrellas de Sagitario, alrededor de la cual giran vuestro universo local y las creaciones que lo acompañan, y desde los lados opuestos del inmenso sistema subgaláctico de Sagitario podéis observar dos grandes flujos de nubes de estrellas que surgen en formidables espirales estelares.

El núcleo del sistema físico al que pertenecen vuestro sol y los planetas que lo acompañan constituye el centro de la primitiva nebulosa Andrónover. Esta antigua nebulosa espiral se distorsionó ligeramente debido a los trastornos de la gravedad junto con los acontecimientos que acompañaron al nacimiento de vuestro sistema solar, y que se ocasionaron ante la inminente aproximación de una gran nebulosa cercana. Esta colisión directa transformó de alguna manera a Andrónover en un conjunto globular, pero no destruyó totalmente la doble procesión de soles ni las aglomeraciones físicas en torno a estos. Vuestro sistema solar ocupa en la actualidad una posición claramente central en uno de los brazos de esta distorsionada espiral y está situado alrededor del punto intermedio desde el centro hacia fuera, en la dirección del borde del flujo de estrellas.

El sector de Sagitario y todos los demás sectores y divisiones de Orvontón están en rotación alrededor de Uversa, y parte de la confusión de los astrónomos de Urantia surge de las impresiones falsas y de las distorsiones relativas producidas por los múltiples movimientos rotatorios siguientes:

1. La rotación de Urantia alrededor de su Sol.

2. La circulación de vuestro sistema solar alrededor del núcleo de la antigua nebulosa Andrónover.

3. La rotación del conjunto estrellado de Andrónover y de las acumulaciones que lo acompañan alrededor del centro compuesto de rotación y gravedad de la nube de estrellas de Nebadón.

4. El viraje de la nube de estrellas locales de Nebadón y de las creaciones que lo acompañan alrededor del centro en Sagitario de su sector menor.

5. El giro alrededor de su sector mayor de los cien sectores menores, incluyendo Sagitario.

6. El movimiento giratorio de los diez sectores mayores, el llamado desplazamiento de estrellas, alrededor de la sede central de Uversa en Orvontón.

7. El movimiento de Orvontón y de los seis suprauniversos que lo acompañan alrededor del Paraíso y de Havona; es una procesión, en sentido contrario a las manecillas del reloj, del nivel espacial del suprauniverso.

Estos movimientos múltiples son de varios órdenes: las rutas espaciales de vuestro planeta y de vuestro sistema solar son innatos, connaturales a su origen. El movimiento absoluto en sentido contrario a las manecillas del reloj de Orvontón también es innato, connatural al diseño arquitectónico del universo matriz. Pero los movimientos intermedios son de origen diverso, derivándose en parte de la segmentación característica de la materia y de la energía en los suprauniversos y en parte producidos por la acción inteligente e intencionada de los organizadores de la fuerza del Paraíso.

Los universos locales están mucho más próximos a medida que se acercan a Havona; las vías circulatorias son más grandes en número, y hay una mayor superposición, nivel sobre nivel. Pero cuando nos alejamos del centro eterno hay cada vez menos sistemas, niveles, vías circulatorias y universos.

4. Las nebulosas: Los ancestros de los universos

Aunque la creación y la organización de los universos permanecen por siempre bajo la dirección de los Creadores infinitos y de sus colaboradores, todo el fenómeno opera de acuerdo con un procedimiento estipulado y en conformidad con las leyes gravitatorias de la fuerza, de la energía y de la materia. No obstante, hay algo misterioso en relación con la carga de fuerza universal del espacio. Nosotros comprendemos mucho de la organización de las creaciones materiales desde la etapa ultimatónica en adelante, pero no comprendemos del todo el antecedente cósmico de los ultimatones. Estamos convencidos de que estas fuerzas ancestrales tienen su origen en el Paraíso porque siempre se mueven a través del espacio infundido en los contornos exactos y gigantescos del Paraíso. Aunque no responde a la gravedad del Paraíso, esta carga de fuerza del espacio, el antecedente de toda materialización, siempre responde a la presencia del Paraíso inferior, teniendo al parecer su vía de entrada y salida en el centro de dicho Paraíso inferior.

Los organizadores de la fuerza del Paraíso transmutan la potencia del espacio en fuerza primordial y hacen evolucionar este potencial prematerial en manifestaciones energéticas primarias y secundarias de la realidad física. Cuando esta energía alcanza niveles de respuesta a la gravedad, los directores de la potencia y sus colaboradores en la gestión del suprauniverso aparecen en escena y comienzan sus interminables operaciones, diseñadas para establecer las múltiples vías por donde circula la potencia y los canales de energía de los universos del tiempo y del espacio. Así aparece la materia física en el espacio, y así se establece el escenario para el inicio de la organización del universo.

Esta segmentación de la energía es un fenómeno al que jamás se ha dado una explicación por parte de los físicos de Nebadón. Su dificultad principal radica en la relativa inaccesibilidad de los organizadores de la fuerza del Paraíso, ya que los directores vivos de la potencia, aunque son competentes para ocuparse de la energía del espacio, no tienen noción alguna del origen de las energías que de forma tan inteligente y hábil utilizan.

Estos organizadores de la fuerza del Paraíso son los que dan origen a las nebulosas; son capaces de iniciar alrededor de su presencia espacial los tremendos ciclones de fuerza que, una vez que comienzan, no se pueden detener ni limitar jamás hasta que estas fuerzas que se difunden por todos lados se activan para la aparición final de las unidades ultimatónicas de la materia universal. Así se crean nebulosas espirales y nebulosas con otras formas: las ruedas matrices de los soles que se originan directamente y de sus distintos sistemas. En el espacio exterior se pueden ver diez formas diferentes de nebulosas, de fases de la evolución universal primaria, y estas inmensas ruedas de energía tienen el mismo origen que tuvieron las de los siete suprauniversos.

Las nebulosas varían mucho en tamaño y en el consiguiente número y masa total de sus descendientes estelares y planetarios. Existe una nebulosa productora de soles situada justo al norte de las fronteras de Orvontón, aunque todavía dentro del nivel espacial de este suprauniverso, que ya ha dado origen a unos cuarenta mil soles, y esta rueda matriz sigue arrojando soles, la mayoría muchas veces más grandes que el vuestro. Algunas de las nebulosas más grandes del espacio exterior están produciendo hasta cien millones de soles.

Las nebulosas no están directamente relacionadas con ninguna de las unidades administrativas como los sectores menores o los universos locales, aunque algunos universos locales se han organizado a partir de una sola nebulosa. Cada universo local contiene exactamente una cien milésima parte de la carga total de energía de un suprauniverso sea cual fuere su relación con las nebulosas, porque las nebulosas no organizan la energía; esta se distribuye de forma universal.

No todas las nebulosas espirales producen soles. Algunas han mantenido su control sobre muchos de los descendientes estelares que segregaron, y su apariencia espiral resulta por el hecho de que sus soles salen en estrecha formación del brazo nebular pero retornan por diversas rutas, facilitando así la observación en un determinado punto pero dificultando su visualización cuando están sumamente dispersos en sus diferentes rutas de retorno más alejadas del brazo de la nebulosa. No existen en este momento muchas nebulosas productoras de soles activas en Orvontón, aunque Andrómeda, que está fuera del suprauniverso habitado, es muy activa. Esta remota nebulosa es visible a simple vista, y cuando la visualicéis, considerad que la luz que contempláis de ella salió de esos distantes soles hace casi un millón de años.

La galaxia denominada Vía Láctea está compuesta por un inmenso número de antiguas nebulosas tanto espirales como de otras formas; muchas aún retienen su estructura original. Si bien, como resultado de cataclismos interiores y de la atracción exterior, otras muchas se han deformado y han cambiado su estructura hasta el punto de que estos enormes conjuntos tienen la apariencia de gigantescas masas luminosas de resplandecientes soles, como la Nube de Magallanes. Cerca de los límites exteriores de Orvontón, predomina una acumulación de estrellas del tipo globular.

Las inmensas nubes de estrellas de Orvontón deben considerarse como aglomeraciones de materia comparables a las nebulosas que, por separado, se pueden observar en las regiones espaciales exteriores a la Vía Láctea. Muchas de estas denominadas nubes de estrellas del espacio, sin embargo, únicamente contienen material gaseoso. El potencial de energía de estas nubes de estrellas gaseosas es increíblemente enorme, y parte de este lo toman los soles cercanos para enviarlos de nuevo al espacio en forma de emanaciones solares.

5. El origen de los cuerpos espaciales

La mayor parte de la masa contenida en los soles y planetas de un suprauniverso se origina en las ruedas nebulares. Muy poco de la masa del suprauniverso se organiza mediante la acción directa de los directores de la potencia (tal como se hace en la construcción de las esferas arquitectónicas), aunque en el espacio abierto se origina una cantidad constantemente variable de materia.

En cuanto a su origen, la mayoría de los soles, planetas y otras esferas se pueden clasificar dentro de los siguientes diez grupos:

1. *Anillos concéntricos por contracción.* No todas las nebulosas son espirales. Muchas inmensas nebulosas en lugar de partirse en un sistema estelar doble o evolucionar como espiral se condensan mediante la formación de anillos múltiples. Durante largos períodos de tiempo, este tipo de nebulosa aparece como un enorme sol central que estuviera circundado y envuelto por numerosas nubes gigantescas de aglomeraciones de materia.

2. *Las estrellas de remolino* son aquellos soles que salen despedidos de las grandes ruedas matrices de gases sumamente recalentados. No salen como anillos sino que lo hacen sucesivamente hacia la derecha y hacia la izquierda. Las estrellas de remolino también se originan en nebulosas que no son espirales.

3. *Planetas por explosión de la gravedad.* Cuando nace un sol de una nebulosa en espiral o de una nebulosa en forma de cilindro, no es infrecuente que salga despedido a una distancia considerable. Dicho sol es sumamente gaseoso y, posteriormente, después de haberse enfriado un poco y condensado, puede suceder que se encuentre girando cerca de alguna masa enorme de energía, ya sea un sol gigantesco o una isla oscura del espacio. Aunque no se acerque lo suficiente como para provocar una colisión, sí puede situarse lo suficientemente cerca como para que el efecto de la atracción de la gravedad del cuerpo más grande dé origen a oleadas de convulsiones en el más pequeño, iniciando así una serie de oleadas de disrupciones que ocurren de forma simultánea en los lados opuestos del convulsionado sol. En su punto álgido, estas fulminantes erupciones producen una serie de aglomeraciones de materia de diverso tamaño que pueden proyectarse más allá de la zona de atracción gravitatoria del sol en erupción, estabilizándose así en sus propias órbitas alrededor de uno de los dos cuerpos implicados. Más tarde las acumulaciones más grandes de materia se unen y gradualmente atraen hacia sí a los cuerpos más pequeños. Así es como comienza la existencia de muchos de los planetas sólidos de los sistemas menores. Vuestro propio sistema solar se originó precisamente así.

4. *Planetas de origen centrífugo.* En ciertas etapas de su desarrollo, hay enormes soles cuya fuerza de rotación se acelera en grado sumo y comienzan a arrojar grandes cantidades de materia que con posterioridad se acumulan para formar pequeños mundos que continúan circundando al sol que les dio origen.

5. *Esferas por falta de gravedad.* Existe un límite definido para el tamaño de las estrellas solas. Cuando un sol alcanza ese límite, a menos que desacelere su velocidad de rotación, está destinado a fragmentarse. Se produce una fisura en el sol y, de esta división, se origina una nueva estrella doble. Se pueden formar con posterioridad numerosos planetas pequeños como consecuencia de esta gigantesca escisión.

6. *Estrellas por contracción.* En los sistemas más pequeños, el planeta exterior más grande a veces atrae a sí mismo a los mundos cercanos, mientras que aquellos planetas próximos al sol comienzan su desplazamiento final. En vuestro sistema solar, tal fin significaría que los cuatro planetas más interiores serían atraídos por el sol, mientras que el planeta más grande, Júpiter, se agrandaría de forma considerable porque atraparía a los mundos restantes. Tal fin de un sistema solar daría como resultado la creación de dos soles adyacentes pero desiguales: la formación de una variedad de estrella doble. Este tipo de catástrofes se dan con poca frecuencia excepto en los bordes de los conjuntos estrellados del suprauniverso.

7. *Esferas por acumulación.* De la inmensa cantidad de materia que circula en el espacio, se pueden acumular lentamente pequeños planetas. Estos crecen por aditamento meteórico y por colisiones menores. En algunos sectores del espacio, las condiciones favorecen que nazcan planetas de este modo. Muchos de los mundos habitados han tenido este origen.

Algunas islas oscuras densas son el resultado directo del aditamento de la transmutación de energía en el espacio. Otro grupo de estas islas oscuras se ha originado por la acumulación de enormes cantidades de materia fría, de simples fragmentos y meteoros que circulan por el espacio. Estas aglomeraciones de materia nunca han poseído calor y, excepto por su densidad, su composición es muy similar a la de Urantia.

8. *Soles apagados.* Algunas de las islas oscuras del espacio son soles aislados que se han apagado por haber emitido toda la energía espacial de que disponían. Los elementos que componen la materia se aproximan a la plena condensación, a una consolidación prácticamente completa; y se requieren eras tras eras para que estas enormes masas de materia de tan alta condensación vuelvan a cargarse en las vías que circulan en el espacio y prepararse así para nuevos ciclos de actividad en el universo, tras una colisión o algún suceso cósmico que de igual manera las active.

9. *Esferas por colisión.* No son raras las colisiones en aquellas regiones con acumulaciones más densas. A este ajuste astronómico lo

acompañan tremendos cambios de energía y de transmutaciones de materia. Las colisiones en las que están implicados soles muertos son claramente las causantes de la creación de fluctuaciones generalizadas de energía. Los restos de las colisiones constituyen, con frecuencia, los núcleos materiales que posteriormente forman cuerpos planetarios aptos para ser habitados por los mortales.

10. *Mundos arquitectónicos*. Estos mundos se construyen de acuerdo con un plan específico y un propósito preciso, tal como Lugar de Salvación, sede central de vuestro universo local, y Uversa, donde reside el gobierno de nuestro suprauniverso.

Existen otros numerosos modos de desarrollar soles y de separar planetas, pero los que se han mencionado reflejan la forma de originarse de la inmensa mayoría de los sistemas estelares y de los conjuntos planetarios. Describir todos los modos diferentes de metamorfosis de las estrellas y de evolución de los planetas requeriría relatar casi cien modos distintos en que se forman los soles y se originan los planetas. A medida que vuestros estudiosos de las estrellas escudriñen los cielos, observarán fenómenos que les indicarán todos estos modos de evolución estelar, pero pocas veces detectarán la formación de esas pequeñas agrupaciones no luminosas de materia que sirven de planetas habitados, los más importantes de las inmensas creaciones materiales.

6. Las esferas del espacio

Sea cual fuere su origen, las distintas esferas del espacio se pueden clasificar en las siguientes divisiones principales:

1. Soles: las estrellas del espacio.
2. Islas oscuras del espacio.
3. Cuerpos espaciales menores: cometas, meteoros y planetesimales.
4. Planetas, incluyendo los mundos habitados.
5. Esferas arquitectónicas: mundos hechos a medida.

Con la excepción de las esferas arquitectónicas, todos los cuerpos espaciales han tenido un origen evolutivo, evolutivo en el sentido de que no han llegado a existir por decreto de la Deidad, evolutivo en el sentido de que los actos creativos de Dios se han desarrollado de forma espacio-temporal a través de la actuación de muchas de las inteligencias creadas y acontecidas por la Deidad.

Los soles. Son las estrellas del espacio en todas las distintas etapas de su existencia. Algunos son sistemas espaciales solitarios en evolución; otros son estrellas dobles, sistemas planetarios en contracción o en desaparición. Las estrellas del espacio existen en no menos de mil distintos estados y etapas. Vosotros estáis familiarizados con los soles que emiten luz acompañada de calor; pero también hay soles que brillan sin calor.

Los billones y billones de años que un sol ordinario continuará emitiendo calor y luz son un signo del inmenso almacenamiento de energía que contiene cada unidad de materia. La energía real almacenada en estas partículas invisibles de materia física es casi inimaginable. Y esta energía se vuelve casi totalmente disponible en forma de luz cuando se la somete a la tremenda presión del calor y a la actividad energética conexa que prevalecen en el interior de los resplandecientes soles. Hay todavía otras condiciones que permiten a estos soles transformar y enviar mucha de la energía espacial que les llega por las vías establecidas que circulan en el espacio. La energía física en muchas de sus fases y todas las formas de la materia son atraídas hacia las dínamos solares y posteriormente se distribuyen por ellas. De esta manera los soles sirven como aceleradores locales de la circulación de la energía, actuando como habituales estaciones de control de la potencia.

Más de diez billones de resplandecientes soles calientan e iluminan el suprauniverso de Orvontón. Estos soles son las estrellas que podéis observar en vuestro sistema astronómico. Más de dos billones están demasiado distantes y son demasiado pequeños como para poder verse desde Urantia. Pero en el universo matriz existen tantos soles como gotas de agua hay en los océanos de vuestro mundo.

Las islas oscuras del espacio. Son soles muertos y otras aglomeraciones grandes de materia carentes de luz y calor. Las islas oscuras a veces son enormes en cuanto a su masa y ejercen una influencia poderosa en el equilibrio y en la utilización de la energía en el universo. La densidad de algunas de estas grandes masas es casi increíble. Y esta gran concentración de masa permite que estas islas oscuras actúen como poderosas ruedas equilibrantes, manteniendo sistemas adyacentes suficientemente unidos. Sostienen el equilibrio gravitatorio de la potencia en muchas constelaciones; muchos sistemas físicos que, de otro modo, se destruirían rápidamente al ser arrastrados hacia soles cercanos, se mantienen firmemente dentro de la atracción de la gravedad de estas protectoras islas oscuras. Es debido a esta acción por lo que podemos ser precisos en su localización. Hemos medido la atracción de la gravedad de los cuerpos luminosos y, por tanto, podemos calcular el tamaño y ubicación exacta de las islas oscuras del espacio que con tanta eficacia mantienen a cualquier sistema fijo en su curso.

Los cuerpos espaciales menores. Los meteoros y otras pequeñas partículas de materia que circulan y evolucionan en el espacio constituyen un enorme agregado de energía y de sustancia material.

Muchos cometas surgen sin control alguno como resultado de las ruedas solares matrices, que paulatinamente se someten al control del sol central dominante. Los cometas tienen también numerosos otros orígenes. La cola de un cometa señala la dirección contraria al cuerpo o sol que lo atrae debido a la reacción eléctrica de sus gases sumamente expandidos y a la presión real de la luz y otras energías que emanan del sol. Este fenómeno constituye una de las pruebas inequívocas de la existencia física de la luz y de las energías a ella vinculadas; demuestra que la luz tiene peso. La luz es una sustancia real; no son simplemente olas de un hipotético éter.

Los planetas. Son las aglomeraciones más grandes de materia que siguen una órbita alrededor de un sol o de algún otro cuerpo espacial; oscilan en tamaño desde lo planetesimal hasta enormes esferas gaseosas, líquidas o sólidas. Los mundos fríos que se han acumulado mediante el ensamblaje de material flotante del espacio, cuando están en relación adecuada con un sol cercano, son los mejores planetas para albergar vida inteligente. Los soles muertos no reúnen, en general, condiciones para la vida; están normalmente demasiado lejos de un sol activo y resplandeciente y, además, son en su totalidad demasiado grandes; la gravedad en su superficie es tremenda.

En vuestro suprauniverso, de cuarenta planetas fríos, solamente uno reúne las condiciones para que lo habite vuestro orden de seres. Y, por supuesto, los soles supercalentados y los helados mundos exteriores no son adecuados para albergar una vida de orden superior. En vuestro sistema solar, en el presente, existen solo tres planetas que pueden cobijar la vida. Urantia, por su tamaño, densidad y ubicación, es, en muchos aspectos, ideal para la vida humana.

Las leyes del comportamiento de la energía física son intrínsecamente universales, pero su efecto a nivel local tiene mucho que ver con las condiciones físicas predominantes en cada uno de los planetas y sistemas locales. Los incontables mundos del espacio se caracterizan por una casi ilimitada variedad de criaturas y de otras manifestaciones de la vida. Hay, sin embargo, ciertos rasgos similares en los grupos de mundos vinculados entre sí a un sistema específico, al igual que también existe un modelo universal de vida inteligente. Existe una afinidad física entre esos sistemas planetarios que pertenecen a la misma vía de circulación física, y que se siguen uno a otro en su casi ilimitado recorrido alrededor del círculo de los universos.

7. Las esferas arquitectónicas

Aunque cada gobierno del suprauniverso opera cerca del centro de los universos evolutivos de su segmento espacial, este ocupa un mundo hecho a medida y poblado por seres personales autorizados. Estos mundos, donde se ubican sus sedes centrales, son esferas arquitectónicas, cuerpos espaciales expresamente construidos con un propósito específico. Aunque comparten la luz de soles cercanos, estas esferas se iluminan y calientan de forma autónoma. Cada una tiene un sol que emite luz sin calor, como los satélites del Paraíso, y se calientan mediante la circulación de ciertas corrientes de energía cerca de la superficie de la esfera. Estos mundos sedes pertenecen a uno de los sistemas más grandes situados cerca del centro astronómico de sus suprauniversos respectivos.

El tiempo está reglado en las sedes centrales de los suprauniversos. Un día ordinario en el suprauniverso de Orvontón equivale a casi treinta días del tiempo de Urantia, y un año de Orvontón equivale a cien días ordinarios. El año de Uversa es el ordinario en el séptimo suprauniverso, y corresponde a tres mil días menos veintidós minutos del tiempo de Urantia, alrededor de ocho de vuestros años más un quinto de año.

Los mundos donde se localizan las sedes de los siete suprauniversos participan de la naturaleza y grandeza del Paraíso, su modelo central de perfección. En realidad, todos los mundos sedes son paradisíacos. Son, en efecto, moradas celestiales, y aumentan en tamaño material, belleza morontial y gloria espiritual desde Jerusem hasta la Isla central. Y todos los satélites de estos mundos sedes son también esferas arquitectónicas.

Los distintos mundos sedes están provistos de todas las formas de creación material y espiritual. Todas las clases de seres materiales, morontiales y espirituales se sienten en casa en estos mundos de encuentro de los universos. A medida que las criaturas mortales ascienden en el universo, pasando desde los mundos materiales a los mundos espirituales, jamás dejan de reconocer el valor ni el disfrute de esos niveles existenciales que les precedieron.

Jerusem, sede central de vuestro sistema local de Satania, tiene sus siete mundos de cultura y transición, cada uno circundado por siete satélites, entre los que están los siete mundos de las moradas, parada obligada morontial, y la primera residencia posmortal del hombre. La palabra cielo tal como a veces se la ha utilizado en Urantia, en ocasiones alude a estos siete mundos de las moradas, denominándose el primer mundo de morada el primer cielo, y así sucesivamente hasta el séptimo.

Edentia, sede central de vuestra constelación de Norlatiadec, tiene sus setenta satélites de cultura social y formación; en estos residen los seres ascendentes tras completar el régimen de Jerusem en cuanto a activación, unificación y realización del ser personal.

Lugar de Salvación, la capital de Nebadón, vuestro universo local, está rodeada de diez conjuntos universitarios de cuarenta y nueve esferas cada uno. Aquí el hombre se espiritualiza tras su etapa de confraternización en la constelación.

Umenor tercero, sede central de Ensa, vuestro sector menor, está rodeado de siete esferas para que la vida que asciende se prepare en estudios físicos superiores.

Umayor quinto, la sede central de Esplandón, vuestro sector mayor, está rodeado de setenta esferas dedicadas al perfeccionamiento intelectual del suprauniverso.

Uversa, sede central de Orvontón, vuestro suprauniverso, está muy de cerca rodeada de siete centros universitarios superiores dedicados al perfeccionamiento espiritual de las criaturas de voluntad en su camino ascendente. Cada uno de estos siete conjuntos de esferas extraordinarias consta de setenta mundos especializados que contienen miles y miles de instituciones y organismos bien provistos, dedicados a la formación y al cultivo espiritual del universo, en los que los peregrinos del tiempo de nuevo se instruyen y examinan como preparación para su largo viaje a Havona. A los peregrinos del tiempo que llegan se les recibe siempre en estos mundos afines, pero los que parten, al haberse graduado, siempre salen para Havona directamente desde las orillas de Uversa.

Uversa es la sede central espiritual y administrativa de aproximadamente un billón de mundos habitados o habitables. La gloria, grandeza y perfección de la capital de Orvontón sobrepasa todas las maravillas de las creaciones del tiempo y del espacio.

Si se instaurasen todos los universos locales que están en proyecto, junto con los elementos que los componen, habría en los siete suprauniversos algo menos de quinientos mil millones de mundos arquitectónicos.

8. Control y regulación de la energía

Las esferas donde se localizan las sedes de los suprauniversos están construidas de forma que pueden actuar como eficaces reguladores de la potencia y de la energía para sus distintos sectores, sirviendo de puntos de convergencia desde donde se dirige la energía a los universos locales que los componen. Ejercen una poderosa influencia sobre el equilibrio y el control de la energía física que circula a través del espacio organizado.

Los centros de la potencia del suprauniverso y los controladores físicos, entidades inteligentes vivas y semivivas, originadas con este preciso propósito, realizan otras funciones de regulación. Resultan difíciles de entender. Estos órdenes menores de seres no son volitivos, no poseen voluntad, no tienen decisión, actúan de forma muy inteligente, aunque al parecer esto es automático y consustancial a la elevada especialización de su grupo. Los centros de la potencia y los controladores físicos de los suprauniversos tienen a su cargo la dirección y el control parcial de los treinta sistemas de energía que comprenden el área de la gravita. Las vías de circulación de la energía física que rigen los centros de la potencia de Uversa necesitan algo más de 968 millones de años para completar su circunvalación del suprauniverso.

La energía en evolución es real; tiene peso, aunque el peso es siempre relativo, dependiendo de la velocidad de rotación, la masa y la antigravedad. La masa de la materia tiende a retardar la velocidad en la energía; y la velocidad de la energía, que está presente por todos lados, representa su dotación inicial de velocidad menos la retardación por la masa que se encuentra en tránsito más la función reguladora de los controladores de la energía viva del suprauniverso y la influencia física de los cuerpos cercanos sumamente recalentados o sumamente cargados.

El plan universal para el mantenimiento del equilibrio entre la materia y la energía hace necesario que se hagan y deshagan constantemente unidades materiales menores. Los directores de la potencia del universo tienen la habilidad de condensar y detener, o expandir y liberar, cantidades variables de energía.

Si el efecto retardador durara lo suficiente, la gravedad acabaría por convertir toda la energía en materia si no fuese por dos factores: primero, por el efecto antigravitatorio de los controladores de la energía y, segundo, porque la materia organizada tiende a desintegrarse bajo ciertas condiciones existentes en estrellas de temperaturas muy elevadas y bajo ciertas condiciones peculiares en el espacio, cerca de cuerpos fríos sumamente energizados de materia condensada.

Cuando la masa se sobrecarga y amenaza con desequilibrar la energía, para reabastecer las vías de circulación de la potencia física, intervienen los controladores físicos, a menos que la misma tendencia adicional de la gravedad a materializar por completo la energía sea vencida en la eventualidad de una colisión entre los gigantes extintos del espacio, disipando así completamente, en un instante, las acumulaciones de gravedad. En estas circunstancias en las que sobreviene una colisión, enormes masas de materia se convierten de repente en la más rara forma de energía, y comienza de nuevo la pugna por el equilibrio universal. Finalmente, los sistemas físicos más grandes se estabilizan, se fijan físicamente y giran en las estables y equilibradas vías que circulan en los suprauniversos. Con posterioridad a este suceso, ya no ocurrirán más colisiones ni otras catástrofes devastadoras en estos sistemas estables.

Durante los períodos de exceso de energía se dan turbulencias energéticas y fluctuaciones caloríficas acompañadas de manifestaciones eléctricas. Durante los períodos de menos energía aumenta la tendencia de la materia a agruparse, condensarse y descontrolarse en las vías circulatorias de más frágil equilibrio, resultando en ajustes mediante ondas o colisión que rápidamente restablecen el equilibrio entre la energía circulante y la materia más realmente estabilizada. Prever y comprender, además, la posible conducta de los resplandecientes soles y de las islas oscuras del espacio es una de las tareas de los observadores celestiales de las estrellas.

Somos capaces de identificar la mayoría de las leyes que gobiernan el equilibrio universal y de predecir bastante lo relacionado con la estabilidad del universo. Prácticamente, nuestros pronósticos son fidedignos, pero siempre nos enfrentamos con ciertas fuerzas que no responden del todo a las leyes del control de la energía ni a la conducta de la materia que nos son conocidas. La previsibilidad de todos los fenómenos físicos se vuelve cada vez más difícil a medida que procedemos desde el Paraíso hacia fuera, hacia los universos. Al cruzar los límites de la administración personal de los gobernantes del Paraíso, nos encontramos cada vez más incapaces de hacer cálculos en base a las reglas establecidas y a la experiencia adquirida en relación a las observaciones que guardan relación exclusivamente con los fenómenos físicos de los sistemas astronómicos cercanos. Incluso en el ámbito de los siete suprauniversos, vivimos en medio de acciones de fuerza y reacciones de energía que impregnan todos nuestros dominios y se extienden de forma unida y equilibrada a través de todas las regiones del espacio exterior.

Cuanto más nos alejamos, con más claridad encontramos esos fenómenos variables e imprevisibles que son tan infaliblemente característicos de la insondable presencia-actuación de los Absolutos y de las Deidades experienciales. Y estos fenómenos han de indicar alguna acción directiva sobre todas las cosas.

Aparentemente, el suprauniverso de Orvontón está ahora descargándose; los universos exteriores parecen estar cargándose para actividades futuras sin precedentes; el universo central de Havona está eternamente estabilizado. La gravedad y la ausencia de calor (frío) organizan y mantienen la materia; el calor y la antigravedad alteran la materia y disipan la energía. Los directores de la potencia y los organizadores de la fuerza vivos constituyen la clave del control especial y de la dirección inteligente de la interminable metamorfosis de la construcción, desintegración y reconstrucción del universo. Las nebulosas pueden dispersarse, los soles extinguirse, los sistemas desaparecer y los planetas perecer, pero los universos no se descargan.

9. Las vías circulatorias de los suprauniversos

Las vías circulatorias universales del Paraíso literalmente se difunden por los siete suprauniversos. Estas vías presenciales son: la gravedad del ser personal del Padre Universal, la gravedad espiritual del Hijo Eterno, la gravedad mental del Actor Conjunto y la gravedad material de la Isla eterna.

Además de las vías circulatorias universales del Paraíso y de la presencia-actuación de los Absolutos y de las Deidades experienciales, dentro del nivel espacial del suprauniverso operan únicamente dos secciones de la vía de circulación de la energía o segregaciones de la potencia: las vías circulatorias del suprauniverso y de los universos locales.

Las vías circulatorias del suprauniverso:

1. La vía circulatoria de uno de los siete espíritus mayores del Paraíso que unifica la inteligencia. Esta vía por donde circula la mente cósmica está limitada a un solo suprauniverso.

2. La vía de los siete espíritus reflectores por donde circula el sistema de reflectancia de cada suprauniverso.

3. Las vías circulatorias secretas de los mentores misteriosos, que de alguna manera están correlacionadas y se dirigen hacia el Padre en el Paraíso a partir de Lugar de la Divinidad.

4. La vía de comunicación entre el Hijo Eterno y sus hijos del Paraíso.

5. La presencia instantánea del Espíritu Infinito.

6. Las transmisiones del Paraíso, los informes espaciales de Havona.

7. Las vías de los centros de la potencia y de los controladores físicos por donde circula la energía.

Las vías circulatorias del universo local:

1. El espíritu de gracia de los hijos del Paraíso, el consolador de los mundos de gracia. El espíritu de la verdad, el espíritu de Miguel en Urantia.

2. La vía circulatoria de las benefactoras divinas, los espíritus maternos del universo local, el espíritu santo de vuestro mundo.

3. La vía circulatoria del ministerio de la inteligencia de un universo local, que incluye la presencia de los espíritus asistentes de la mente en su variada capacidad de actuación.

Cuando se desarrolla en un universo local una cierta armonía espiritual en la que sus vías circulatorias individuales y combinadas se vuelven indistintas de las del suprauniverso, cuando en verdad prevalece tal similitud de actuación y unicidad de ministerio, entonces el universo local de inmediato se mueve circulando por las vías establecidas de luz y vida, se hace apto para su admisión en la alianza espiritual formada por la unión perfeccionada de dicha supracreación. Los requisitos para la admisión en los consejos de los ancianos de días, o sea, para ser miembro de la alianza del suprauniverso, son:

1. *Estabilidad física*. Las estrellas y los planetas de un universo local deben estar en equilibrio; los períodos de metamorfosis estelar inmediata deben haber terminado. El universo debe seguir una ruta definitiva; su órbita debe ser invulnerable e irrevocablemente estable.

2. *Lealtad espiritual*. Debe existir un estado de reconocimiento universal, y de lealtad, al hijo soberano de Dios que dirige los asuntos de

dicho universo local. Debe haber entrado en un estado de cooperación en buenos términos entre los planetas, sistemas y constelaciones de todo el universo local.

Ni siquiera se considera a vuestro universo local como perteneciente al orden físico establecido del suprauniverso ni tampoco capaz de ser miembro de la familia espiritual reconocida en el gobierno del suprauniverso. Aunque Nebadón todavía no tiene representación en Uversa, a nosotros, pertenecientes al gobierno del suprauniverso, se nos envía periódicamente a sus mundos en misiones especiales, tal como yo he hecho al venir a Urantia, directamente desde Uversa. Prestamos toda la ayuda posible a vuestros directores y gobernantes para que puedan solucionar sus difíciles problemas; estamos deseosos de ver que vuestro universo cumpla los requisitos para ser admitido con pleno derecho en las creaciones vinculadas entre sí de la familia del suprauniverso.

10. Los gobernantes de los suprauniversos

En las sedes centrales de los suprauniversos residen los miembros del elevado gobierno espiritual de las regiones del tiempo y del espacio. El poder ejecutivo del gobierno del suprauniverso, que tiene su origen en los consejos de la Trinidad, está inmediatamente dirigido, y supremamente supervisado, por uno de los siete espíritus mayores. Estos seres representan la autoridad del Paraíso y dirigen los suprauniversos a través de los siete mandatarios supremos emplazados en los siete mundos especiales del Espíritu Infinito, los satélites más exteriores del Paraíso.

La sede central del suprauniverso es la morada de los espíritus reflectores y de los auxiliares reflectores de imagen. Desde esta posición intermedia, estos seres maravillosos llevan a cabo su extraordinaria actividad en el campo de la reflectividad, sirviendo así, por encima y por debajo, al universo central y a los universos locales respectivamente.

Cada suprauniverso está presidido por tres ancianos de días, mandatarios conjuntos que ostentan la jefatura del gobierno del suprauniverso. En su poder ejecutivo, el personal a cargo del gobierno del suprauniverso se divide en siete grupos diferentes:

1. Ancianos de días.
2. Perfeccionadores de la sabiduría.
3. Consejeros divinos.
4. Censores universales.

5. Mensajeros poderosos.

6. Aquellos elevados en autoridad.

7. Aquellos sin nombre ni número.

A los tres ancianos de días les asiste directamente un colectivo de mil millones de perfeccionadores de la sabiduría, con quienes están vinculados tres mil millones de consejeros divinos. Mil millones de censores universales se asignan a la administración de cada uno de los suprauniversos. Estos tres grupos son Seres Personales Iguales en Rango de la Trinidad, y se originan de forma divina y directa en la Trinidad del Paraíso.

Los tres órdenes restantes, los mensajeros poderosos, aquellos elevados en autoridad y aquellos sin nombre ni número son mortales ascendentes glorificados. El primero de estos órdenes se elevó siguiendo el régimen de ascensión y pasó a través de Havona en los días de Granfanda. Cuando llegaron al Paraíso se incorporaron al colectivo final, la Trinidad del Paraíso los acogió y, posteriormente, se les asignó al servicio excelso de los ancianos de días. Como clase, estos tres órdenes se conocen como los hijos finalizadores trinitizados; son de origen doble pero ahora están al servicio de la Trinidad. De esta manera, el poder ejecutivo del gobierno del suprauniverso se amplió para incluir a los hijos glorificados y perfeccionados de los mundos evolutivos.

El consejo de acción conjunta, del suprauniverso, está compuesto por los siete grupos de mandatarios arriba nombrados y por los siguientes gobernantes de los sectores y de otros supervisores regionales:

1. Los perfectos de días: los gobernantes de los sectores mayores de un suprauniverso.

2. Los recientes de días: los directores de los sectores menores de un suprauniverso.

3. Los uniones de días: los asesores del Paraíso para los gobernantes de los universos locales.

4. Los fieles de días: los consejeros del Paraíso para los gobernantes altísimos de los gobiernos de las constelaciones.

5. Los hijos preceptores de la Trinidad que casualmente se encuentren de servicio en la sede central del suprauniverso.

6. Los eternos de días que puedan encontrarse presentes en la sede central del suprauniverso.

7. Los siete auxiliares reflectores de imagen: portavoces de los siete espíritus reflectores y, a través de ellos, los representantes de los siete espíritus mayores del Paraíso.

Los auxiliares reflectores de imagen también actúan como representantes de numerosos grupos de seres influyentes en los gobiernos del suprauniverso, pero por distintas razones no se encuentran, por el momento, plenamente activos en su cargo. Dentro de este grupo se encuentran la manifestación en el suprauniverso del ser personal del Ser Supremo en evolución, los supervisores incondicionados del Supremo, los vicerregentes condicionados del Último, los reflectores de enlace innominados de Majestón y los representantes espirituales suprapersonales del Hijo Eterno.

En casi cualquier momento, es posible encontrar representantes de todos los grupos de seres creados en los mundos donde se localizan las sedes centrales de los suprauniversos. La tarea rutinaria de ministerio de los suprauniversos la realizan los poderosos seconafines y otros miembros de la inmensa familia del Espíritu Infinito. En la tarea de estos maravillosos centros de administración, control, ministerio y juicio ejecutivo, las inteligencias de cada esfera de la vida universal se combinan en un servicio eficiente, en una administración inteligente, en un ministerio amoroso y en un juicio justo.

Los suprauniversos no mantienen ningún tipo de legación entre sí; están completamente aislados unos de los otros. En ellos se tiene conocimiento de los asuntos mutuos solo a través de un centro de intercambio de información en el Paraíso mantenido por los siete espíritus mayores. Estos gobernantes trabajan en los consejos de la sabiduría divina para el bien de sus propios suprauniversos, a pesar de lo que pueda estar ocurriendo en otros segmentos de la creación universal. Este aislamiento de los suprauniversos persistirá hasta el momento en que se logre su coordinación mediante una efectuación más completa del ser personal-soberanía del Ser Supremo experiencial, ahora en evolución.

11. La asamblea deliberante

Es en mundos como Uversa donde se encuentran cara a cara los seres representantes de la autocracia de la perfección y los de la democracia de la evolución. El poder ejecutivo del gobierno del suprauniverso se origina en los ámbitos de la perfección; el poder legislativo surge del florecimiento de los universos evolutivos.

La asamblea deliberante del suprauniverso está circunscrita al mundo donde está la sede central. Este consejo legislativo o consultivo consta de siete cámaras, y cada universo local que se admite a los consejos del suprauniverso elige a su representante local para cada una de ellas. Los consejos superiores de dichos universos locales eligen a estos representantes de entre los peregrinos ascendentes que se han graduado en Orvontón y que permanecen en Uversa, con autorización para transportarse a Havona. El término medio de servicio es alrededor de cien años de tiempo regular del suprauniverso.

No he conocido nunca desavenencia alguna entre los mandatarios de Orvontón y la asamblea de Uversa. Jamás hasta ahora, en la historia de nuestro suprauniverso, el cuerpo deliberante ha aprobado una recomendación que la división ejecutiva del gobierno del suprauniverso haya siquiera titubeado en ejecutar. Ha prevalecido siempre la más perfecta armonía y un acuerdo de cooperación, todo lo cual da testimonio del hecho de que los seres evolutivos pueden en verdad lograr las alturas de la sabiduría perfeccionada que les faculta para concordar con seres personales de origen perfecto y de naturaleza divina. La presencia de las asambleas deliberantes en la sede central de los suprauniversos revela la sabiduría, y preconiza el triunfo último de todo el inmenso concepto evolutivo del Padre Universal y de su Hijo Eterno.

12. Los tribunales supremos

Cuando hablamos de los poderes ejecutivo y deliberante del gobierno de Uversa, podríais, por analogía con ciertas formas de gobierno civil de Urantia, razonar que hemos de tener un tercer poder o poder judicial, y así es; pero no forman un colectivo separado. Nuestros tribunales están constituidos de la siguiente manera: los preside, según la naturaleza y gravedad del caso, un anciano de días, un perfeccionador de la sabiduría o un consejero divino. Las pruebas a favor o en contra de un ser, planeta, sistema, constelación o universo se exponen a los censores, que son quienes las interpretan. La defensa de los hijos del tiempo y de los planetas evolutivos está a cargo de los mensajeros poderosos, u observadores oficiales del gobierno del suprauniverso ante los universos y sistemas locales. La actitud del gobierno superior la representan aquellos elevados en autoridad. Y pronuncia generalmente el veredicto una comisión, cuyo número varía, que consiste por igual en aquellos sin nombre ni número y en un grupo de seres personales comprensivos elegidos desde la asamblea deliberante.

Los tribunales de los ancianos de días son los órganos jurisdiccionales superiores de apelación ante el dictamen espiritual de todos los universos locales que componen los suprauniversos. Los hijos soberanos de los universos locales son supremos en sus propios dominios, están sujetos al gobierno del suprauniverso solamente en su voluntariedad de presentar asuntos para el asesoramiento o pronunciamiento de los ancianos de días, excepto en los asuntos relativos a la extinción de las criaturas de voluntad. Los mandatos judiciales se originan en los universos locales, pero las sentencias relativas a la extinción de una criatura de voluntad siempre se formulan en la sede central del suprauniverso y allí se ejecutan. Los hijos de los universos locales pueden decretar la supervivencia de un hombre mortal, pero solo los ancianos de días pueden constituir un tribunal que realice un juicio ejecutivo en los asuntos de la vida y la muerte eternas.

En todos los asuntos que no requieren un juicio, o presentación de pruebas, los ancianos de días o sus colaboradores toman las decisiones, y estas decisiones son siempre unánimes. Aquí nos encontramos ante consejos perfectos. No hay desacuerdos ni opiniones minoritarias en los decretos de estos tribunales supremos y excepcionales.

Con pocas excepciones, los gobiernos de los suprauniversos ejercen jurisdicción sobre todas las cosas y todos los seres de su entorno respectivo. No se recurren las decisiones y decretos de las autoridades del suprauniverso, puesto que estas representan las opiniones acordadas por los ancianos de días y el espíritu mayor que, desde el Paraíso, preside los destinos del suprauniverso correspondiente.

13. Los gobiernos de los sectores

Un *sector mayor* abarca aproximadamente un décimo de un suprauniverso y consiste en cien sectores menores, diez mil universos locales, unos cien mil millones de mundos habitables. Tres perfectos de días —seres personales supremos de la Trinidad— rigen estos sectores mayores.

Los tribunales de los perfectos de días están constituidos de forma muy semejante a las de los ancianos de días, excepto que no se constituyen en órgano jurisdiccional para juzgar espiritualmente a los mundos. La labor de estos gobiernos del sector mayor guarda relación fundamentalmente con la condición intelectual de esta extensa creación. En los sectores mayores se retienen, arbitran, ofrecen y organizan, con el objeto de informar a los tribunales de los ancianos de días, todos los asuntos de importancia del suprauniverso de naturaleza rutinaria y administrativa no relacionados directamente con la administración espiritual de los mundos o con la realización de los planes de ascensión de los mortales diseñados por los gobernantes del Paraíso. El personal a cargo del gobierno de un sector mayor no es diferente al de un suprauniverso.

Así como los magníficos satélites de Uversa se destinan a la etapa final de vuestra preparación espiritual para llegar a Havona, los setenta satélites de Umayor Quinto se dedican a la formación y al desarrollo intelectual que se imparten en vuestro suprauniverso. Desde todo Orvontón, se congregan aquí seres de sabiduría que incansablemente trabajan para preparar a los mortales del tiempo para su posterior camino de avance en la eternidad. La mayor parte de esta instrucción dirigida a los mortales ascendentes se realiza en los setenta mundos de estudio.

Tres recientes de días presiden los gobiernos del *sector menor*. Se encargan mayormente del control físico, unificación, estabilización y coordinación rutinaria de la administración de los universos locales que lo componen. Cada sector menor abarca hasta cien universos locales, diez mil constelaciones, un millón de sistemas o unos mil millones de mundos habitables.

Los mundos donde se ubica la sede central del sector menor son el gran punto de encuentro de los controladores físicos mayores. Estos mundos sedes están rodeados de siete esferas de formación que constituyen las escuelas de ingreso en el suprauniverso y son los centros de enseñanza que imparten el conocimiento físico y administrativo del universo de los universos.

Los administradores del sector menor están bajo la jurisdicción inmediata de los gobernantes del sector mayor. Los recientes de días reciben todos los informes de las observaciones y coordinan todas las recomendaciones, que se elevan al suprauniverso desde los uniones de días, emplazados como observadores y asesores de la Trinidad en las esferas sedes de los universos locales, y de los fieles de días, que de igual manera están asignados a los consejos de los altísimos localizados en las sedes centrales de las constelaciones. Todos estos informes se transmiten a los perfectos de días de los sectores mayores para que sean posteriormente remitidos a los tribunales de los ancianos de días. Así el régimen de la Trinidad se extiende desde las constelaciones de los universos locales hacia arriba hasta la sede central del suprauniverso. Las sedes centrales del sistema local no tienen representantes de la Trinidad.

14. Propósitos de los siete suprauniversos

En la evolución de los siete suprauniversos se desvelan siete propósitos principales. Cada uno de ellos, trazado para la evolución del suprauniverso, hallará su más plena expresión únicamente en uno de los siete suprauniversos y, por tanto, cada suprauniverso tiene una función específica y una naturaleza singular.

Orvontón, el séptimo suprauniverso, al cual pertenece vuestro universo local, se conoce principalmente por su extraordinaria y generosa aportación de ministerio piadoso a los mortales de los mundos. Se le conoce por la forma en la que prevalece la justicia atemperada por la misericordia y por el modo en el que el gobierno rige condicionado por la paciencia, mientras que con libertad se realizan los sacrificios que el tiempo impone con el fin de asegurar la continuidad en la eternidad. Orvontón muestra al universo amor y misericordia.

Es muy difícil describir nuestra idea de la verdadera naturaleza del fin evolutivo que se desvela en Orvontón, pero se podría mostrar diciendo que en esta supracreación creemos que los seis propósitos singulares de la evolución cósmica, tal como se manifiestan en las seis supracreaciones que lo acompañan, se correlacionan aquí en un todo significativo; y es por esta razón por la que a veces creemos que el Dios Supremo, al desarrollar y completar su estado personal, gobernará, en el futuro remoto, desde Uversa, los siete suprauniversos perfeccionados en toda la majestad experiencial de su para entonces logrado omnipotente poder soberano.

Así como Orvontón es singular en naturaleza y único en cuanto a su destino, así también lo es cada uno de los seis suprauniversos que lo acompañan. Gran parte de lo que sucede en Orvontón, sin embargo, no se os revela, y de estos rasgos no revelados de la vida de Orvontón, muchos encontrarán una más completa expresión en algún otro suprauniverso. Los siete propósitos de la evolución del suprauniverso operan en todos los siete suprauniversos, pero cada supracreación ofrecerá la más plena expresión de tan solo uno de ellos. Para entender más sobre dichos propósitos, mucho de lo que vosotros no entendéis tendría que revelarse, pero incluso así poco comprenderíais. Toda esta narrativa no presenta sino un atisbo de la inmensa creación de la que vuestro mundo y sistema local forman parte.

Vuestro mundo se llama Urantia, y es el número 606 en el conjunto planetario, o sistema, de Satania. Este sistema tiene actualmente 619 mundos habitados, y más de doscientos otros planetas evolucionan de forma propicia para en el futuro transformarse en mundos habitados.

Satania tiene como sede central un mundo llamado Jerusem, y es el sistema número veinticuatro de la constelación de Norlatiadec. Vuestra constelación, Norlatiadec, consta de cien sistemas locales y tiene como sede central un mundo llamado Edentia. Norlatiadec es la constelación número setenta del universo de Nebadón. El universo local de Nebadón consta de cien constelaciones y tiene una capital conocida como Lugar de Salvación. El universo de Nebadón es el número ochenta y cuatro del sector menor de Ensa.

El sector menor de Ensa consta de cien universos locales y tiene una capital llamada Umenor Tercero. Este sector menor es el número tres del sector mayor de Esplandón. Esplandón consta de cien sectores menores y tiene como sede central un mundo llamado Umayor Quinto. Es el quinto sector mayor del suprauniverso de Orvontón, el séptimo segmento del gran universo. Así pues, podéis ubicar vuestro planeta en el esquema de la organización y administración del universo de los universos.

En el gran universo, el número de vuestro mundo es 5 342 482 337 666. Ese es el número registrado en Uversa y en el Paraíso, vuestro número en el censo de mundos habitados. Conozco el número de registro de las esferas físicas, pero tiene unas dimensiones tan extraordinarias que sería de poca utilidad para la mente mortal.

Vuestro planeta forma parte de un cosmos enorme; vosotros pertenecéis a un conjunto casi infinito de mundos, pero vuestra esfera se rige con igual precisión y se apoya con tanto amor como si fuese el único mundo habitado que existiera.

[Exposición de un censor universal procedente de Uversa.]

SEIS

Los seres personales del gran universo

(ESCRITO 30)

LOS SERES personales y las entidades distintas a las personales que en este momento desempeñan su labor en el Paraíso y en el gran universo suman un número casi ilimitado de seres vivos. Incluso el número de sus principales órdenes y tipos haría vacilar la imaginación humana, sin considerar los incontables subtipos y variaciones. Sin embargo, se hace deseable proporcionar alguna información sobre dos grupos principales de seres vivos y ofrecer, por un lado, una idea de la clasificación de los seres relacionados con el Paraíso y, por otro, un listado de los que constan en el registro de seres personales de Uversa.

No es posible hacer una clasificación completa y totalmente uniforme de los seres personales del gran universo porque no se han revelado *todos* los grupos. Para clasificarlos de forma sistemática, haría falta añadir material revelado y aumentar el número de escritos. De todos modos, una ampliación de conceptos de este orden sería poco aconsejable porque, durante los próximos mil años, despojaría a los pensantes mortales del estímulo para la reflexión creativa que dichos conceptos, parcialmente revelados, les pueden proporcionar. Para no coartar la imaginación del hombre, es mejor no hacerle partícipe de demasiados elementos revelados.

1. Clasificación de los seres vivos relacionados con el Paraíso

En el Paraíso se clasifican los seres vivos de acuerdo con su relación connatural y adquirida con las Deidades del Paraíso. Durante las magníficas asambleas que tienen lugar en el universo central y en los suprauniversos, los presentes se clasifican con frecuencia de acuerdo con su origen: los de origen trino, o que han alcanzado la Trinidad; los de origen doble; y los de origen único. Se hace difícil interpretar para la mente mortal esta clasificación de seres vivos del Paraíso, pero se nos ha autorizado para dar la siguiente información:

I. *LOS SERES DE ORIGEN TRINO.* Lo componen los seres creados por las tres Deidades del Paraíso, ya sea individualmente o como Trinidad, junto con el colectivo trinitizado, que abarca a todos los grupos de seres trinitizados, revelados y no revelados.

A. *Los espíritus supremos.*

1. Los siete espíritus mayores.
2. Los siete mandatarios supremos.
3. Los siete órdenes de espíritus reflectores.

B. *Los hijos estacionarios de la Trinidad.*

1. Los secretos trinitizados de supremacía.
2. Los eternos de días.
3. Los ancianos de días.
4. Los perfecciones de días.
5. Los recientes de días.
6. Los uniones de días.
7. Los fieles de días.
8. Los perfeccionadores de la sabiduría.
9. Los consejeros divinos.
10. Los censores universales.

C. *Los seres de origen en la Trinidad y trinitizados.*

1. Los hijos preceptores de la Trinidad.
2. Los espíritus inspirados de la Trinidad.
3. Los nativos de Havona.
4. Los ciudadanos del Paraíso.
5. Los seres no revelados de origen en la Trinidad.
6. Los seres no revelados trinitizados por la Deidad.
7. Los hijos trinitizados de logro.
8. Los hijos trinitizados de selección.

9. Los hijos trinitizados de perfección.
10. Los hijos trinitizados por criaturas.

II. *LOS SERES DE ORIGEN DOBLE.* Son aquellos que se originan a partir de cualesquiera dos de las Deidades del Paraíso o se han creado de otra manera por dos seres descendientes directa o indirectamente de las Deidades del Paraíso.

A. *Los órdenes descendentes.*

1. Los hijos creadores.
2. Los hijos magistrados.
3. Las estrellas brillantes de la mañana.
4. Los padres Melquisedec.
5. Los melquisedecs.
6. Los vorondadecs.
7. Los lanonandecs.
8. Las estrellas brillantes vespertinas.
9. Los arcángeles.
10. Los portadores de vida.
11. Los auxiliares del universo no revelados.
12. Los hijos de Dios no revelados.

B. *Los órdenes estacionarios.*

1. Los abandontes.
2. Los susatias.
3. Los univitatias.
4. Los espirongas.
5. Los seres de origen doble no revelados.

C. *Los órdenes ascendentes.*

1. Los mortales fusionados con el modelador.
2. Los mortales fusionados con el hijo.
3. Los mortales fusionados con el espíritu.
4. Los seres intermedios trasladados.
5. Los ascendentes no revelados.

III. *LOS SERES DE ORIGEN ÚNICO.* Son aquellos que se originan a partir de una de las Deidades del Paraíso o se han creado de otra manera por algún ser descendiente directa o indirectamente de las Deidades del Paraíso.

A. *Los espíritus supremos.*

1. Los mensajeros de gravedad.
2. Los siete espíritus de las vías de Havona.

3. Los duodécuplos ayudantes de las vías de Havona.
4. Los auxiliares reflectores de imagen.
5. Los espíritus maternos de los universos.
6. Los séptuplos espíritus asistentes de la mente.
7. Los seres no revelados de origen en la Deidad.

B. *Los órdenes ascendentes.*

1. Los modeladores personificados.
2. Los hijos materiales ascendentes.
3. Los serafines evolutivos.
4. Los querubines evolutivos.
5. Los ascendentes no revelados.

C. *La familia del Espíritu Infinito.*

1. Los mensajeros solitarios.
2. Los supervisores de las vías circulatorias del universo.
3. Los directores del censo.
4. Los auxiliares personales del Espíritu Infinito.
5. Los inspectores adjuntos.
6. Los centinelas con destino.
7. Los guías de los graduados.
8. Los servitales de Havona.
9. Los conciliadores universales.
10. Los acompañantes morontiales.
11. Los supernafines.
12. Los seconafines.
13. Los terciafines.
14. Los omniafines.
15. Los serafines.
16. Los querubines y sanobines.
17. Los seres de origen espiritual no revelado.
18. Los siete directores supremos de la potencia.
19. Los centros supremos de la potencia.
20. Los controladores físicos mayores.
21. Los supervisores de la potencia morontial.

IV. *LOS SERES TRASCENDENTALES DEVENIDOS.* Se puede encontrar en el Paraíso una inmensa multitud de seres trascendentales cuyo origen no se desvela de ordinario a los universos del tiempo y del espacio hasta que estos no se asientan en luz y vida. Estos seres no son creadores ni criaturas; son hijos *devenidos* de la divinidad, de la ultimidad y de la eternidad. Tales "seres devenidos" no son finitos ni infinitos, son *absonitos;* y la absonitidad no es infinitud ni absolutidad.

Estos seres no creadores y no creados son siempre leales a la Trinidad del Paraíso y obedientes al Último. Existen en cuatro niveles últimos de actividad en cuanto ser personal y desarrollan su labor en los siete niveles de lo absonito, en doce grandes divisiones consistentes en mil grupos principales de trabajo de siete clases cada uno. Dichos seres devenidos abarcan los siguientes órdenes:

1. Los arquitectos del universo matriz.
2. Los archivistas trascendentales.
3. Otros trascendentales.
4. Los organizadores mayores de la fuerza y devenidos primarios.
5. Los organizadores mayores de la fuerza y trascendentales adjuntos.

Dios, como suprapersona, deviene; Dios, como persona, crea; Dios, como prepersona, fracciona; y esta fracción de sí mismo, el modelador, hace evolucionar el alma espiritual en la mente material y mortal, en conformidad con la libre voluntad de elección del ser personal que se ha otorgado a dicha criatura mortal por el acto paterno de Dios como Padre.

V. *LAS ENTIDADES FRACCIONADAS DE LA DEIDAD.* Este orden de existencia vivo, que tiene su origen en el Padre Universal, se ilustra de la mejor manera en los modeladores del pensamiento, aunque estas entidades no son de modo alguno las únicas fracciones de la realidad prepersonal de la Primera Fuente y Centro. Dichas fracciones prepersonales aparte de los modeladores desempeñan funciones numerosas y poco conocidas. La fusión con un modelador o con otra fracción de este otro tipo hace de la criatura un *ser fusionado con el Padre.*

Aunque difícilmente comparables con las fracciones del Padre, se debe mencionar aquí que las fracciones del espíritu premente de la Tercera Fuente y Centro difieren, en buena parte, de los modeladores. No moran como tales en Lugar del Espíritu ni recorren las vías circulatorias de la gravedad-mente; tampoco habitan en las criaturas mortales durante la vida de estas en la carne. No son prepersonales en el mismo sentido que lo son los modeladores, si bien, dichas fracciones de espíritu premente se otorgan a algunos de los mortales supervivientes, y la fusión con estos hace de ellos *mortales fusionados con el espíritu* en contraste con los mortales fusionados con el modelador.

Es incluso más difícil de describir el espíritu individualizado de un hijo creador, la unión con el cual hace de la criatura un *mortal fusionado con el hijo*. Existen, no obstante, otras fracciones de la Deidad.

VI. *LOS SERES SUPRAPERSONALES.* Hay una inmensa multitud de seres de origen divino aparte de los personales que prestan numerosos servicios en el universo de los universos. Algunos de ellos residen en los mundos del Hijo que circundan el Paraíso; otros, como los representantes suprapersonales del Hijo Eterno, se hallan en otros lugares. En su mayor parte, no se les menciona en estas narraciones, y resultaría realmente inútil describirlos para las criaturas *personales.*

VII. *LOS ÓRDENES NO CLASIFICADOS Y NO REVELADOS.* Durante la presente era del universo no sería posible incluir a todos los seres, personales o no, dentro de las clasificaciones pertenecientes a esta era; tampoco se han revelado todas sus categorías en estas narraciones; es por ello por lo que muchos órdenes se han omitido de estas listas. Tomad en consideración los siguientes:

El consumador del destino del universo.

Los vicerregentes condicionados del Último.

Los supervisores incondicionados del Supremo.

Las instancias intermedias creativas no reveladas de los ancianos de días.

Majestón del Paraíso.

Los enlaces reflectantes innominados de Majestón.

Los órdenes midsonitas de los universos locales.

No es necesario conceder especial importancia al hecho de que estos órdenes se enumeren de forma conjunta dejando a salvo que ninguno de ellos aparece en la clasificación de los seres relacionados con el Paraíso, tal como aquí se dan a conocer. Estos son unos pocos de los no clasificados, pero todavía os falta por conocer a los muchos no revelados.

Existen espíritus: entidades espirituales, presencias espirituales, espíritus personales, espíritus prepersonales, espíritus suprapersonales, existencias espirituales, seres personales espirituales —pero ni el lenguaje de los mortales ni su intelecto tienen las cualidades necesarias para su reconocimiento—. Podemos afirmar, sin embargo, que no existen seres personales de "mente pura"; ninguna entidad posee ser personal a menos que Dios, que es espíritu, se lo conceda. Cualquier entidad mental que no esté vinculada a la energía espiritual o física no es un ser personal. Si bien, en el mismo sentido en que hay seres personales espirituales que poseen mente, hay seres personales mentales que poseen espíritu. Majestón y sus colaboradores son ejemplos bastantes ilustrativos de estos seres dominados por la mente, pero hay ejemplos ilustrativos todavía mejores de este tipo de ser personal. Existen incluso órdenes completos no revelados de tales *seres personales mentales*, pero están siempre vinculados al espíritu. Algunas otras criaturas no reveladas son las que podrían designarse *seres personales de energía mental y física*. Este tipo de ser no es sensible a la gravedad espiritual, pero es, no obstante, un verdadero ser personal: está dentro de la vía del Padre.

Estos escritos ni siquiera empiezan a agotar, ni pueden, la historia de las criaturas, de los creadores, de los seres devenidos ni incluso de los seres vivos que tienen otro modo de existencia, que viven y adoran y sirven en los universos pululantes del tiempo y en el universo central de la eternidad. Vosotros, los mortales, sois personas y, por consiguiente, podemos describir seres *que se han hecho personales*, pero ¿cómo se os podría dar una explicación de un ser *absonitizado*?

2. El registro de los seres personales de Uversa

La familia divina de seres vivos con registro en Uversa está dividida en siete grandes grupos:

1. Las Deidades del Paraíso.
2. Los espíritus supremos.
3. Los seres de origen en la Trinidad.
4. Los hijos de Dios.
5. Los seres personales del Espíritu Infinito.
6. Los directores de la potencia del universo.
7. El colectivo de ciudadanos permanentes.

Estos grupos de criaturas volitivas se dividen en numerosas clases y subdivisiones menores. Sin embargo, esta clasificación de los seres personales del gran universo trata principalmente de dar cabida a aquellos órdenes de seres inteligentes revelados en estas narraciones, con la mayoría de los que los mortales del tiempo se encontrarán conforme experimenten su paulatino ascenso hacia el Paraíso. En la siguiente lista no se hace mención del inmenso número de órdenes de seres del universo que desempeñan su labor aparte del plan de ascenso de los mortales.

I. *LAS DEIDADES DEL PARAÍSO.*
1. El Padre Universal.
2. El Hijo Eterno.
3. El Espíritu Infinito.

II. *LOS ESPÍRITUS SUPREMOS.*
1. Los siete espíritus mayores.
2. Los siete mandatarios supremos.
3. Los siete grupos de espíritus reflectores.
4. Los auxiliares reflectores de imagen.
5. Los siete espíritus de las vías.
6. Los espíritus creativos de los universos locales.
7. Los espíritus asistentes de la mente.

III. *LOS SERES DE ORIGEN EN LA TRINIDAD.*
1. Los secretos trinitizados de la supremacía.
2. Los eternos de días.
3. Los ancianos de días.
4. Los perfecciones de días.
5. Los recientes de días.
6. Los uniones de días.
7. Los fieles de días.
8. Los hijos preceptores de la Trinidad.
9. Los perfeccionadores de la sabiduría.
10. Los consejeros divinos.
11. Los censores universales.
12. Los espíritus inspirados de la Trinidad.
13. Los nativos de Havona.
14. Los ciudadanos del Paraíso.

IV. *LOS HIJOS DE DIOS.*

A. *Los hijos descendentes.*
1. Los hijos creadores migueles.
2. Los hijos magistrados avonales.
3. Los hijos preceptores dainales de la Trinidad.
4. Los hijos melquisedecs.
5. Los hijos vorondadecs.
6. Los hijos lanonandecs.
7. Los hijos portadores de vida.

B. *Los hijos ascendentes.*
1. Los mortales fusionados con el Padre.
2. Los mortales fusionados con el hijo.
3. Los mortales fusionados con el espíritu.
4. Los serafines evolutivos.
5. Los hijos materiales ascendentes.
6. Los seres intermedios trasladados.
7. Los modeladores personificados.

C. *Los hijos trinitizados.*
1. Los mensajeros poderosos.
2. Aquellos elevados en autoridad.
3. Los sin nombre ni número.
4. Los custodios trinitizados.
5. Los embajadores trinitizados.
6. Los guardianes celestiales.
7. Los asistentes de los hijos elevados.
8. Los hijos trinitizados de ascendentes.
9. Los hijos trinitizados por criaturas del Paraíso-Havona
10. Los hijos trinitizados de destino.

V. *LOS SERES PERSONALES DEL ESPÍRITU INFINITO.*

A. *Los seres personales superiores del Espíritu Infinito.*
1. Los mensajeros solitarios.
2. Los supervisores de las vías circulatorias del universo.
3. Los directores del censo.
4. Los auxiliares personales del Espíritu Infinito.
5. Los inspectores adjuntos.
6. Los centinelas asignados a los sistemas locales.
7. Los guías de los graduados.

B. *Las multitudes de mensajeros del espacio.*
1. Los servitales de Havona.
2. Los conciliadores universales.
3. Los consejeros técnicos.
4. Los custodios de los archivos del Paraíso.
5. Los archivistas celestiales.
6. Los acompañantes morontiales.
7. Los acompañantes del Paraíso.

C. *Los espíritus servidores.*
1. Los supernafines.
2. Los seconafines.
3. Los terciafines.
4. Los omniafines.
5. Los serafines.
6. Los querubines y sanobines.
7. Los seres intermedios.

VI. *LOS DIRECTORES DE LA POTENCIA DEL UNIVERSO.*

A. *Los siete directores supremos de la potencia.*

B. *Los centros supremos de la potencia.*
1. Los supervisores supremos de los centros.
2. Los centros de Havona.
3. Los centros de los suprauniversos.
4. Los centros de los universos locales.
5. Los centros de las constelaciones.
6. Los centros de los sistemas.
7. Los centros no clasificados.

C. *Los controladores físicos mayores.*
1. Los directores adjuntos de la potencia.
2. Los controladores mecánicos.
3. Los transformadores de la energía.
4. Los transmisores de la energía.
5. Los asociadores primarios.
6. Los disociadores secundarios.
7. Los frandalancs y los cronoldecs.

D. *Los supervisores de la potencia morontial.*
1. Los reguladores de las vías circulatorias.
2. Los coordinadores de los sistemas.
3. Los custodios planetarios.
4. Los controladores combinados.
5. Los estabilizadores de enlace.
6. Los resintonizadores selectivos.
7. Los registradores adjuntos.

VII. *EL COLECTIVO DE CIUDADANOS PERMANENTES.*
1. Los seres intermedios planetarios.
2. Los hijos adánicos de los sistemas.

3. Los univitatias de las constelaciones.
4. Los susatias de los universos locales.
5. Los mortales de los universos locales fusionados con el espíritu.
6. Los abandontes del suprauniverso.
7. Los mortales de los suprauniversos fusionados con el hijo.
8. Los nativos de Havona.
9. Los nativos de las esferas del Espíritu que orbitan el Paraíso.
10. Los nativos de las esferas del Padre que orbitan el Paraíso.
11. Los ciudadanos creados del Paraíso.
12. Los mortales ciudadanos del Paraíso fusionados con el modelador.

Esta es una clasificación operativa de los seres personales de los universos tal como están registrados en la sede central de Uversa.

GRUPOS DE SERES PERSONALES COMPUESTOS. Hay registrados en Uversa numerosos otros grupos de seres inteligentes, seres que también están estrechamente relacionados con la organización y la administración del gran universo. Entre tales órdenes se hallan los tres grupos siguientes de seres personales compuestos:

A. *El colectivo final del Paraíso.*
   1. El colectivo de finalizadores mortales.
   2. El colectivo de finalizadores del Paraíso.
   3. El colectivo de finalizadores trinitizados.
   4. El colectivo de finalizadores trinitizados conjuntos.
   5. El colectivo de finalizadores de Havona.
   6. El colectivo de finalizadores trascendentales.
   7. El colectivo de hijos de destino no revelados.

El colectivo final de los mortales se trata en la siguiente y última narración de esta serie.

B. *Los auxiliares del universo.*
   1. Las estrellas brillantes de la mañana.
   2. Las estrellas brillantes vespertinas.
   3. Los arcángeles.

4. Los asistentes altísimos.
5. Los altos comisionados.
6. Los supervisores celestiales.
7. Los maestros de los mundos de las moradas.

En todos los mundos sedes tanto de los universos locales como de los suprauniversos se hace previsión de estos seres que se ocupan de misiones específicas para los hijos creadores, los gobernantes de los universos locales. En Uversa, damos la bienvenida a estos *auxiliares del universo*, sobre los que no tenemos jurisdicción. Estos emisarios desempeñan su labor y llevan a cabo sus observaciones bajo la autoridad de los hijos creadores. Su actividad se describe con más detenimiento en el relato de vuestro universo local.

C. *Las siete colonias de cortesía, compuestas respectivamente de:*
1. Los estudiosos de las estrellas.
2. Los artesanos celestiales.
3. Los directores de reversión.
4. Los instructores de las facultades de extensión.
5. Los distintos colectivos de reserva.
6. Los visitantes estudiantiles.
7. Los peregrinos ascendentes.

Estos siete grupos de seres se organizan y gobiernan de ese modo en todos los mundos sede, desde los sistemas locales hasta las capitales de los suprauniversos, en particular en estos últimos. Las capitales de los siete suprauniversos son los lugares de encuentro de casi todas las clases y órdenes de seres inteligentes. Exceptuando a numerosos grupos del Paraíso-Havona, aquí se puede observar y estudiar a las criaturas volitivas en cualquier faceta de su existencia.

3. Las colonias de cortesía

Las siete colonias de cortesía se alojan temporalmente en las esferas arquitectónicas durante periodos más o menos prolongados mientras se ocupan de desarrollar sus misiones y de llevar a cabo sus cometidos especiales. Su función se puede describir de la manera siguiente:

1. *Los estudiosos de las estrellas*, o los astrónomos celestiales, optan por realizar su labor en esferas como Uversa porque estos mundos, especialmente construidos, resultan particularmente favorables para sus

observaciones y cálculos. Uversa está propiciamente situada para el trabajo de esta colonia no solamente debido a su ubicación central, sino también porque no hay soles gigantescos cercanos ni vivos ni inertes que podrían perturbar las corrientes de energía. Estos estudiosos no están, de manera alguna, relacionados orgánicamente con los asuntos del suprauniverso; son meramente invitados.

En la colonia astronómica de Uversa, hay seres procedentes de muchas regiones espaciales cercanas, del universo central e incluso de Norlatiadec. Todo ser de cualquier mundo de cualquier sistema de cualquier universo puede convertirse en un estudioso de las estrellas, puede aspirar a unirse a algún colectivo de astrónomos celestiales. Los únicos requisitos son una vida continuada allí y unos conocimientos suficientes de los mundos del espacio, especialmente de sus leyes físicas de evolución y control. No se exige de estos estudiosos que sirvan eternamente en este colectivo, pero nadie que haya sido admitido a este grupo puede dejarlo en menos de un milenio del tiempo de Uversa.

La colonia de observadores de las estrellas de Uversa cuenta en este momento con más de un millón de seres. Estos astrónomos van y vienen, aunque algunos se quedan durante períodos relativamente largos. Llevan a cabo su labor ayudados de una multitud de instrumentos mecánicos y de dispositivos físicos. Reciben también una gran ayuda de parte de los mensajeros solitarios y de otros exploradores espirituales. En su estudio de las estrellas y en su investigación espacial, estos astrónomos celestiales hacen un uso constante de los transformadores y transmisores vivos de la energía, al igual que de los seres personales reflectantes. Analizan todas las formas y facetas de la materia del espacio y de las manifestaciones de la energía, y están tan interesados en la función de la fuerza como en los fenómenos estelares; no hay nada en todo el espacio que escape a su atenta observación.

Se pueden encontrar colonias similares de astrónomos en los mundos sedes de los sectores del suprauniverso así como en las capitales arquitectónicas de los universos locales y en sus subdivisiones administrativas. Salvo en el Paraíso, el conocimiento no es connatural; entender el universo físico depende en gran manera de la observación y de la investigación.

2. *Los artesanos celestiales* prestan sus servicios en todas las partes de los siete suprauniversos. Los mortales ascendentes tienen un contacto inicial con estos grupos durante su andadura morontial en el universo

local. Más adelante analizaremos detenidamente la relación de los mortales con estos artesanos.

3. *Los directores de reversión* incentivan el ocio y el humor —se revierte a memorias del pasado—. Su aportación es de gran utilidad para el aspecto práctico del plan de ascenso progresivo diseñado para los mortales, especialmente durante las primeras fases de su transición morontial y de su experiencia espiritual. La historia de estos seres se verá en la siguiente narración que trata de la andadura de los mortales en el universo local.

4. *Los instructores de las escuelas de extensión.* En la andadura del ascendente, el mundo de residencia inmediatamente superior siempre cuenta con un sólido colectivo de maestros en el mundo justo por debajo. Constituyen una especie de centros de preparación para aquellos residentes que hacen sus progresos en dicha esfera. Se trata de una fase del esquema ascendente para el avance de los peregrinos del tiempo. Los métodos de instrucción y exámenes de estas facultades son completamente diferentes a los que ponéis en práctica en Urantia.

Todo plan de ascenso progresivo de los mortales se caracteriza por la práctica de transmitir a otros seres las nuevas verdades y experiencias tan pronto como se adquieren. Os abrís camino a través de la permanente escuela que os lleva a alcanzar el Paraíso, sirviendo como maestros de aquellos pupilos que están inmediatamente por debajo de vosotros en su grado de progreso.

5. *Los diversos colectivos de reserva.* En Uversa se movilizan inmensas reservas de seres que no están bajo nuestra directa supervisión, formando una colonia del colectivo de reserva. Esta colonia de Uversa está dividida principalmente en setenta grupos; permitirle a alguien pasar una temporada con estos extraordinarios seres personales constituye una verdadera formación integral. En Lugar de Salvación y en otras capitales de los universos, se mantienen reservas generales similares que se envían al servicio activo a solicitud de sus respectivos directores de grupo.

6. *Los visitantes estudiantiles.* Procedentes de todas partes del universo, un torrente constante de visitantes va y viene a los distintos mundos sede. Tanto de forma individual al igual que como clase estos diversos tipos de seres acuden a nosotros en gran cantidad como observadores, estudiantes de intercambio y ayudantes de los estudiantes. En esta colonia de cortesía de Uversa, en el momento presente, hay más

de mil millones de personas. Algunos de estos visitantes pueden permanecer un día otros, un año, dependiendo de la naturaleza de su misión. Esta colonia contiene prácticamente todas las clases de seres del universo salvo seres personales creadores y mortales morontiales.

Los mortales morontiales son visitantes estudiantiles únicamente dentro de los confines del universo local del que son originarios. Están facultados para ser visitantes del suprauniverso solamente tras haber logrado el estatus de espíritu. Al menos una mitad de nuestra colonia de visitantes consiste en seres que están "en escala", que se encaminan hacia otros lugares y hacen una pausa para visitar la capital de Orvontón. Estos seres personales pueden estar llevando a cabo alguna misión en el universo o estar disfrutando de un periodo de esparcimiento —libres de cometidos—. Tener el privilegio del viaje y la observación dentro de las lindes del universo forma parte de la andadura de todos los seres ascendentes. Se dará toda complacencia al deseo humano de viajar y de observar nuevos pueblos y mundos durante la larga y memorable subida al Paraíso a través del universo local, de los suprauniversos y del universo central.

7. *Los peregrinos ascendentes.* Cuando se asigna a los peregrinos ascendentes a diferentes servicios como parte de su progreso y ascenso al Paraíso, se les domicilia como colonia de cortesía en las diversas esferas sede. Mientras realizan su labor por doquier en todo un suprauniverso, estos grupos son en gran parte autónomos. Conforman una colonia en constante cambio que abarca todos los órdenes de mortales evolutivos y sus colaboradores ascendentes.

4. Los mortales ascendentes

Aun cuando a los mortales supervivientes del tiempo y del espacio se les denomina *peregrinos ascendentes* cuando se les autoriza para su ascenso progresivo al Paraíso, estas criaturas evolutivas ocupan un lugar tan importante en estas narraciones que es nuestro deseo ofrecer a continuación una sinopsis de las siete etapas en las que consiste la andadura del ascendente en el universo:

1. Los mortales planetarios.
2. Los supervivientes dormidos.
3. Los estudiantes de los mundos de las moradas.
4. Los progresadores morontiales.

5. Los pupilos de los suprauniversos.
6. Los peregrinos de Havona.
7. Los que arriban al Paraíso.

El siguiente relato describe la andadura en el universo del mortal que ha sido habitado por el modelador. Los mortales fusionados con el hijo o con el espíritu tienen en común ciertas partes de esta andadura, pero hemos decidido contar la historia centrándonos en los mortales fusionados con el modelador, el destino previsto para todas las razas humanas de Urantia.

1. Los *mortales planetarios*. Los mortales son seres evolutivos de origen animal con potencial para convertirse en ascendentes. En origen, naturaleza y destino, estos distintos grupos de seres humanos no son muy diferentes de los pueblos de Urantia. En cada mundo, las razas humanas reciben el mismo ministerio por parte de los hijos de Dios y gozan de la presencia de los espíritus servidores del tiempo. Tras la muerte física, en los mundos de las moradas, todas las diferentes clases de ascendentes fraternizan como una única familia morontial.

2. *Los supervivientes dormidos*. Todos los mortales en su condición de supervivientes, bajo el cuidado de los guardianes personales del destino, cruzan las puertas de la muerte física y, al tercer periodo, retoman su ser personal en los mundos de las moradas. Aquellos seres autorizados que, por alguna razón, hayan sido incapaces de alcanzar ese nivel de dominio de la inteligencia y de dotación de espiritualidad que les posibilitaría poder contar con estos custodios personales, no pueden, por consiguiente, dirigirse de forma directa e inmediata a los mundos de las moradas. Dichas almas supervivientes han de reposar en un sueño inconsciente hasta el día del juicio que inaugurará una nueva época, una nueva dispensación, la llegada de un hijo de Dios para hacer el llamamiento nominal de los tiempos y el dictamen del mundo. Tal es la costumbre general en todo Nebadón. Se ha dicho de Cristo Miguel que, cuando ascendió a las alturas al concluir su misión en la tierra, "llevó a una gran multitud de cautivos". Estos cautivos eran los supervivientes dormidos desde los días de Adán hasta el día de la resurrección del Maestro en Urantia.

El paso del tiempo no tiene consecuencias para los mortales dormidos; están completamente inconscientes y ajenos a la duración de su reposo. En el momento de reconstitución de su ser personal al fin de una era, aquellos que hayan dormido cinco mil años no reaccionarán de forma diferente a los que solamente lo hayan hecho cinco días. Aparte de la demora de tiempo, estos supervivientes pasan por el régimen de ascensión de modo idéntico al de aquellos que eluden el sueño más largo o más corto de la muerte.

Se acude a estas clases de peregrinos de los mundos con este tipo de dispensación para la actividad morontial de grupo en las tareas de los universos locales. Hay una gran ventaja en la movilización de esos grupos tan enormes porque, gracias a este eficaz servicio, se les mantiene unidos durante largos periodos.

3. *Los estudiantes de los mundos de las moradas.* A este grupo pertenecen todos los mortales supervivientes que hacen su nuevo despertar en los mundos de las moradas.

El cuerpo físico de carne mortal no es parte de la reconstitución del superviviente dormido; el cuerpo físico vuelve al polvo. El serafín asignado a este auspicia el nuevo cuerpo, la forma morontial, como el nuevo vehículo de vida para el alma inmortal y para la inhabitación del modelador que ha retornado. El modelador es el cuidador de las transcripciones espirituales de la mente del superviviente dormido. El serafín en cumplimiento de su labor es quien mantiene la identidad que sobrevive —el alma inmortal— hasta donde haya evolucionado. Y cuando los dos, el modelador y el serafín, aúnan los factores del ser personal que se les ha encomendado, el nuevo ser se erige como la resurrección del antiguo ser personal, conllevando la supervivencia de la identidad evolutiva morontial del alma. A esta revinculación de alma y del modelador se la denomina muy apropiadamente "resurrección", una reconstitución de dichos factores del ser personal. No obstante, incluso esto no explicaría del todo la reaparición del *ser personal* superviviente. Y, aunque nunca podréis comprender las circunstancias de tal inexplicable proceso, si no rechazáis el plan de supervivencia diseñado para los mortales, en algún momento conoceréis experiencialmente su verdad.

El plan de detenimiento inicial de los mortales en los siete mundos de formación continuada es casi global en Orvontón. En cada sistema local de aproximadamente mil planetas habitados, hay siete mundos de morada, por lo general satélites o subsatélites de la capital del sistema. En ellos se recibe a la mayoría de los mortales ascendentes.

A veces se denominan "moradas" del universo a todos los mundos de formación en los que los mortales tienen su residencia, y fue a estas esferas a las que Jesús se refirió cuando dijo: "En la casa de mi Padre muchas moradas hay". De aquí en adelante, dentro de un grupo determinado de esferas tales como los mundos de las moradas, los ascendentes progresarán de forma individual de una esfera a la otra y de una fase de vida a otra, pero siempre avanzarán de una etapa de estudio del universo a otra formándose en grupos de características comunes.

4. *Los progresadores morontiales.* Desde los mundos de las moradas hacia arriba, a través de las esferas del sistema, de la constelación y del universo, se categoriza a los mortales como progresadores morontiales. Son mortales que, al ascender, atraviesan las esferas de transición y, a medida que progresan desde los mundos morontiales inferiores hasta los superiores, sirven, en incontables tareas, en colaboración con sus maestros y en compañía de sus hermanos más avanzados y de mayor rango.

El progreso en la etapa morontial se corresponde con un avance continuado de la forma del intelecto, del espíritu y del ser personal. Los supervivientes continúan siendo seres de naturaleza triple. A todo lo largo de su experiencia morontial, ellos son los pupilos del universo local. El régimen del suprauniverso no surte efecto hasta que no comienza la andadura espiritual.

Los mortales adquieren su verdadera identidad espiritual justo antes de dejar la sede del universo local para dirigirse a los mundos receptores de los sectores menores del suprauniverso. El transcurso desde la última etapa morontial al estatus espiritual inicial o menor no conlleva sino una leve transición. La mente, el ser personal y el carácter permanecen inalterados como producto de tal avance; solamente la forma sufre modificación. Pero la forma del espíritu es tan real como el cuerpo morontial e igualmente perceptible.

Antes de partir de los universos locales de los que son originarios hacia los mundos receptores del suprauniverso, los mortales del tiempo reciben la confirmación espiritual del hijo creador y del espíritu materno del universo local. Desde aquí en adelante, se asienta para siempre el estatus del mortal ascendente. Nunca se ha conocido que los pupilos del suprauniverso se hayan descarriado. A los serafines ascendentes también se les eleva en su estatus angélico en el momento de su partida de los universos locales.

5. *Los pupilos del suprauniverso.* Todos los ascendentes que llegan a los mundos de formación de los suprauniversos se convierten en los pupilos de los ancianos de días. Han pasado por la vida morontial del

universo local y ahora son espíritus reconocidos. Como jóvenes espíritus, comienzan su ascensión siguiendo el sistema cultural y de formación del suprauniverso, que se extiende desde las esferas receptoras de su sector menor, a través de los mundos de estudio de los diez sectores mayores, hasta las esferas culturales superiores de la sede del suprauniverso.

Existen tres órdenes de espíritus estudiantes, de acuerdo con su estancia en el sector menor, en los sectores mayores y en el mundo sede del suprauniverso, en los que progresan espiritualmente. Al igual que los seres ascendentes morontiales estudiaron y laboraron en los mundos del universo local, los seres ascendentes espirituales continúan superando nuevos mundos, mientras siguen impartiendo a otros aquello que han bebido de las fuentes experienciales de la sabiduría. Pero el proceso de aprendizaje del ser espiritual en su andadura en el suprauniverso es muy diferente a lo que la mente material del hombre puede llegar jamás a imaginar.

Antes de dejar el suprauniverso con destino a Havona, estos espíritus ascendentes reciben el mismo exhaustivo curso sobre la dirección del suprauniverso que han recibido sobre la supervisión del universo local durante su experiencia morontial. Con anterioridad a que los mortales espirituales alcancen Havona, su estudio principal, aunque no su ocupación exclusiva, se centra en el conocimiento de la administración del universo local y del suprauniverso. La razón de toda esta trayectoria no está en este momento del todo clara, pero no hay duda de que tal formación es acertada y necesaria a la vista de su posible destino futuro como miembros del colectivo de finalizadores.

El régimen que se sigue en el suprauniverso no es el mismo para todos los mortales ascendentes. Reciben la misma enseñanza de tipo general, pero hay grupos y clases particulares que han de superar cursos especiales de instrucción, y se les hace pasar por cursos específicos de capacitación.

6. *Los peregrinos de Havona.* Cuando su evolución espiritual es completa, aunque no plena, el mortal superviviente se prepara para el largo vuelo a Havona, el abrigo natural de los espíritus evolutivos. En la tierra, eras una criatura de carne y hueso; a lo largo del universo local, un ser morontial; a través del suprauniverso, un espíritu en desarrollo; con tu llegada a los mundos receptores de Havona, comienza real y seriamente tu educación espiritual; en el Paraíso, aparecerás finalmente como espíritu perfeccionado.

El viaje desde la sede del suprauniverso hasta las esferas receptoras de Havona siempre se hace a solas. De aquí en adelante ya no se impartirá más instrucción en clases o grupos. Habéis acabado la formación técnica y administrativa de los mundos evolutivos del tiempo y del espacio. Ahora comienza vuestra *educación personal*, vuestra formación espiritual individual. De principio a fin, a lo largo de todo Havona, la instrucción es personal y de naturaleza triple: intelectual, espiritual y experiencial.

El primer acto de vuestra andadura en Havona será apreciar y agradecer a vuestro seconafín de transporte el viaje largo y seguro que os ha facilitado. Luego se os presentará a aquellos seres que auspiciarán vuestras primeras tareas en Havona. Seguidamente, iréis a inscribir vuestra llegada y a preparar vuestro mensaje de acción de gracias y adoración para que sea enviado al hijo creador de vuestro universo local, el Padre de vuestro universo, que hizo posible vuestra andadura de filiación en Dios. Con esto concluye el protocolo de vuestra llegada a Havona. Tras ella, se os concederá un largo periodo de ocio para la libre observación. Esto os permitirá buscar a amigos, compañeros y colaboradores con los que habéis compartido vuestra larga trayectoria como ascendentes. También podréis consultar las transmisiones existentes para determinar quiénes son los otros peregrinos que han partido hacia Havona desde el momento en que abandonasteis Uversa.

El hecho de vuestra llegada a los mundos receptores de Havona se transmitirá cumplidamente a la sede de vuestro universo local y se le comunicará personalmente a vuestro guardián seráfico dondequiera que se encuentre.

Los mortales ascendentes ya han adquirido una concienzuda formación en los asuntos de los mundos evolutivos del espacio; ahora comienzan su largo y provechoso contacto con las esferas creadas en perfección. ¡Qué gran preparación para alguna futura labor se les proporciona mediante esta experiencia combinada, única y extraordinaria! Pero no puedo deciros nada sobre Havona; debéis ver estos mundos para apreciar su gloria o comprender su grandiosidad.

7. *Los que arriban al Paraíso.* Al alcanzar el Paraíso con el estatus de residente, comenzáis un curso avanzado en divinidad y absonitidad. Tener la residencia en el Paraíso significa que habéis encontrado a Dios y que se os incorporará al colectivo final de los mortales. De todas las criaturas del gran universo, solo los que están fusionados con el Padre

se suman a dicho colectivo, y solo estos prestan el juramento del finalizador. Otros seres que han alcanzado la perfección del Paraíso pueden adscribirse de forma temporal a este colectivo final, pero no se les asigna eternamente a la misión desconocida y no revelada de esta creciente multitud de veteranos evolutivos y perfeccionados del tiempo y del espacio.

A estos mortales que arriban al Paraíso se les otorga un periodo de libertad, tras el que comienzan a entablar relaciones con los siete grupos de los supernafines primarios. Una vez que han acabado su curso con los conductores de la adoración, se les designa "graduados del Paraíso" y, posteriormente, como finalizadores, se les asigna al servicio de observación y de cooperación que se extiende hasta los confines de la inmensa creación. Hasta el momento, no parece haber un destino determinado o establecido para el colectivo final de los mortales, aunque llevan a cabo muchos cometidos en los mundos asentados en luz y vida.

Si no existiese un destino futuro o no revelado para el colectivo final de los mortales finalizadores, la labor que estos seres ascendentes realizan en la actualidad ya sería de por sí enteramente satisfactoria y gloriosa. Su destino presente justifica ya, de hecho y por completo, el plan universal de la ascensión evolutiva. No obstante, en épocas futuras, con la evolución de las esferas del espacio exterior, no hay duda de que se expandirán significativamente, y se iluminarán de forma divina, con mayor plenitud, la sabiduría y la amorosa benevolencia de los Dioses en la consumación de su plan divino para la supraexperiencia humana y la ascensión de los mortales.

En esta narración, junto con lo que se os ha revelado y con lo que podáis adquirir en conjunción con la información sobre vuestro propio mundo, se hace un bosquejo de la andadura de los mortales ascendentes. La historia varía de forma considerable según se trate de uno u otro suprauniverso; si bien, en este relato se ofrece un atisbo del plan ordinario respecto al progreso de los mortales, tal como se lleva a cabo en el universo local de Nebadón y en el séptimo segmento del gran universo, en el suprauniverso de Orvontón.

[Auspiciado por un mensajero poderoso procedente de Uversa.]

SIETE

Evolución de los universos locales

(ESCRITO 32)

CADA UNIVERSO local es obra de uno de los hijos creadores del Paraíso del orden de Miguel. Cada cual consta de cien constelaciones, que están a su vez compuestas de mil sistemas de mundos habitados. Con el tiempo, cada sistema terminará por tener aproximadamente mil esferas habitadas.

Todos estos universos del tiempo y del espacio son evolutivos. El plan creativo de los migueles del Paraíso sigue siempre la senda del crecimiento gradual y el desarrollo progresivo de la naturaleza y de la capacidad física, intelectual y espiritual de las múltiples criaturas que habitan los diferentes tipos de esferas que integran cualquier universo local.

Urantia pertenece a un universo local cuyo soberano es el Dios-hombre de Nebadón, Jesús de Nazaret, Miguel de Lugar de Salvación. Y la Trinidad del Paraíso dio su plena aprobación a todo el plan de Miguel previsto para este universo local antes de que él emprendiera la suprema aventura del espacio.

Los hijos de Dios pueden elegir las áreas de su actividad creadora, pero son los arquitectos paradisíacos del universo matriz los que originariamente conciben y diseñan estas creaciones materiales.

1. La aparición física de los universos

La actuación sobre el espacio-fuerza y las energías primordiales que precede a la creación de los universos constituye el trabajo de los organizadores paradisíacos mayores de la fuerza; pero en los ámbitos del suprauniverso, cuando la energía emergente se hace sensible a la gravedad local o lineal, estos se retiran en favor de los directores de la potencia del suprauniverso correspondiente.

En cuanto a la creación de los universos locales, los directores de la potencia actúan solos durante las etapas prematerialesy posteriores a la fuerza. Los hijos creadores no tienen posibilidad alguna de comenzar la organización del universo hasta que los directores de la potencia no hayan llevado a efecto la suficiente movilización del espacio-energías como para proporcionar una base material —soles verdaderos y esferas materiales— al universo emergente.

Aunque difieran de forma considerable en sus dimensiones físicas y puedan variar cada cierto tiempo en su contenido de materia visible, todos los universos locales tienen aproximadamente un mismo potencial energético. La carga de la potencia y la dotación del potencial de la materia de un universo local se establecen por medio de la acción directiva de los directores de la potencia y de sus predecesores, al igual que por la actividad del hijo creador y por la inherente capacidad de su colaboradora creativa para el control físico.

La carga energética de un universo local es aproximadamente una cienmilésima parte de la dotación de fuerza del suprauniverso al que pertenece. En el caso de Nebadón, vuestro universo local, la materialización de la masa es algo menor. En un sentido físico, Nebadón posee toda la dotación física de la energía y la materia que se pueda encontrar en cualquiera de las creaciones locales de Orvontón. La única limitación física a la expansión evolutiva del universo de Nebadón radica en la carga cuantitativa del espacio-energía sujeta al control gravitatorio de la conjunción de las potencias y seres personales del mecanismo combinado del universo.

Cuando la energía-materia ha alcanzado un cierto grado de materialización de su masa, aparece en escena un hijo creador del Paraíso, acompañado por una hija creativa del Espíritu Infinito. En simultaneidad con la llegada del hijo creador, da comienzo la labor de construir la esfera arquitectónica, que se convertirá en el mundo sede central del universo local en proyecto. Durante largas eras, esa creación local evoluciona, los soles se estabilizan, los planetas se forman y giran alrededor de sus órbitas, mientras que continúa la tarea de creación de los mundos arquitectónicos, destinados a ser las sedes centrales de las constelaciones y las capitales de los sistemas.

2. La organización del universo

En la organización del universo, a los hijos creadores les preceden los directores de la potencia al igual que otros seres de origen en la Tercera Fuente y Centro. A partir de las energías del espacio, previamente organizadas de ese modo, Miguel, vuestro hijo creador, estableció las regiones habitadas del universo de Nebadón y desde entonces siempre se ha dedicado con esmero al gobierno de las mismas. A partir de la energía preexistente, estos hijos divinos materializan la materia visible, diseñan a las criaturas vivas y, con la cooperación de la presencia en el universo del Espíritu Infinito, crean una variada comitiva de seres personales espirituales.

Estos directores de la potencia y controladores de la energía, que precedieron con tanta antelación al hijo creador en la tarea física preliminar de organizar el universo, realizan posteriormente un espléndido servicio en coordinación con este hijo del universo, conservando para siempre el control de aquellas energías que organizaron y pusieron en circulación. En Lugar de Salvación, todavía están en funcionamiento estos mismos cien centros de la potencia que cooperaron con vuestro hijo creador en la formación inicial de este universo local.

El primer acto completo de creación física ocurrido en Nebadón consistió en la organización del mundo sede central o esfera arquitectónica de Lugar de Salvación, con sus satélites. Desde el momento de la actuación inicial de los centros de la potencia y de los controladores físicos hasta la llegada de los asistentes de existencia viva a las esferas ya completadas de Lugar de Salvación, transcurrieron algo más de mil millones de años de vuestro presente tiempo planetario. A la construcción de Lugar de Salvación, le siguió inmediatamente la creación de cien mundos sedes de las constelaciones en proyecto y diez mil esferas sedes de los sistemas locales igualmente en proyecto, planificados para la dirección y la administración planetarias, junto con sus satélites arquitectónicos. Estos mundos arquitectónicos se diseñan para albergar tanto a seres personales físicos como a seres espirituales, al igual que a seres en estado morontial intermedio o de transición.

Lugar de Salvación, la sede central de Nebadón, está situada en el centro exacto de la energía-masa del universo local. Pero vuestro universo local no es un sistema astronómico simple, a pesar del hecho de que existe un sistema de gran tamaño en su centro físico.

Lugar de Salvación es la sede personal de Miguel de Nebadón, pero no siempre se encuentra allí. Para que vuestro universo local funcione armoniosamente no es preciso que el hijo creador esté presente en la esfera capital permanentemente; esto, sin embargo, no era cierto en las primeras épocas de la organización física del universo. Un hijo creador no puede dejar su mundo sede hasta que no se instaura la gravedad de la zona espacial, que se realiza por medio de una materialización de energía suficiente como para permitir que las distintas vías y sistemas se equilibren entre sí mediante la atracción mutua de la materia.

En este momento, llega a su fin el proyecto físico del universo, y el hijo creador junto con el espíritu creativo diseñan su plan para la creación de la vida; tras ello, esta representante del Espíritu Infinito inicia su actividad en el universo como ser personal creativo diferenciado. Cuando se lleva a efecto y se articula esta primera acción creativa, surge a la existencia la brillante estrella de la mañana, la personificación de este concepto creativo inicial de identidad e ideal de la divinidad. Se trata del mandatario en jefe del universo, el colaborador personal del hijo creador, alguien semejante a él en todos los aspectos de su carácter, aunque notablemente limitado en cuanto a atributos divinos.

Y, entonces, a la aparición del brazo derecho y mandatario en jefe del hijo creador le sigue la creación de un inmenso y maravilloso grupo de criaturas de diversa índole. Empezaron a aparecer hijos e hijas del universo local y, poco después, se establece el gobierno de ese universo, desde los consejos supremos del universo hasta los padres de las constelaciones y los soberanos de los sistemas locales —integrados por esos mundos que están destinados a convertirse más tarde en la morada de las distintas razas mortales de criaturas de voluntad—. Un príncipe planetario presidirá cada uno de estos mundos.

Y entonces, cuando dicho universo se ha organizado por completo y se ha provisto de abundante personal, el hijo creador acomete el plan del Padre de crear al hombre mortal a su imagen divina.

En Nebadón, la organización de las moradas planetarias sigue su curso. Este universo constituye, de hecho, un aglomerado joven entre las regiones estelares y planetarias de Orvontón. De acuerdo con el último registro, había 3 840 101 planetas habitados en Nebadón, y Satania, que es el sistema local al que pertenece vuestro mundo, es bastante común en relación a otros sistemas.

Satania no es un sistema físico uniforme, esto es, una unidad o estructura astronómica simple. Los 619 mundos habitados de que consta se localizan en más de quinientos sistemas físicos diferentes. Únicamente cinco de estos sistemas tienen más de dos mundos habitados, y de ellos solamente uno tiene cuatro planetas poblados; mientras que hay cuarenta y seis sistemas con dos mundos habitados.

El sistema de mundos habitados de Satania está a una gran distancia de Uversa y de ese gran aglomerado de soles que funciona como centro físico o astronómico del séptimo suprauniverso. Desde Jerusem, la sede central de Satania, hay más de doscientos mil años luz hasta el centro físico del suprauniverso de Orvontón, situado lejos, muy lejos en el denso diámetro de la Vía Láctea. Satania está en la periferia del universo local, y Nebadón se encuentra ahora muy afuera hacia el borde de Orvontón. Desde el sistema ultraperiférico de mundos habitados hasta el centro del suprauniverso hay algo menos de doscientos cincuenta mil años luz.

En este momento, el universo de Nebadón gira lejos hacia el sureste en la vía circulatoria del suprauniverso de Orvontón. Los universos limítrofes más cercanos son: Avalón, Henselón, Sanselón, Portalón, Wolverín, Fanovín y Alvorín.

Pero la evolución de un universo local es un largo relato. En los escritos dedicados al estudio del suprauniverso se introduce este tema. En los de esta sección, que tratan de las creaciones locales, se continúa, mientras que en los siguientes, que abordan la historia y el destino de Urantia, se completa dicho relato. No obstante, solo podréis comprender suficientemente el destino de los mortales de una creación local como esta si examináis el relato de la vida y enseñanzas de vuestro hijo creador, cuando vivió la vida de un hombre mortal de vuestro propio mundo evolutivo.

3. La idea evolutiva

La única creación perfectamente estable es Havona, el universo central, que se creó directamente por el pensamiento del Padre Universal y la palabra del Hijo Eterno. Havona es un universo existencial, perfecto y completo, que rodea la morada de las Deidades eternas, el centro de todas las cosas. Los siete suprauniversos son creaciones finitas, evolutivas y en avance continuo y sistemático.

Los sistemas físicos del tiempo y del espacio tienen un origen evolutivo. Ni siquiera son estables físicamente hasta que no entran en las vías circulatorias establecidas de sus suprauniversos. Tampoco se asienta en luz y vida un universo local hasta que no se hayan agotado sus posibilidades físicas de expansión y desarrollo, y hasta que no se haya asentado y estabilizado para siempre el estatus espiritual de todos sus mundos habitados.

Con la excepción del universo central, la perfección se consigue de forma progresiva. En la creación central encontramos un modelo de perfección, pero todas las otras regiones espaciales deben alcanzar esa perfección siguiendo los métodos establecidos para el avance de esos mundos o universos concretos. Y los planes de los hijos creadores en relación con la organización, evolución, entrenamiento sistemático y establecimiento de sus respectivos universos locales se caracterizan por una casi infinita variedad de métodos.

Exceptuando la presencia en cuanto deidad del Padre, cada universo local es, en cierto sentido, una copia de la organización administrativa de la creación central o modelo. Aunque el Padre Universal está personalmente presente en el universo en el que reside, no habita en las mentes de los seres originarios de dicho universo tal como lo hace literalmente en las almas de los mortales del tiempo y del espacio. Allí parece darse una omnisapiente compensación en cuanto al ajuste y regulación de los acontecimientos espirituales de la extensa creación. En el universo central, el Padre está personalmente presente como tal, pero está ausente de la mente de los hijos de esa creación perfecta. En los universos del espacio, el Padre está ausente en persona, siendo los hijos soberanos quienes lo representan, aunque está íntimamente presente en las mentes de sus hijos mortales, representado espiritualmente por la presencia prepersonal de los mentores misteriosos, que habitan en las mentes de estas criaturas de voluntad.

En la sede de un universo local residen todos aquellos seres personales creadores y creativos que ostentan autoridad de forma independiente y autonomía de orden administrativo, salvo la presencia personal del Padre Universal. En el universo local, salvo al Padre universal, es posible encontrar algo de todas y de cada una de casi todas las clases de seres inteligentes existentes en el universo central. A pesar de que el Padre Universal no está personalmente presente en un universo local, está personalmente representado por su hijo creador, primeramente actuando como vicerregente de Dios y, después, como gobernante soberano y supremo por derecho propio.

Cuanto más descendemos en la escala de la vida, más arduo es encontrar, con los ojos de la fe, al Padre invisible. A las criaturas más modestas —y, a veces, incluso a los seres personales más elevados—, les resulta siempre difícil concebir al Padre Universal en sus hijos creadores. Así pues, en espera de su exaltación espiritual, cuando su perfección alcance un desarrollo que les permita percibir a Dios en persona, se sienten cansados de este proceso, albergan dudas espirituales, caen en la confusión y, como consecuencia, se apartan del propósito de progreso espiritual de su tiempo y universo. De esta manera, pierden la capacidad de ver al Padre cuando contemplan al hijo creador. Durante el prolongado esfuerzo por alcanzar al Padre, en el período en que las condiciones que esto conlleva hacen imposible tal logro, la más segura salvaguarda para la criatura consiste en aferrarse con tenacidad a la verdad-hecho de la presencia del Padre en sus hijos del Paraíso. De forma literal y figurativa, espiritual y personal, el Padre y sus hijos son uno solo. Es un hecho: el que ha visto a un hijo creador, ha visto al Padre.

Los seres personales de un determinado universo son solamente estables y dignos de confianza en el comienzo, según su grado de confluencia con la Deidad. Cuando el origen de la criatura está demasiado lejos de las fuentes originales y divinas, ya sea en referencia a los hijos de Dios o a las criaturas servidoras pertenecientes al Espíritu Infinito, se puede dar la posibilidad de que aumente la falta de armonía, la confusión y a veces la rebelión —esto es, el pecado—.

Con la excepción de los seres perfectos que se originan en la Deidad, todas las criaturas de voluntad de los suprauniversos son de naturaleza evolutiva; comienzan desde una condición humilde y se elevan siempre hacia arriba, en realidad hacia dentro. Incluso los seres personales sumamente espirituales ascienden continuamente en la escala de la vida mediante traslaciones progresivas de vida en vida y de esfera en esfera. Y en el caso de aquellos que albergan a mentores misteriosos, no existe, de hecho, límite alguno en cuanto a las alturas posibles a las que pueden llegar en su ascenso espiritual y en sus logros en el universo.

Esta perfección de las criaturas del tiempo, cuando finalmente se consigue, es enteramente posesión genuina de su ser personal. Aunque los elementos de la gracia se añadan profusamente, los logros de la criatura son, sin embargo, el resultado de su esfuerzo individual y de verdaderas experiencias de vida, esto es, de la respuesta de su persona al entorno existente.

Desde la visión del universo, el origen evolutivo animal no supone un estigma para ningún ser personal dado que este es el método exclusivo de creación de uno de los dos tipos básicos de criaturas de voluntad finitas e inteligentes. Cuando se alcancen las cimas de la perfección y de la eternidad, se tendrá en gran consideración a aquellos que comenzaron desde abajo y ascendieron con regocijo en la escala de la vida, peldaño tras peldaño, y que, cuando verdaderamente lleguen a las alturas gloriosas, habrán adquirido una experiencia personal que conlleva un conocimiento real de cada una de las etapas de la vida, desde abajo hacia arriba.

En todo esto se ve la sabiduría de los creadores. Sería igualmente fácil para el Padre Universal hacer de todos los mortales seres perfectos, impartir perfección con su palabra divina. Pero eso los privaría de la maravillosa vivencia de la aventura y de la formación en su largo y gradual ascenso hacia el interior, una experiencia reservada solo para aquellos que tienen la buena fortuna de comenzar su existencia en el escalón más bajo de la vida.

En los universos que rodean a Havona, solamente se dispone de un número de criaturas perfectas suficiente para atender la necesidad de guías instructores que sirvan de modelo a los órdenes de seres que ascienden en la escala evolutiva de la vida. La naturaleza experiencial del ser personal de tipo evolutivo constituye el complemento cósmico natural de la naturaleza perfecta de las criaturas del Paraíso-Havona. En realidad, tanto las criaturas perfectas como las perfeccionadas son incompletas en lo que respecta a la totalidad finita. Si bien, en la relación de complementariedad de las criaturas existencialmente perfectas del sistema del Paraíso-Havona con los finalizadores experiencialmente perfeccionados que ascienden desde los universos evolutivos, ambos tipos de seres logran liberarse de sus propias limitaciones y, de este modo, pueden conjuntamente intentar alcanzar las sublimes alturas de la ultimidad de la condición creatural.

Esta interacción entre criaturas es la consecuencia de acciones y reacciones que se dan en el universo dentro de la Deidad Séptupla, en la cual la divinidad eterna de la Trinidad del Paraíso se une con la divinidad evolutiva de los creadores supremos de los universos espacio-temporales en y por medio de la actualización-potenciación de la Deidad del Ser Supremo.

La criatura divinamente perfecta y la criatura evolutiva perfeccionada tienen un mismo grado de potencial de divinidad aunque de diferente clase. Cada cual tiene que depender de la otra para alcanzar la supremacía de servicio. Los suprauniversos evolutivos dependen del perfecto Havona para proporcionar la formación final de sus ciudadanos ascendentes, pero al universo central perfecto también le hace falta la existencia de los suprauniversos en proceso de perfección para proporcionar a sus habitantes descendentes un desarrollo pleno.

Las dos manifestaciones fundamentales de la realidad finita, la perfección innata y la perfección evolucionada, ya se trate de seres personales o de universos, son iguales en importancia, dependientes e integradas. Cada cual precisa que la otra logre completar su cometido, servicio y destino.

4. Relación de Dios con los universos locales

No alberguéis la idea de que, puesto que el Padre Universal ha delegado tanto de sí mismo y de su poder en otros, sea un miembro silente o inactivo de entre sus compañeros de la Deidad. Aparte de su área de acción respecto al ser personal y de su dádiva de los modeladores, es al parecer el menos activo de las Deidades del Paraíso, ya que permite a sus coiguales en la Deidad, a sus hijos creadores y a muchas inteligencias creadas desempeñar un papel tan relevante en la realización de su propósito eterno. Es, en efecto, el miembro silente del trío creativo únicamente por el hecho de que nunca hace nada que cualquiera de sus colaboradores de igual o de menor rango pueda hacer.

Dios comprende a la perfección la necesidad de todas las criaturas inteligentes de actuar y experimentar y, por consiguiente, en cualquier situación, ya se trate del destino de un universo o del bien de la más humilde de sus criaturas, se aparta en favor de la constelación de seres personales creados y creadores que de forma natural median entre él mismo y cualquier situación dada del universo o acontecimiento creativo. No obstante, pese a este retiro, a esta manifestación de coordinación infinita, hay por parte de Dios una participación real, literal y personal en estos acontecimientos, directa e indirectamente, por medio de dichas instancias intermedias y seres personales designados. El Padre obra en y por medio de estos canales por el bien de toda su extensa creación.

Por lo que se refiere a normas, al curso de acción y a la administración de un universo local, el Padre Universal actúa en la persona de su hijo creador. El Padre Universal nunca interviene en lo que respecta a la interrelación entre los hijos de Dios, a las relaciones grupales de seres personales originados en la Tercera Fuente y Centro o a las relaciones que se dan entre otros tipos de criaturas, tales como los seres humanos. La ley del hijo creador, las directrices de los padres de las constelaciones, de los soberanos de los sistemas y de los príncipes planetarios —las normas y procedimientos prescritos para tal universo— siempre prevalecen. No hay división de autoridad, nunca hay discordia entre poder y propósito divino. Las Deidades obran con unanimidad perfecta y eterna.

El hijo creador gobierna supremo en todas las cuestiones de tipo ético, esto es, en las relaciones que se dan entre distintos grupos y clases de criaturas o entre dos o más seres individuales dentro de un grupo dado, pero este plan no significa que el Padre Universal no pueda a su manera intervenir y hacer todo lo que complazca a su mente divina con cualquier *criatura determinada* por doquier de la creación, en cuanto al estatus presente de ese ser o a sus perspectivas futuras, y en lo pertinente al plan eterno del Padre y a su propósito infinito.

El Padre está realmente presente en las criaturas mortales de voluntad mediante el modelador interior, una fracción de su espíritu prepersonal; y el Padre es también la fuente del ser personal de estas criaturas mortales.

Estos modeladores del pensamiento, que otorga el Padre Universal, se encuentran relativamente aislados; moran en las mentes humanas pero no tienen relación perceptible con las cuestiones éticas de una creación local. No se coordinan directamente con el servicio seráfico ni con la administración de los sistemas, constelaciones o universos locales, ni siquiera con el gobierno de los hijos creadores, cuya voluntad es la ley suprema de su universo.

Los modeladores interiores constituyen uno de los modos de contacto particular pero unificado de Dios con las criaturas de su creación casi infinita. Así pues, él, que es invisible para el hombre mortal, manifiesta su presencia y, si pudiera hacerlo, se nos mostraría de otras maneras, pero otro tipo de revelación no es divinamente posible.

Podemos observar y entender el mecanismo por el que los hijos creadores disfrutan de un conocimiento directo y completo de los universos bajo su jurisdicción. Pero no podemos entender del todo los modos por los que Dios conoce de forma tan completa y personal los detalles del universo de los universos, aunque seamos capaces al menos de reconocer los cauces por los que el Padre Universal puede recibir información acerca de los seres de su inmensa creación, al igual que manifestarles su presencia. A través de la vía circulatoria del ser personal el Padre es consciente —tiene conocimiento personal— de todos los pensamientos y actos de todos los seres de todos los sistemas de todos los universos de toda la creación. Aunque no podemos alcanzar a comprender por completo la forma de comunión de Dios con sus hijos, podemos sentirnos fortalecidos en la seguridad de que "el Señor conoce a sus hijos" y de que, de cada uno de nosotros, "toma nota de dónde hemos nacido".

Espiritualmente hablando, el Padre Universal está presente en vuestro universo y en vuestros corazones mediante uno de los siete espíritus mayores de la morada central y, particularmente, por medio del modelador divino que vive y obra y aguarda en las profundidades de la mente mortal.

Dios no es un ser personal egocéntrico. El Padre se distribuye profusamente en su creación y en sus criaturas. Vive y obra no solo en las Deidades, sino también en sus hijos, a quienes encomienda que hagan todo aquello que les es divinamente posible hacer. El Padre Universal se ha despojado verdaderamente de toda aquella labor que cualquier otro ser pueda llevar a cabo. Y esto es cierto tanto del hombre mortal como del hijo creador, que gobierna en lugar de Dios en la sede de un universo local. Así es como contemplamos el resultado del amor ideal e infinito del Padre Universal.

En este darse a sí mismo tenemos una prueba suficiente tanto de la magnitud como de la magnanimidad de la naturaleza divina del Padre. Si Dios ha retenido algo de la creación universal para sí mismo, entonces, de ese resto, otorga, con prodigalidad y generosidad, los modeladores del pensamiento a los mortales de las regiones espaciales, los mentores misteriosos del tiempo que con tanta paciencia habitan en los aspirantes mortales a la vida eterna.

El Padre Universal se ha derramado, por decirlo de alguna manera, para que toda la creación se beneficie con la posesión del ser personal y el potencial para alcanzar el logro espiritual. Dios nos ha dado de sí mismo para que nosotros podamos ser como él, y de poder y gloria se ha reservado tan solo lo necesario para mantener aquellas cosas por cuyo amor se ha despojado a sí mismo de todo lo demás.

5. El propósito eterno y divino

Existe un propósito grande y glorioso en la marcha de los universos por el espacio. Todas vuestras luchas humanas no son en vano. Todos somos parte de un plan inmenso, de un gigantesco emprendimiento, y es la inmensidad de esta labor la que imposibilita que, en un momento determinado o durante una vida, veamos gran parte de ella. Todos formamos parte de un proyecto eterno que los Dioses dirigen y llevan a cabo. La espléndida totalidad del mecanismo universal sigue su marcha a través del espacio, con majestuosidad, al compás de la música del pensamiento infinito y del propósito eterno de la Primera Gran Fuente y Centro.

El propósito eterno del Dios eterno es un elevado ideal espiritual. Los acontecimientos del tiempo y los afanes de la existencia material no son otra cosa que el andamiaje transitorio que tiende un puente hacia el otro lado, hacia la tierra prometida de la realidad espiritual y de la existencia celestial. Es natural que a vosotros, los mortales, os resulte difícil captar la idea de este propósito eterno; sois prácticamente incapaces de comprender el concepto de eternidad, de algo que no tiene ni principio ni fin. Todo lo que os resulta familiar tiene un final.

Si nos fijamos en una vida particular, en la duración de un mundo o en la cronología de una serie interconectada de sucesos, parece que observamos un trecho aislado de tiempo y nos da la impresión de que todo tiene comienzo y fin. Y podría parecer que un conjunto de tales experiencias, vidas, eras o épocas, dispuesto de forma sucesiva, constituyera una línea recta, un acontecimiento aislado del tiempo que destellara momentáneamente cruzando la faz infinita de la eternidad. Pero cuando contemplamos todo esto entre bastidores, surge una visión de conjunto y un entendimiento más completo que sugieren que esto es un pensamiento inadecuado, desconectado y totalmente inconsistente para describir con propiedad y para poder, además, correlacionar los acontecimientos temporales con el propósito subyacente y la respuesta fundamental de la eternidad.

Con el fin de ofrecer una explicación asequible a la mente mortal, me parece más conveniente concebir la eternidad como un ciclo y el propósito eterno como un círculo interminable, un ciclo de eternidad de algún modo sincronizado con los ciclos materiales transitorios del tiempo. En lo referente a los sectores de tiempo conectados con el ciclo de la eternidad, y del que forman parte, nos vemos obligados a reconocer que, estas épocas temporales del tiempo se originan, tienen su existencia y se extinguen precisamente al igual que nacen, viven y mueren los seres transitorios. La mayoría de los seres humanos mueren porque, al no lograr alcanzar el nivel espiritual que conlleva la fusión con el modelador, la metamorfosis de la muerte constituye el único modo posible por el que pueden escapar de las cadenas del tiempo y de las ataduras de la creación material, pudiendo así marchar al paso espiritual de la procesión progresiva de la eternidad. Habiendo sobrevivido a la prueba de la vida temporal y de la existencia material, os será posible continuar en contacto con la eternidad, incluso como parte de ella, girando para siempre con los mundos del espacio alrededor del círculo de las eras eternas.

Los sectores del tiempo son como los rápidos destellos del ser personal en forma temporal; aparecen durante un tiempo y luego se pierden de la visión humana, solo para reaparecer como nuevos actores y factores persistentes en la vida superior que se desplaza sin fin alrededor del círculo eterno. Difícilmente se puede concebir la eternidad como una línea recta a la vista de nuestra percepción de un universo delimitado, que se mueve en un círculo inmenso y alargado, alrededor de la morada central del Padre Universal.

Con franqueza, la eternidad es incomprensible para la mente temporal y finita. Sencillamente no podéis concebirla; no podéis llegar a comprenderla. Yo no la visualizo del todo, e incluso si pudiese hacerlo, me sería imposible transmitir a la mente humana la noción que tengo de ella. No obstante, he hecho todo lo posible para exponer algo de nuestro punto de vista, y hablaros de cómo entendemos nosotros las cosas eternas. Mi afán es ayudaros a formar vuestros pensamientos en relación a estos valores que son de naturaleza infinita y de eterna relevancia.

Hay en la mente de Dios un plan que incluye a todas las criaturas de todos sus inmensos dominios, y este plan consiste en un propósito eterno de oportunidades sin límites, de progreso ilimitado y de vida sin fin. ¡Y los tesoros infinitos de una andadura tan inigualable son vuestros si os esforzáis por conseguirlos!

¡La meta de la eternidad os aguarda! ¡La aventura de lograr la divinidad se encuentra frente a vosotros! ¡La carrera por la perfección está en marcha! Quien lo desee puede correr, y la victoria de cierto coronará los esfuerzos de todo ser humano que participe en la carrera de la fe y de la esperanza, dependiendo a cada paso de la dirección del modelador interior y de la guía de ese buen espíritu del Hijo del Universo, que tan generosamente se ha derramado sobre toda carne.

[Exposición de un mensajero poderoso adscrito temporalmente al Consejo Supremo de Nebadón y asignado a esta misión por Gabriel de Lugar de Salvación.]

OCHO

Los portadores de vida

(escrito 36)

LA VIDA no se origina espontáneamente. La vida se forma según los planes formulados por los (no revelados) arquitectos del ser y aparece en los planetas habitados por importación directa o como consecuencia de la intervención de los portadores de vida de los universos locales. Estos portadores de vida se cuentan entre los seres más interesantes y versátiles de la diversa familia de hijos del universo. A ellos se les ha confiado diseñar y llevar la vida a las esferas planetarias; una vez que han implantado la vida en estos mundos nuevos, permanecen allí durante largos períodos de tiempo para impulsar su desarrollo.

1. Origen y naturaleza de los portadores de vida

Aunque los portadores de vida pertenecen a la familia de filiación divina, constituyen un tipo de hijos del universo peculiar y diferenciado; es el único grupo de vida inteligente del universo local en cuya creación participan los gobernantes del suprauniverso. Los portadores de vida son los vástagos de tres seres personales preexistentes: el hijo creador, el espíritu materno del universo y, por designación, uno de los tres ancianos de días que presiden los destinos del suprauniverso correspondiente. Estos ancianos de días, que son los únicos que pueden decretar la extinción de la vida inteligente, participan en la creación de los portadores de vida, a quienes se les confía el establecimiento de la vida física en los mundos evolutivos.

En el universo de Nebadón tenemos constancia de la creación de cien millones de portadores de vida. Este eficiente colectivo encargado de diseminar la vida no es un grupo que verdaderamente se gobierne a sí mismo. Los dirige el trío que determina la vida, integrado por Gabriel, el padre Melquisedec y Nambia, el portador de vida primigenio y primogénito de Nebadón; si bien, son autónomos en todas las facetas de sus divisiones administrativas.

Los portadores de vida se clasifican en tres grandes categorías: la primera corresponde a los portadores de mayor rango; la segunda, a los asistentes; y, la tercera, a los custodios. La primera categoría se subdivide a su vez en doce grupos de portadores que son especialistas en las distintas formas de manifestación de la vida. La separación de estas tres categorías se llevó a cabo por parte de los melquisedecs, que para tal propósito realizaron pruebas en la esfera sede de los portadores de vida. Los melquisedecs están, desde entonces, estrechamente vinculados a estos seres y siempre los acompañan cuando salen para establecer la vida en un planeta nuevo.

Cuando un planeta evolutivo finalmente se asienta en luz y vida, los portadores se organizan en órganos deliberantes supremos con capacidad consultiva a fin de ayudar a fomentar la administración y el desarrollo del mundo y de sus seres glorificados. En esas eras futuras de estabilización de un universo evolutivo a estos portadores de vida se les confían muchos cometidos nuevos.

2. Los mundos de los portadores de vida

Los melquisedecs ejercen la supervisión general del cuarto grupo de siete esferas primarias de la vía circulatoria de Lugar de Salvación. A estos mundos de los portadores de vida se les denomina de la siguiente manera:

1. La sede de los portadores de vida.
2. La esfera de planificación de la vida.
3. La esfera de conservación de la vida.
4. La esfera de la evolución de la vida.
5. La esfera de la vida vinculada con la mente.
6. La esfera de la mente y del espíritu en los seres vivos.
7. La esfera de la vida no revelada.

Cada una de estas esferas primarias está rodeada por seis satélites, en los que se centran las facetas especiales de la actividad que los portadores de vida realizan en el universo.

El mundo número uno, la esfera sede, junto con sus seis satélites dependientes, está dedicado al estudio de la vida universal, esto es, de la vida en todas sus manifestaciones conocidas. Aquí se sitúa la facultad de planificación de la vida, en la que maestros y asesores de Uversa y Havona, e incluso del Paraíso, ejercen su labor. Me está permitido revelar que en este mundo de los portadores de vida se hallan los siete emplazamientos centrales de los espíritus asistentes de la mente.

El número diez —el sistema decimal— es consustancial al universo físico, aunque no al espiritual. El ámbito de la vida se caracteriza por tres, siete y doce o por múltiplos y combinaciones de estos números básicos. Existen tres planificaciones de la vida que son primordiales y esencialmente diferentes, según el orden de las tres Fuentes y Centros del Paraíso, y, en el universo de Nebadón, estas tres formas elementales de la vida se dividen en tres tipos diferentes de planetas. Había, originariamente, doce conceptos divinos distintos de la vida transmisible. Este número doce, con sus divisores y múltiplos, está presente en todos los modelos básicos de la vida de la totalidad de los siete suprauniversos. También hay siete tipos arquitecturales en relación al diseño de la vida, o distribuciones fundamentales de la configuración reproductiva de la materia viva. Los modelos de la vida de Orvontón se configuran en doce portadores de la herencia. Los distintos órdenes de criaturas volitivas se configuran según los números 12, 24, 48, 96, 192, 384 y 768. En Urantia existen cuarenta y ocho unidades rectoras del modelo de la vida —o rasgos determinantes— en las células sexuales de la reproducción humana.

El segundo mundo es la esfera donde se diseña la vida. Aquí se determinan todas sus formas nuevas de organización. Aunque los diseños originales de la vida parten del hijo creador, son los portadores de vida y sus colaboradores quienes llevan realmente a efecto estos planes. Una vez que se establece el plan general de vida para un nuevo mundo, este se transmite a la esfera sede, donde el consejo supremo de los portadores de vida de mayor rango, en colaboración con un colectivo de asesores melquisedecs, lo analiza minuciosamente. Si este plan se desvía de las especificaciones previamente aceptadas, debe someterse al estudio y aprobación del hijo creador. Con frecuencia, el jefe de los melquisedecs representa al hijo creador en estas deliberaciones.

Por tanto, aunque la vida planetaria sea similar en ciertos aspectos, difiere de muchas maneras en cada uno de los mundos evolutivos. Incluso en una simple familia de mundos que comparten sucesivamente uniformidad de vida, esta no es exactamente idéntica en dos planetas; existe siempre algún tipo de vida planetario que los distingue. Esto es así porque los portadores de vida laboran constantemente para mejorar las fórmulas vitales asignadas a su cuidado.

Hay más de un millón de fórmulas químicas fundamentales o cósmicas que componen los modelos parentales y las numerosas variaciones funcionales básicas de las manifestaciones de la vida. El satélite número uno de la esfera de la planificación de la vida es el campo de acción de los físicos y de los electroquímicos del universo, que sirven como asistentes técnicos de los portadores de vida en la labor de capturar, organizar y actuar sobre las unidades esenciales de energía empleadas para construir los vehículos materiales de transmisión de la vida, el llamado plasma germinal.

Los laboratorios de planificación de la vida planetaria están situados en el segundo satélite de este mundo número dos. En dichos laboratorios, los portadores de vida y todos sus colaboradores cooperan con los melquisedecs a fin de modificar y posiblemente mejorar la vida concebida para su implantación en los planetas decimales de Nebadón. La vida que evoluciona actualmente en Urantia se planificó y se desarrolló en parte en este mismo mundo, ya que Urantia es un *planeta decimal*, un mundo de experimentación de la vida. En un mundo de cada diez se permite que los diseños normales de la vida sufran una variación mayor que en los otros mundos (no experimentales).

El mundo número tres está dedicado a la conservación de la vida. Aquí los asistentes y los custodios del colectivo de portadores de vida estudian y desarrollan distintos modos de protegerla y preservarla. En la planificación de la vida para cualquier mundo nuevo, siempre se prevé el rápido establecimiento de la comisión de conservación de la vida, integrada por custodios especialistas que saben manipular con destreza los modelos básicos de la vida. En Urantia había veinticuatro de estos custodios, miembros de la comisión, dos por cada modelo fundamental o parental de la organización arquitectural de la vida material. En planetas como el vuestro, la forma más elevada de vida se reproduce mediante un conjunto portador de la vida que consta de veinticuatro unidades modelo. (Y puesto que la vida intelectual se deriva de la vida física, y se funda en ella, de ahí tienen su existencia los veinticuatro órdenes elementales característicos de la organización psíquica).

La esfera número cuatro y sus satélites dependientes están dedicados al estudio de la evolución de la vida creatural en general y de los antecedentes evolutivos de cada uno de los niveles de vida en particular. El plasma de vida original de un mundo evolutivo debe contener el pleno potencial de todas las posibles variaciones que se puedan desarrollar y de todos los cambios evolutivos y modificaciones que se puedan producir con posterioridad. Los requisitos de estos proyectos de tan largo alcance en relación a la metamorfosis de la vida pueden exigir la aparición de muchas formas aparentemente inútiles de vida animal y vegetal. Estos subproductos de la evolución planetaria, previstos o imprevistos, aparecen en el campo de acción solamente para desaparecer; si bien, en todo este largo proceso subyacen las acertadas e inteligentes formulaciones de los diseñadores primigenios que planificaron la vida planetaria y el esquema de las especies. Los múltiples subproductos de la evolución biológica son en su totalidad esenciales para el funcionamiento último e íntegro de las formas superiores de vida inteligente, a pesar de que periódicamente pueda predominar una gran disonancia externa en la larga lucha ascendente de las criaturas superiores por lograr el dominio sobre las formas de vida de inferior rango, muchas de las cuales resultan a veces tan hostiles para la paz y la complacencia de las criaturas volitivas evolutivas.

El mundo número cinco se ocupa en su totalidad de la vida en vinculación con la mente. Cada uno de sus satélites está dedicado al estudio de una única faceta de la mente de las criaturas en su correlación con la vida creatural. La mente, tal como el hombre la comprende, es un don de los siete espíritus asistentes de la mente que las instancias intermedias del Espíritu Infinito superponen a los niveles mecánicos o no educables de la mente. Los modelos de vida responden de distintas maneras a estos asistentes y a los distintos ministerios espirituales que operan en todos los universos del tiempo y del espacio. La capacidad de respuesta espiritual de las criaturas materiales depende enteramente de la dote de la mente a ellas vinculada, algo que, a su vez, ha determinado el curso de la evolución biológica de estas mismas criaturas mortales.

El mundo número seis está dedicado a la correlación de la mente con el espíritu tal como se vinculan con las formas y los organismos vivos. Este mundo y sus seis mundos dependientes contienen las escuelas de coordinación creatural, donde los maestros del universo central y del suprauniverso colaboran con los instructores de Nebadón en la exposición de los más elevados niveles de logro alcanzables por las criaturas en el tiempo y el espacio.

La séptima esfera de los portadores de vida está dedicada a los ámbitos no revelados de la vida de las criaturas evolutivas en relación con la filosofía cósmica de la creciente efectuación del Ser Supremo.

3. Trasplante de la vida

La vida no aparece de forma espontánea en los universos; los portadores de vida han de iniciarla en planetas estériles. Ellos son los portadores, diseminadores y custodios de la vida tal como aparece en los mundos evolutivos del espacio. Toda vida conocida en Urantia, cualquiera que sea su orden o forma, hace su aparición con estos hijos, aunque no todas las formas de vida planetaria existen en Urantia.

El colectivo de portadores encargado de implantar la vida en un nuevo mundo consta generalmente de cien portadores de mayor rango, cien asistentes y mil custodios. Con frecuencia, aunque no siempre, los portadores traen específicamente el plasma de vida a un nuevo mundo. A veces, organizan los modelos de la vida tras llegar al planeta de destino, siguiendo directrices previamente aprobadas, a fin de dar comienzo a una nueva aventura en el establecimiento de la misma. Así fue el origen de la vida planetaria en Urantia.

Una vez que se conforman los modelos físicos según dichas directrices, los portadores de vida catalizan este material inanimado e imparten a través de sus personas la chispa vital del espíritu e, inmediatamente, los modelos inertes se convierten en materia viva.

La chispa vital —el misterio de la vida— se otorga a través de los portadores de vida, no por ellos. Estos ciertamente supervisan esos procesos y formulan el plasma de la vida misma, pero es el espíritu materno del universo quien proporciona el factor esencial del plasma vivo. De la hija creativa del Espíritu Infinito emerge esa chispa de energía que vivifica el cuerpo y augura la llegada de la mente.

En la dádiva de la vida, los portadores no transmiten nada de su naturaleza personal, ni siquiera en aquellas esferas en las que se proyectan nuevos órdenes de vida. En estas ocasiones, sencillamente inician y transmiten la chispa de la vida, dando comienzo a las mociones de rotación necesarias de la materia según las especificaciones físicas, químicas y eléctricas de las planificaciones y modelos previstos. Los portadores de vida son presencias catalíticas vivas que agitan, organizan y vitalizan los elementos de orden material que en otras circunstancias estarían inertes.

Para establecer la vida en un nuevo mundo, el colectivo planetario de portadores dispone de un plazo determinado de aproximadamente medio millón de años del tiempo de ese planeta. Al final de este período, indicado por la consecución de ciertos logros en el desarrollo de la vida planetaria, dan por concluida esta tarea y, de ahí en adelante, ya no les es posible añadir nada nuevo o suplementario a la vida de ese planeta.

Durante las épocas que median entre el establecimiento de la vida y la gradual aparición de criaturas humanas de estatus moral, a los portadores se les permite actuar sobre el entorno de la vida además de dirigir favorablemente el curso de la evolución biológica. Así lo hacen durante largos períodos de tiempo.

La labor de los portadores de vida que operan en un nuevo mundo acaba en el momento en el que consiguen dar nacimiento a un ser de voluntad, con capacidad de decisión moral y de elección espiritual. Ya han terminado. Ya no pueden actuar más sobre la vida en evolución. De ahí en adelante, el desarrollo de los seres vivos debe continuar conforme a los recursos propios de la naturaleza y las tendencias impartidas, y establecidas, en las fórmulas y modelos de la vida planetaria. A los portadores de vida no se les permite ni experimentar ni interferir con la voluntad. No pueden a su arbitrio ejercer ningún dominio ni influencia sobre las criaturas morales.

A la llegada del príncipe planetario se preparan para partir, aunque dos de los portadores de mayor rango y experiencia y doce custodios pueden ofrecerse como voluntarios, haciendo votos temporales de renuncia, para permanecer indefinidamente en el planeta como asesores en lo referente al posterior desarrollo y conservación del plasma de vida. Dos de esos hijos y sus doce colaboradores prestan en la actualidad sus servicios en Urantia.

4. Los portadores de vida melquisedecs

En cada uno de los sistemas locales de mundos habitados de todo Nebadón, hay una única esfera en la que los melquisedecs desempeñan funciones como portadores de vida. Estas moradas se conocen como los mundos *midsonitas* de los sistemas y, en cada uno de ellos, un hijo melquisedec, materialmente modificado, elige y se une a una de las hijas pertenecientes al orden material de filiación. Las madres evas de estos mundos midsonitas acuden procedentes de la sede del sistema en jurisdicción una vez que el portador de vida melquisedec, designado para esta labor, las escoge de entre las numerosas voluntarias que responden a la llamada que el soberano del sistema ha realizado a las hijas materiales de su ámbito.

A la progenie de un portador de vida melquisedec y de una hija material se la denomina *midsonitas*. El melquisedec, padre de esta raza de excelsas criaturas, termina por dejar el planeta en el que realiza esta excepcional función de vida y, Eva, madre de este orden especial de seres del universo, se marcha igualmente de allí cuando la séptima generación de sus vástagos planetarios hace su aparición. La dirección de dicho mundo se delega entonces en su hijo primogénito.

Las criaturas midsonitas viven y actúan como seres reproductivos en sus magníficos mundos hasta que cumplen mil años de edad de tiempo estándar; después de lo cual se les traslada mediante transporte seráfico. A partir de entonces los midsonitas pierden su capacidad de reproducción, porque la técnica de desmaterialización por la que pasan en preparación para tal tipo de transporte en el que viajan envueltos en un serafín los priva para siempre de esta prerrogativa.

En su estatus actual, estos seres no pueden considerarse ni mortales ni inmortales ni se les puede clasificar de forma categórica como humanos o divinos. Estas criaturas no tienen modelador interior, por lo tanto, es difícil suponer que sean inmortales. Pero tampoco parecen ser mortales; ningún midsonita ha experimentado la muerte. Todos los midsonitas nacidos en Nebadón siguen vivos hoy en día, ejercen su actividad en sus mundos nativos, en alguna esfera intermedia o en la esfera midsonita de Lugar de Salvación, en el grupo de mundos de los finalizadores.

Los mundos de los finalizadores de Lugar de Salvación. Los portadores de vida melquisedecs, así como las madres evas a ellos vinculadas, van desde las esferas midsonitas del sistema a los mundos de los finalizadores de la vía circulatoria de Lugar de Salvación, donde su vástagos están igualmente destinados a reunirse.

Se debe explicar a este respecto que el quinto grupo de siete mundos primarios de la vía circulatoria de Lugar de Salvación corresponde a los mundos de los finalizadores de Nebadón. Los hijos de los portadores de vida melquisedecs y las hijas materiales tienen su residencia en el séptimo mundo de los finalizadores, la esfera midsonita de Lugar de Salvación.

Los satélites de los siete mundos primarios de los finalizadores son el lugar de reunión de los seres personales de los suprauniversos y del universo central que puedan estar prestando sus servicios en Nebadón. Aunque los mortales ascendentes circulan libremente por todos los mundos culturales y esferas de formación de los 490 mundos que componen la Universidad Melquisedec, hay ciertas escuelas especiales y numerosas zonas restringidas a las que no se les permite el acceso. Esto es particularmente cierto de las cuarenta y nueve esferas bajo la jurisdicción de los finalizadores.

Actualmente no se conoce el propósito que mueve a estas criaturas midsonitas, pero parece que estos seres personales se están reuniendo en el séptimo mundo de los finalizadores en preparación para cualquier eventualidad futura respecto a la evolución del universo. Siempre dirigimos nuestras cuestiones sobre las razas midsonitas a los finalizadores, y siempre estos declinan hablar del destino de sus pupilos. A pesar de nuestra incertidumbre con respecto al futuro de estas criaturas, sí sabemos que cada universo local en Orvontón alberga un colectivo en aumento de estos misteriosos seres. Los portadores de vida melquisedecs creen que, a sus hijos midsonitas, el Dios Último los dotará algún día del espíritu trascendental y eterno de la absonitidad.

5. Los siete espíritus asistentes de la mente

Es la presencia de los siete espíritus asistentes de la mente en los mundos primitivos la que determina el curso de la evolución orgánica; eso explica por qué la evolución tiene un propósito definido y no casual. Estos asistentes representan ese ministerio de la mente del Espíritu Infinito, que se extiende a los órdenes más modestos de vida inteligente mediante la actuación del espíritu materno del universo local. Los asistentes son los hijos del espíritu materno del universo y constituyen el ministerio personal de este espíritu materno a las mentes materiales de los mundos. Estos espíritus obran de diversas maneras dependiendo del momento o lugar en el que se manifieste este tipo de mente.

Los siete espíritus asistentes de la mente responden a nombres que equivalen a los siguientes apelativos: intuición, entendimiento, valentía, conocimiento, consejo, adoración y sabiduría. Estos espíritus de la mente expanden su influencia a todos los mundos habitados siguiendo un impulso diferenciado, cada cual buscando capacidad receptiva para manifestarse, con independencia del grado en el que sus compañeros puedan encontrar receptividad y oportunidad para operar.

Los alojamientos centrales de los espíritus asistentes, situados en el mundo sede de los portadores de vida, indican a los supervisores de estos portadores el alcance y la calidad de la actividad mental de los asistentes en cualquier mundo y en cualquier organismo determinado dotado de intelecto. Estos emplazamientos de vida y mente son indicadores perfectos de la actividad de la mente viva de los primeros cinco asistentes. No obstante, con respecto a los espíritus asistentes sexto y séptimo —adoración y sabiduría—, estos alojamientos solo muestran el aspecto cualitativo de su actividad. El aspecto cuantitativo de la actividad del asistente de la adoración y del de la sabiduría se registra en la inmediata presencia de la benefactora divina en Lugar de Salvación; es una experiencia personal de este espíritu materno del universo.

Los siete espíritus asistentes de la mente siempre acompañan a los portadores de vida a un nuevo planeta, pero no deben considerarse como entidades; son más bien vías circulatorias. Los espíritus de los siete asistentes del universo no actúan como seres personales a no ser en la presencia de la benefactora divina en el universo; son, de hecho, un nivel de la conciencia de la benefactora divina y están siempre subordinados a la acción y presencia de su madre creativa.

No encontramos las palabras adecuadas para designar a estos siete espíritus asistentes de la mente. Realizan su servicio en los niveles inferiores de la mente experiencial, y se les puede describir, siguiendo la secuencia de sus logros evolutivos, como sigue:

1. *El espíritu de intuición*: percepción rápida, inherentes instintos primitivos físicos y reflejos, dotación del sentido de la dirección y de otros sentidos de preservación de todas las creaciones dotadas de mente; el único de los asistentes que obra, en gran medida, en los órdenes inferiores de la vida animal y el único que tiene un amplio contacto de carácter operativo con los niveles no educables de la mente maquinal.

2. *El espíritu de entendimiento*: impulso de coordinación, asociación de ideas espontánea y aparentemente automática. Se trata del don de coordinación del conocimiento adquirido, del fenómeno de razonamiento rápido, juicio rápido y prontitud de decisión.

3. *El espíritu de valentía*, o don de la fidelidad, en los seres personales, la base de la adquisición del carácter y la raíz intelectual del vigor moral y de la valentía espiritual. Cuando está iluminado por los hechos,

e inspirado por la verdad, este don se convierte en el secreto del impulso de la ascensión evolutiva por la vía de la autodirección inteligente y concienzuda.

4. *El espíritu de conocimiento*: la curiosidad, madre de la aventura y del descubrimiento, el espíritu científico; guía y fiel colaborador de los espíritus de valentía y de consejo; el impulso para dirigir los dones de la valentía por las sendas del crecimiento útil y progresivo.

5. *El espíritu de consejo*: el impulso hacia lo social, el sentido de cooperación del que están dotadas las especies; la facultad de las criaturas volitivas para relacionarse con los demás, el origen del instinto gregario entre las humildes criaturas.

6. *El espíritu de adoración:* el afán por lo religioso, el primer impulso diferenciador que separa a las criaturas de mente en dos clases fundamentales de mortales. El espíritu de adoración marca para siempre la distinción entre el animal al que está vinculado y aquellas criaturas sin alma, dotadas de mente. La adoración es el distintivo que nos permite aspirar a la ascensión espiritual.

7. *El espíritu de sabiduría*: la inherente tendencia de todas las criaturas morales hacia el avance evolutivo metódico y progresivo. Este es el más elevado de los asistentes, el espíritu que coordina y articula la labor de todos los demás. Este espíritu es el secreto de ese impulso innato de las criaturas dotadas de mente, que inicia y mantiene el plan práctico y efectivo de la escala ascendente de la existencia; ese don de los seres vivos que da razón de su inexplicable capacidad para sobrevivir y ejercitar, en la supervivencia, la coordinación de todas sus experiencias pasadas y oportunidades presentes a fin de adquirir, en su totalidad, lo que los otros seis servidores de la mente pueden movilizar en la mente del organismo correspondiente. La sabiduría es la cima de la realización intelectual; la sabiduría es el objetivo de una existencia puramente mental y moral.

Los espíritus asistentes de la mente crecen en experiencia, pero nunca se vuelven personales. Evolucionan en cuanto a su función y, la función de los primeros cinco en los órdenes animales es, hasta cierto punto, esencial, para la de los siete como intelecto humano. Esta relación con el orden animal hace que los asistentes sean, desde el punto de vista práctico, más efectivos en su función como mente humana; así pues, los animales son, en cierto modo, indispensables tanto para la evolución intelectual como física del hombre.

Estos asistentes de la mente del espíritu materno del universo local guardan relación con la vida de las criaturas inteligentes de una forma similar a la relación de los centros de la potencia y los controladores físicos con las fuerzas no vivas del universo. En los mundos habitados, los asistentes realizan un servicio inestimable en las vías circulatorias de la mente y colaboran eficazmente con los controladores físicos mayores, que también sirven como rectores y directores de los niveles mentales que preceden a los asistentes, esto es, los niveles no educables o mecánicos de la mente.

La mente viva, antes de la aparición de la capacidad de aprender de la experiencia, es competencia del servicio que realizan los controladores físicos mayores. La mente creada, antes de adquirir la facultad de reconocer la divinidad y adorar a la Deidad, es competencia exclusiva de los espíritus asistentes. Con la aparición de la respuesta espiritual del intelecto de la criatura, estas mentes creadas se tornan de inmediato en supramentes y se encauzan en el acto en la vía circulatoria de los ciclos espirituales del espíritu materno del universo local.

Los espíritus asistentes de la mente no están directamente relacionados de manera alguna con la labor diversa y sumamente espiritual del espíritu santo de los mundos habitados, que constituye la presencia personal de la benefactora divina; pero son operativamente precursores, y sirven de preparación, a la aparición de este mismo espíritu en el hombre evolutivo. Los asistentes proporcionan al espíritu materno del universo un contacto variado con las criaturas materiales vivas del universo local al igual que un influjo directivo sobre las mismas, pero cuando actúan en niveles prepersonales no tienen repercusión en el Ser Supremo.

Una mente no espiritual es o bien una manifestación de espíritu-energía o bien un fenómeno de energía física. Incluso la mente humana, la mente personal, no puede poseer cualidades de supervivencia a no ser que se identifique con el espíritu. La mente es un don de naturaleza divina, pero no es inmortal cuando actúa sin percepción espiritual y cuando está desprovista de la capacidad para adorar y para ansiar la supervivencia.

6. Las fuerzas vivas

La vida es a la vez mecanicista y vitalista —material y espiritual—. Los físicos y los químicos de Urantia siempre podrán progresar en su comprensión de las formas protoplásmicas de la vida vegetal y animal, pero nunca podrán dar origen a organismos vivos. La vida es algo que difiere de todas las manifestaciones de energía; incluso la vida material de las criaturas físicas no es algo inherente a la materia.

Las cosas materiales pueden tener una existencia independiente, pero la vida surge tan solo de la vida. La mente solamente puede derivarse de una mente preexistente. El espíritu solo puede proceder de antecedentes espirituales. La criatura puede dar origen a las formas de la vida, pero solamente un ser personal creador o una fuerza creativa pueden proporcionar la chispa activadora de la vida.

Los portadores de vida pueden organizar las formas materiales, o modelos físicos, de los seres vivos, pero el espíritu proporciona la chispa inicial de la vida y otorga el don de la mente. Hasta incluso las formas vivas de vida experimental que los portadores organizan, en sus mundos de Lugar de Salvación, están siempre desprovistas de poderes reproductivos. Cuando las fórmulas de la vida y los modelos vitales están correctamente ensamblados y adecuadamente organizados, la presencia de un portador es suficiente para iniciar la vida, pero todos estos organismos vivos que resultan carecen de dos atributos esenciales: del don de la mente y de poderes reproductivos. La mente animal y la mente humana son dones del espíritu materno del universo local, que obra por mediación de los siete espíritus asistentes de la mente, mientras que la capacidad de reproducción de la criatura es concesión expresa y personal del espíritu del universo al plasma ancestral de la vida establecido por los portadores.

Una vez que los portadores han diseñado los modelos de la vida, tras haber organizado los sistemas de energía, se ha de producir un nuevo fenómeno; se ha de impartir "el aliento de vida" a estas formas sin vida. Los hijos de Dios construyen las formas de la vida, pero es el Espíritu de Dios quien realmente contribuye con la chispa vital. Y cuando la vida que se ha conferido se extingue, entonces el cuerpo material que queda se vuelve materia no viva. Cuando se agota esa vida otorgada, el cuerpo retorna al seno del universo material de donde los portadores de vida lo tomaron prestado, a fin de servir como vehículo transitorio para ese don de vida que transmitieron a esa visible conjunción de energía-materia.

La vida que los portadores otorgan a las plantas y a los animales no regresa a los portadores tras la muerte de la planta o del animal. La vida que sale de estos seres vivos no posee ni identidad ni ser personal; no sobrevive individualmente a la muerte. Durante su existencia y el tiempo de estancia en el cuerpo material, ha sufrido un cambio; ha experimentado la evolución de la energía y sobrevive solamente como parte de las fuerzas cósmicas del universo; no sobrevive como vida individual. La supervivencia de las criaturas mortales está basada enteramente en la evolución de un alma inmortal dentro de la mente mortal.

Hablamos de la vida como "energía" y como "fuerza", pero en realidad no es ninguna de las dos. La fuerza-energía es sensible a la gravedad de distintas formas; la vida no lo es. El modelo tampoco es sensible a la gravedad, al ser una configuración de energías que ya ha pagado su tributo respecto a su respuesta a la gravedad. La vida, como tal, constituye la animación de un sistema de energía —material, mental o espiritual— ya sea configurado en un modelo o separado de alguna manera.

Hay algunas cosas relacionadas con la elaboración de la vida en los planetas evolutivos que no nos resultan del todo claras. Comprendemos plenamente la organización física de las fórmulas electroquímicas de los portadores de vida, pero no entendemos por completo la naturaleza y fuente de la *chispa activadora de la vida.* Sabemos que la vida fluye del Padre a través del Hijo y *mediante* el Espíritu. Es más que posible que los espíritus mayores sean el canal séptuplo del río de vida que se derrama sobre toda la creación. Pero no comprendemos el modo en el que el espíritu mayor supervisor participa en el episodio inicial de la concesión de la vida en un nuevo planeta. Estamos seguros de que los ancianos de días participan también en esta inauguración de la vida en un nuevo mundo, pero ignoramos por completo la naturaleza de esta participación. Sabemos de cierto que el espíritu materno del universo realmente vitaliza los modelos sin vida e imparte en ese plasma activado las prerrogativas de la reproducción orgánica. Observamos que ellos tres, a veces denominados creadores supremos del tiempo y el espacio, constituyen los niveles del Dios Séptuplo; pero, por lo demás, sabemos poco más al respecto de lo que saben los mortales de Urantia —simplemente que el concepto es inherente al Padre, expresión en el Hijo y realización de vida en el Espíritu—.

[Redactado por un hijo vorondadec emplazado en Urantia como observador, que desempeña esta función a petición del jefe melquisedec del colectivo de reveladores encargado de la supervisión.]

NUEVE

Aspectos físicos del universo local

(escrito 41)

LA PRESENCIA del espíritu creativo es el factor espacial diferenciador que distingue a un universo local de todos los demás. Todo Nebadón está ciertamente infundido de la presencia espacial de la benefactora divina de Lugar de Salvación, y dicha presencia termina, ciertamente igual, en las fronteras exteriores de nuestro universo local. Lo que nuestro espíritu materno del universo local infunde *es* Nebadón; aquello que se extiende más allá de su presencia espacial está fuera de Nebadón; se trata de las regiones espaciales del suprauniverso de Orvontón, externas a Nebadón —otros universos locales—.

Aunque en la organización administrativa del gran universo se percibe una clara división entre los gobiernos del universo central, de los suprauniversos y de los universos locales, y aunque estas divisiones tengan su paralelo astronómico en la separación espacial entre Havona y los siete suprauniversos, no existen unas líneas divisorias físicas tan perceptibles que delimiten las creaciones locales. Aunque los sectores mayores y menores de Orvontón (para nosotros) se puedan distinguir con claridad, no resulta tan fácil identificar los límites físicos de los universos locales. Esto se debe a que estas creaciones locales se organizan administrativamente en conformidad con ciertos principios *creativos* que rigen la segmentación de la carga total de energía de un suprauniverso, mientras que sus componentes físicos, las esferas del espacio —los soles, las islas oscuras, los planetas, etc.— se originan principalmente en las nebulosas, y estas hacen su aparición astronómica de acuerdo con ciertas planificaciones *precreativas* (trascendentales) de los arquitectos del universo matriz.

Una o más de estas nebulosas —incluso muchas de ellas— se pueden circunscribir dentro del ámbito de un solo universo local, tal como Nebadón se formó físicamente a partir de la progenie estelar y planetaria de Andrónover y de otras nebulosas. Las esferas de Nebadón proceden de distintas nebulosas, pero todas tenían un cierto grado de movimiento mínimo espacial que se ajustó de tal manera mediante la actividad inteligente de los directores de la potencia, dando origen a nuestro conjunto actual de cuerpos espaciales, que viajan juntos, uno al lado del otro, como una unidad, por las órbitas del suprauniverso.

Esta es la constitución de la nube estelar local de Nebadón, que en la actualidad gira en una órbita cada vez más estable alrededor del centro, en Sagitario, del sector menor de Orvontón al que pertenece nuestra creación local.

1. Los centros de la potencia de Nebadón

Los organizadores de la fuerza del Paraíso dan inicio a las nebulosas espirales y a otras formas de nebulosas, las ruedas matrices de las esferas del espacio, y, consiguiente a la evolución de la nebulosa en su respuesta a la gravedad, se reemplaza a estos organizadores de la fuerza de su función en el suprauniverso por los centros de la potencia y por los controladores físicos que, acto seguido, asumen toda la responsabilidad de dirigir la evolución física de generaciones futuras de descendientes estelares y planetarios. Con la llegada de nuestro hijo creador y, con él, de su plan de organización del universo, se llevó a cabo de inmediato la coordinación de esta supervisión física del preuniverso de Nebadón. Dentro del ámbito de este hijo de Dios del Paraíso, los centros supremos de la potencia y los controladores físicos mayores colaboraron con los supervisores de la potencia morontial, que harían su aparición con posterioridad, y con otros seres para producir el inmenso complejo de líneas de comunicación, vías circulatorias de la energía y rutas de potencia, que enlazan firmemente los múltiples cuerpos espaciales de Nebadón en una unidad administrativa conjunta.

Hay cien centros supremos de la potencia del cuarto orden permanentemente asignados a nuestro universo local. Estos seres reciben las líneas entrantes de la potencia procedentes de los centros del tercer orden de Uversa y redirigen las vías circulatorias reducidas y modificadas a los centros de la potencia de nuestras constelaciones y sistemas. Estos centros de la potencia actúan en conjunción y producen el sistema vivo de control e igualación que opera para mantener el equilibrio y la distribución de las energías que, de otra manera, serían fluctuantes y variables. Los centros de la potencia no intervienen, sin embargo, en las convulsiones transitorias y locales de la energía, tales como las manchas solares y las perturbaciones eléctricas del sistema; la luz y la electricidad no son las energías básicas del espacio; son manifestaciones secundarias y subsidiarias.

Los cien centros del universo local están emplazados en Lugar de Salvación y operan en el centro energético exacto de esta esfera. Las esferas arquitectónicas, tales como Lugar de Salvación, Edentia, y Jerusem, están iluminadas, calentadas y energizadas mediante métodos que las hacen totalmente independientes de los soles del espacio. Los centros de la potencia y los controladores físicos construyeron —hicieron por encargo— estas esferas que se diseñaron para ejercer un poderoso efecto sobre la distribución de la energía. Basando su actividad en tales puntos de actividad y control de la energía, los centros de la potencia, por su presencia viva, dirigen y canalizan las energías físicas del espacio. Y estas vías circulatorias de la energía son fundamentales para todos los fenómenos físico-materiales y morontio-espirituales.

Hay diez centros supremos de la potencia del quinto orden asignados a cada una de las subdivisiones principales de Nebadón, a sus cien constelaciones. En Norlatiadec, vuestra constelación, estos centros no están emplazados en su esfera sede sino que se localizan en el centro del enorme sistema estelar que constituye el núcleo físico de la constelación. En Edentia hay diez controladores mecánicos obrando en vinculación y diez frandalancs que actúan en perfecta y constante coordinación con los centros de la potencia cercanos.

Hay un centro supremo de la potencia del sexto orden emplazado en el punto exacto de actividad de la gravedad de cada uno de los sistemas locales. En el sistema de Satania, el centro de la potencia allí asignado ocupa una isla oscura del espacio que se sitúa en el centro astronómico del sistema. Muchas de estas islas oscuras son inmensas dinamos que movilizan y orientan ciertas energías espaciales, y estas circunstancias naturales se utilizan eficientemente por el centro de la potencia de Satania, cuya masa viva actúa en conjunción con los centros superiores, dirigiendo las corrientes de la potencia más materializada a los controladores físicos mayores de los planetas evolutivos del espacio.

2. Los controladores físicos de Satania

Aunque los controladores físicos prestan sus servicios con los centros de la potencia en todo el gran universo, sus funciones, en un sistema local como Satania, resultan más fáciles de comprender. Satania es uno de los cien sistemas locales que integran la organización administrativa de la constelación de Norlatiadec; en su entorno más inmediato, están los sistemas de Sandmatia, Assuntia, Porogia, Sortoria, Rantulia y Glantonia. Los sistemas de Norlatiadec difieren en muchos aspectos, pero todos ellos son evolutivos y progresivos, muy parecidos a Satania.

Satania misma se compone de más de siete mil grupos astronómicos, o sistemas físicos, pocos de los cuales tuvieron un origen similar al de vuestro sistema solar. El centro astronómico de Satania es una enorme isla oscura del espacio que, con sus esferas acompañantes, se sitúa no lejos de la sede del gobierno del sistema.

Salvo por la presencia del centro de la potencia destinado en el sistema, la supervisión de todo el sistema de energía física de Satania se centra en Jerusem. Uno de los controladores físicos mayores, emplazado en esta esfera sede, opera en coordinación con el centro de la potencia del sistema, prestando sus servicios como jefe de enlace de los inspectores de la potencia con sede en Jerusem y ejerciendo sus funciones por todo el sistema local.

Distribuidos por todo Satania, hay quinientos mil operadores de la energía; son seres vivos e inteligentes que se encargan del establecimiento de los ciclos de la energía y de su canalización. Gracias a la acción de estos regidores de la energía física, los centros de la potencia en supervisión ejercen un perfecto y completo control sobre la mayoría de las energías básicas del espacio, incluyendo las emanaciones de órbitas altamente recalentadas y de las esferas oscuras cargadas de energía. Este grupo de entidades vivas es capaz de movilizar, transformar, transmutar, manejar y transmitir casi todas las energías físicas del espacio organizado.

La vida tiene una capacidad intrínseca para movilizar y transmutar la energía universal. Estáis familiarizados con la acción de la vida vegetal y su transformación de la energía material de la luz en diversas manifestaciones del reino vegetal. También conocéis algo del método por el que esta energía vegetal se puede convertir en los fenómenos del funcionamiento de vida animal, pero no sabéis prácticamente nada de los métodos de los directores de la potencia y de los controladores físicos, que están dotados de la capacidad de movilizar, transformar, orientar y concentrar las múltiples energías del espacio.

A estos seres de los reinos energéticos no les concierne de forma directa la energía como factor componente de las criaturas vivas, ni siquiera el ámbito de la química fisiológica. Algunas veces les competen los preliminares físicos de la vida, la elaboración de aquellos sistemas de energía que pueden servir como vehículos físicos para las energías vivas de los organismos materiales elementales. De alguna manera, los controladores físicos están relacionados con las manifestaciones anteriores a la vida de la energía material, al igual que los espíritus asistentes de la mente lo están respecto a las funciones pre-espirituales de la mente material.

Estas criaturas inteligentes que controlan la potencia y dirigen la energía deben acomodar su acción a la constitución y a la arquitectura física del planeta implicado. Utilizan de forma infalible los cálculos y conclusiones de sus respectivos asistentes físicos personales y de otros asesores técnicos con respecto a la influencia local de los soles altamente recalentados y de otros tipos de estrellas sobrecargadas. Se debe contar incluso con los enormes gigantes fríos y oscuros del espacio y las nubes plagadas de polvo estelar; hay que tener en cuenta todas estas cosas materiales al abordar las cuestiones prácticas del manejo de la energía.

La supervisión de la energía-potencia de los mundos habitados evolutivos es cometido de los controladores físicos mayores, pero estos seres no son responsables de todos los desajustes energéticos que se producen en Urantia. Hay varias razones que justifican estas perturbaciones, algunas de las cuales están más allá del ámbito y del control de los custodios físicos. Urantia se sitúa en el paso de energías formidables; es un pequeño planeta en medio de una vía de masas enormes y, a veces, los controladores locales hacen uso de un gran número de miembros de su orden para intentar equilibrar estas líneas de energía. En las vías circulatorias de Satania tienen bastante éxito, pero encuentran dificultades para aislar al planeta de las poderosas corrientes de Norlatiadec.

3. Nuestros acompañantes estelares

Hay más de dos mil soles brillantes que derraman luz y energía en Satania, y vuestro Sol es un llameante globo de tipo medio. De los treinta soles más cercanos al vuestro, solo tres son más luminosos. Los directores de la potencia del universo dan origen a las corrientes de energía, creadas con un propósito específico, que entran en juego entre cada una de las estrellas y sus sistemas respectivos. Estos hornos solares, junto con los gigantes oscuros del espacio, sirven a los centros de la potencia y a los controladores físicos como estaciones de tránsito para concentrar y orientar eficazmente las vías circulatorias de la energía de las creaciones materiales.

Los soles de Nebadón no difieren de los soles de los otros universos. La composición material de todos los soles; islas oscuras, planetas y satélites, e incluso meteoros, es muy similar. Estos soles tienen un diámetro medio de alrededor de un millón setecientos mil kilómetros; vuestro propio globo solar es ligeramente menor. La estrella más grande del universo, la nube estelar de Antares, tiene un diámetro que es cuatrocientas cincuenta veces mayor que el de vuestro Sol y un volumen sesenta millones mayor. Pero hay espacio abundante para dar cabida a todos estos enormes soles. En comparación, tienen tanto espacio disponible como el que tendría una docena de naranjas circulando por el interior de Urantia, si el planeta fuese una esfera hueca.

Cuando una rueda matriz nebular libera soles demasiado grandes, estos pronto se fragmentan o forman estrellas dobles. Todos los soles son, en un principio, realmente gaseosos, aunque más tarde puedan existir, de forma transitoria, en estado semilíquido. Cuando vuestro Sol alcanzó este estado cuasi líquido sometido a la presión de un extraordinario gas, no era lo suficientemente grande para dividirse por su ecuador, que es la manera en la que se forman las estrellas dobles.

Cuando son menores de una décima parte del tamaño de vuestro sol, estas abrasadoras esferas se contraen, se condensan y se enfrían rápidamente. Cuando tienen más de treinta veces su tamaño —más bien treinta veces el contenido bruto de su materia real—, los soles se dividen rápidamente en dos cuerpos separados o se convierten en los centros de sistemas nuevos o permanece cada cual dentro de la atracción de la gravedad del otro, girando alrededor de un centro común como un tipo de estrella doble.

La más reciente de todas las grandes erupciones cósmicas ocurridas en Orvontón fue la extraordinaria explosión de una estrella doble, cuya luz llegó a Urantia en el año 1572. La llamarada fue tan intensa que la explosión se divisó con claridad a plena luz del día.

No todas las estrellas son sólidas, aunque muchas de las más antiguas sí lo son. Algunas de las estrellas rojizas, que brillan con una débil luz trémula, han adquirido una densidad en el centro de sus enormes masas que se podría explicar diciendo que un centímetro cúbico de dicha estrella, si estuviese en Urantia, pesaría 166 kilos. La enorme presión, acompañada de la pérdida de calor y de energía circulante, ha dado lugar a que las órbitas de sus unidades materiales elementales se aproximen cada vez más hasta llegar acercarse en este momento a un estado próximo al de la condensación electrónica. Este proceso de enfriamiento y contracción puede continuar hasta el punto límite y crítico de explosión en masa de la condensación ultimatónica.

La mayoría de los soles gigantes son relativamente jóvenes; la mayor parte de las estrellas enanas, aunque no todas, son viejas. Las estrellas enanas formadas por colisión pueden ser muy jóvenes y pueden brillar con una intensa luz blanca; nunca han pasado por la etapa inicial de color rojo brillante de las estrellas jóvenes. Por lo general, tanto los soles muy jóvenes como los más longevos despiden un brillo de color rojizo. El tono amarillento es característico de las estrellas moderadamente jóvenes o ya cercanas a la longevidad, si bien, la luz blanca brillante es indicativa de estrellas resistentes y duraderas que han llegado a su pleno desarrollo.

Aunque no todos los soles más jóvenes pasan por una etapa de pulsación, al menos no de forma visible, cuando oteéis el espacio quizás podáis observar muchas de estas estrellas, cuyos gigantescos vaivenes respiratorios necesitan de dos a siete días para completar un ciclo. Vuestro propio Sol todavía lleva consigo un remanente en disminución de las grandes oscilaciones de sus días más jóvenes, pero la periodicidad se ha prolongado desde las anteriores pulsaciones de tres días y medio hasta los actuales ciclos de manchas solares de once años y medio.

Las variables estelares tienen un buen número de causas. En algunas estrellas dobles, las corrientes de marea ocasionadas por la rapidez de los cambios de distancia entre los dos cuerpos al girar alrededor de sus órbitas también provocan fluctuaciones periódicas de luz. Estas variaciones de la gravedad producen llamaradas regulares y reiteradas, al igual que el aumento de energía-materia en la superficie por la colisión de meteoros podría resultar en un destello de luz relativamente repentino, que con toda rapidez se reduciría hasta el brillo normal de ese sol. A veces un Sol puede atraer a una sucesión de meteoros en un punto que oponga poca resistencia a la gravedad, y a veces las colisiones producen llamaradas estelares, pero la mayoría de dichos fenómenos se debe por completo a fluctuaciones internas.

En un grupo variable de estrellas, el período de fluctuación de la luz depende directamente de su luminosidad, y el conocimiento de este hecho permite a los astrónomos utilizar dichos soles como si fuesen faros en el universo o puntos de medición precisos para la exploración más detallada de aglomeraciones distantes de estrellas. Mediante este procedimiento, es posible calcular las distancias estelares con mayor exactitud de hasta más de un millón de años luz. Algún día, existirán mejores métodos de medición del espacio y técnicas telescópicas más perfectas que os mostrarán, de forma más completa, las diez grandes divisiones del suprauniverso de Orvontón; vosotros llegaréis a distinguir al menos ocho de estos inmensos sectores como aglomeraciones estelares enormes y bastante simétricas.

4. LA DENSIDAD DE LOS SOLES

La masa de vuestro Sol es ligeramente mayor de la estimada por vuestros físicos, que han calculado que es unos dos mil cuatrillones (2 x 1027) de toneladas. En este momento, está aproximadamente a medio camino entre las estrellas de mayor densidad y las más difusas; tiene alrededor de una vez y media la densidad del agua. Pero vuestro Sol no es ni líquido ni sólido —es gaseoso— y esto es cierto a pesar de la dificultad de explicar cómo puede alcanzar la materia gaseosa esta densidad e incluso densidades mucho mayores.

Los estados gaseoso, líquido y sólido hacen referencia a relaciones atómico-moleculares, pero la densidad alude a la relación entre espacio y masa. La densidad de un cuerpo es directamente proporcional a la cantidad de masa que tiene en relación al espacio que ocupa e inversamente proporcional al volumen de espacio que contiene en relación a su masa; se trata del espacio existente entre los núcleos centrales de la materia y las partículas que giran alrededor de estos centros, al igual que el que existe dentro de dichas partículas materiales.

Las estrellas en estado de enfriamiento pueden ser físicamente gaseosas y enormemente densas al mismo tiempo. No estáis familiarizados con los *extraordinarios gases* solares, pero estas y otras formas poco comunes de la materia explican cómo incluso los soles no sólidos pueden alcanzar una densidad igual a la del hierro —más o menos la misma que tiene Urantia— y, sin embargo, encontrarse en un estado gaseoso altamente recalentado y seguir funcionando como soles. Los átomos de estos densos gases son excepcionalmente pequeños; contienen pocos electrones. Dichos soles también han perdido, en gran medida, sus reservas energéticas de ultimatones libres.

Uno de los soles cercanos a vosotros, que empezó su vida con una masa prácticamente igual a la del vuestro, se ha contraído actualmente a un tamaño como el de Urantia y se ha vuelto cuarenta mil veces más denso que vuestro Sol. El peso de este sólido-gaseoso, a su vez caliente-frío, es de unos sesenta y un kilogramos por centímetro cúbico. Y este Sol todavía brilla con un débil resplandor de color rojizo, el trémulo y senil destello de un monarca de luz que se extingue.

La mayor parte de los soles, sin embargo, no son tan densos. Uno de vuestros vecinos más cercanos tiene una densidad exactamente igual a la de vuestra atmósfera a nivel del mar. Si estuvieseis en el interior de este sol, no podríais distinguir nada. Y si la temperatura lo permitiese, podrías penetrar en la mayoría de los soles que destellan en el cielo nocturno, pero no notaríais más materia que la que podéis percibir en el aire de vuestra sala de estar terrestre.

El masivo Sol de Veluntia, uno de los soles más grandes de Orvontón, tiene una densidad que es solamente una milésima parte de la atmósfera de Urantia. Si su composición fuese similar a la de vuestra atmósfera y no estuviese sobrecalentado, habría tal vacío que los seres humanos se asfixiarían rápidamente si estuviesen sobre él o dentro de él.

Otro de los gigantes de Orvontón tiene en este momento una temperatura en su superficie de algo menos de mil seiscientos cuarenta y nueve grados (C). Su diámetro es de más de cuatrocientos ochenta y tres millones de kilómetros —suficiente espacio como para dar cabida a vuestro Sol y a la órbita actual de la tierra—. No obstante, a pesar de su enorme tamaño, más de cuarenta millones de veces el de vuestro sol, su masa es únicamente unas treinta veces mayor. Estos enormes soles tienen una periferia que se expande hasta casi alcanzarse el uno al otro.

5. La radiación solar

Las mismas corrientes constantes de energía luminosa que despiden los soles del espacio demuestran que estos no son muy densos. Una densidad excesivamente grande retendría la luz por opacidad hasta que la presión de la energía luminosa alcanzara el punto de explosión. Hay una enorme presión de luz o gas dentro de un Sol que le hace lanzar tal corriente de energía que es capaz de traspasar el espacio durante millones y millones de kilómetros para energizar, iluminar y calentar planetas distantes. Unos cuatro metros y medio de superficie con la densidad de Urantia evitarían de hecho el escape de todos los rayos X y todas las energías lumínicas de un sol, hasta que la creciente presión interna de las energías acumuladas resultantes de la desmembración atómica vencieran a la gravedad con una colosal explosión.

La luz, en presencia de gases propulsores, es sumamente explosiva cuando se le constriñe a temperaturas altas mediante paredes opacas de contención. La luz es real. Según valoráis la energía y la potencia en vuestro mundo, la luz del Sol resultaría económica aunque medio kilo costase un millón de dólares.

El interior de vuestro Sol es un inmenso generador de rayos X. Los soles se sostienen desde dentro mediante un incesante bombardeo de estas potentes emanaciones.

Se necesita más de medio millón de años para que un electrón potenciado por rayos X se abra camino desde el centro mismo de un Sol de grado medio hasta la superficie solar, desde donde parte hacia su aventura espacial, quizás para calentar un planeta habitado, ser atrapado por un meteoro, participar en el nacimiento de un átomo, ser atraído por una isla oscura del espacio altamente cargada o finalizar su vuelo espacial, precipitándose sobre la superficie de un Sol de características similares al que le dio origen.

Los rayos X del interior de un Sol cargan a los electrones altamente recalentados y agitados de una energía suficiente como para impulsarlos por el espacio hasta las distantes esferas de los sistemas remotos, pasando por un considerable número de influencias de orden material que los frenan y obstruyen, y a pesar de las distintas fuerzas de atracción de la gravedad. La gran cantidad de energía de la velocidad necesaria para escapar del agarre de la gravedad de un Sol es suficiente para garantizar que el rayo de Sol viaje con velocidad incesante hasta encontrar amplias masas de materia; después de lo cual se transforma rápidamente en calor con la liberación de otras energías.

En su vuelo por el espacio, la energía, ya sea de luz o tenga otras formas, avanza de forma directa. Las partículas de orden material cruzan el espacio como si fuesen una descarga cerrada de fusilería. Se desplazan en línea o secuencia recta e ininterrumpida salvo cuando actúan bajo el impulso de fuerzas superiores, y exceptuando que siempre han de obedecer a la fuerza de atracción de la gravedad lineal, inherente a la masa material, y a la presencia de la gravedad circular de la Isla del Paraíso.

Podría parecer que la energía solar se propaga en ondas, pero esta impresión se debe a la acción y coexistencia de diversos tipos de influencias. Si se observa detenidamente una determinada forma de energía organizada, se percibirá que no se mueve en ondas sino en línea recta. Es la presencia de una segunda o tercera forma de fuerza-energía la que puede dar lugar a que la corriente energética *parezca* viajar en forma de ondas. Esto mismo le sucede al agua de lluvia que cae en una tormenta cerrada cuando viene acompañada de fuertes vientos. La lluvia al caer parece a menudo formar una cortina de agua u ondearse por el mismo viento. No obstante, las gotas de lluvia caen verticalmente de forma ininterrumpida; es la acción del viento la que produce ese visible efecto de cortina de agua y de ondas.

Es tal la acción de ciertas energías de orden secundario y de otras no descubiertas, presentes en las regiones espaciales de vuestro universo local, que en las emanaciones de luz solar parecen producirse ciertos fenómenos de ondulación al igual que una fragmentación en porciones infinitesimales de longitud y peso definidas. Y, en un sentido práctico, eso es exactamente lo que sucede. Es difícil que podáis alcanzar a entender mejor el comportamiento de la luz hasta ese momento en el que lleguéis a tener una más clara noción de la interacción e interrelación de las distintas fuerzas del espacio y energías solares que operan en las regiones espaciales de Nebadón. Vuestra confusión actual también se debe a un incompleto conocimiento de esta cuestión en lo que respecta a la actividad correlacionada que se establece en la dirección personal y no personal del universo matriz —presencias, actuaciones y coordinación del Actor Conjunto y del Absoluto Indeterminado—.

6. El calcio: El errante del espacio

Al interpretar los fenómenos espectrales, debe recordarse que el espacio no está vacío; que la luz, al atravesar el espacio organizado, sufre una ligera modificación como producto de las distintas formas de energía y materia que circulan por todo él. Algunas de las líneas, indicativas de materia desconocida, que aparecen en el espectro de vuestro Sol se deben a modificaciones de elementos bien conocidos que flotan reducidos a añicos por todo el espacio; se trata de remanentes fragmentarios de las violentas conflagraciones solares que ocurren de forma natural. El espacio está surcado de estos residuos errantes, especialmente de sodio y calcio.

El calcio es, de hecho, el elemento principal de la materia que impregna el espacio de todo Orvontón. Todo nuestro suprauniverso está salpicado de piedra sumamente pulverizada. La piedra es literalmente el material básico usado para la construcción de los planetas y de las esferas del espacio. La nube cósmica, el gran manto espacial, está compuesta, en su mayor parte, de átomos modificados de calcio. El átomo de piedra es uno de los elementos de la materia más extendidos y persistentes. No solo resiste la ionización solar —desintegración parcial— sino que mantiene su identidad asociativa incluso tras haber sido sacudido por los destructivos rayos X y fragmentado por las altas temperaturas solares. El calcio posee una individualidad y una longevidad sin parangón entre las otras formas más comunes de la materia.

Tal como vuestros físicos suponen, estos mermados restos de calcio solar literalmente viajan en los rayos de luz recorriendo distancias diferentes, lo que facilita enormemente su amplia diseminación por todo el espacio. El átomo de sodio, con ciertas modificaciones, es también capaz de trasladarse de un lugar a otro en la luz y en la energía. La proeza del calcio es incluso más extraordinaria ya que su masa duplica a la del sodio. La impregnación de parte del calcio del espacio local se debe al hecho de que, bajo una forma modificada, se escapa de la fotosfera solar viajando, en el más estricto sentido de la palabra, en los rayos solares salientes. De todos los elementos solares, el calcio, a pesar de su masa relativa —puesto que contiene veinte electrones giratorios—, es el que más éxito tiene en lograr escapar del interior del Sol en dirección hacia los reinos del espacio. Esto explica por qué existe una capa de calcio, una superficie de piedra gaseosa, en el sol, de casi diez mil kilómetros de espesor; y esto a pesar del hecho de que hay diecinueve elementos más ligeros, y numerosos otros más pesados, por debajo de esta capa.

El calcio es un elemento activo y versátil cuando se somete a las temperaturas solares. El átomo de piedra tiene dos electrones ágiles y levemente enlazados en sus órbitas externas, que están muy próximos el uno del otro. En la reacción atómica, este átomo pierde pronto su electrón externo; tras lo cual, sucede en él un imponente proceso de moción continua del electrón número diecinueve de adelante y atrás entre la órbita electrónica diecinueve y la órbita veinte en su movimiento alrededor del núcleo. Este electrón, al oscilar con dicho movimiento más de veinticinco mil veces por segundo entre su propia órbita y la del otro electrón, y acompañante perdido, hace que el mermado átomo de piedra sea capaz de vencer en parte a la gravedad y emprender así con éxito un viaje en las corrientes emergentes de luz y energía, entre los rayos del sol, hacia la libertad y la aventura. Este átomo de calcio se mueve hacia fuera impulsándose mediante sacudidas alternas, asiendo y soltando el rayo de Sol unas veinticinco mil veces por segundo. Y esta es la razón por la que la piedra es el principal componente de los mundos del espacio. La piedra tiene una sobresaliente capacidad para escapar de su prisión solar.

La adaptabilidad de este diestro electrón de calcio se refleja en el hecho de que, cuando las fuerzas solares de los rayos X y de las temperaturas lo lanzan al círculo de la órbita superior, solo permanece en esta una millonésima de segundo, pero antes de que la potencia de la gravedad eléctrica del núcleo atómico lo haga retroceder a su antigua órbita, es capaz de completar un millón de rotaciones alrededor del centro del átomo.

Vuestro Sol se ha desprendido de un volumen enorme de su calcio; perdió cantidades inmensas en las épocas de incontrolables erupciones durante la formación del sistema solar. Una gran parte del calcio solar se halla ahora en la corteza exterior del sol.

Se debe recordar que los análisis del espectro solar solamente muestran la composición de la superficie del sol. Por ejemplo: estos espectros presentan muchas líneas de hierro, pero el hierro no es el elemento principal del sol. Este fenómeno se debe casi exclusivamente a la temperatura actual de la superficie del sol, algo menos de 3315 grados (C), la cual es muy favorable para el registro del espectro del hierro.

7. Fuentes de la energía solar

La temperatura interna de muchos soles, incluido el vuestro, es mucho más alta de lo que comúnmente se cree. En el interior de los soles no existen prácticamente átomos enteros; todos están más o menos desintegrados por el intenso bombardeo de los rayos X, algo propio de temperaturas tan altas. Sean cuales fueran los elementos materiales que puedan aparecer en las capas exteriores de los soles, los que están en el interior siguen un proceso muy similar por la acción disociativa de los disruptivos rayos X. Estos rayos son los grandes niveladores de la estructura del átomo.

La temperatura de la superficie de vuestro Sol es de casi 3315 grados (C), pero a medida que se penetra en el interior esta se incrementa rápidamente hasta alcanzar la increíble cifra de aproximadamente 19 440 000 grados (C), en las regiones centrales. (Todas estas temperaturas están expresadas en grados Celsius).

Todos estos fenómenos son indicios de un ingente consumo de energía, y las fuentes de energía solar, por orden de importancia, son:

1. La completa destrucción de los átomos y, finalmente, de los electrones.

2. La transmutación de los elementos, incluyendo el grupo radioactivo de energías liberadas de este modo.

3. La acumulación y transmisión de ciertas energías espaciales universales.

4. La materia espacial y los meteoros que incesantemente se precipitan sobre los abrasadores soles.

5. La contracción solar; el enfriamiento y la consiguiente contracción de los soles producen energía y calor a veces en una cantidad superior a la que proporciona la materia espacial.

6. La acción de la gravedad a altas temperaturas transforma ciertas vías circulatorias de la potencia en energías radiantes.

7. La luz y alguna otra materia recapturadas que son atraídas de nuevo al Sol tras haber salido de él, junto con otras energías que tienen un origen extrasolar.

Existe una capa reguladoras de gases calientes (a veces con millones de grados de temperatura) que envuelve a los soles, y que actúa para estabilizar la pérdida de calor, aparte de prevenir las impredecibles fluctuaciones producidas por la disipación del calor. Durante la vida activa de los soles, la temperatura interna, de 19 440 000 grados (C), continúa siendo más o menos la misma a pesar del progresivo descenso de la temperatura externa.

Tratad de imaginaros 19 440 000 grados (C) de calor, conjuntamente con ciertas presiones de la gravedad, como el punto de ebullición electrónico. Bajo dicha presión y a esa temperatura todos los átomos se degradan y desintegran en sus componentes electrónicos y en otros componentes ancestrales; incluso los electrones y otras agrupaciones de ultimatones pueden desintegrarse, pero la acción de los soles no trae consigo la degradación de los ultimatones.

Estas temperaturas solares actúan acelerando enormemente a los ultimatones y a los electrones, al menos a aquellos de estos últimos que continúan existiendo en estas condiciones. Os daréis cuenta de lo que las altas temperaturas traen consigo en cuanto a la aceleración de la actividad de ultimatones y electrones cuando os detengáis a considerar que una gota de agua común contiene más de mil trillones de átomos. Esto equivale a la energía que producirían más de cien caballos de vapor durante dos años seguidos. El calor total que en la actualidad emite el Sol de vuestro sistema solar cada segundo es suficiente como para hacer hervir toda el agua de todos los océanos de Urantia en tan solo un segundo de tiempo.

Solamente los soles que están en operación en los canales directos de las corrientes principales de la energía del universo pueden brillar para siempre. Estos hornos solares arden de forma indefinida porque tienen la capacidad de reponer su pérdida de materia tomando energía de la fuerza espacial y de energías análogas en circulación. Pero las estrellas que están muy apartadas de estos canales principales de recarga están llamadas a sufrir el agotamiento de su energía —esto es, a enfriarse de forma gradual y a acabar por apagarse—.

Estos soles muertos o moribundos pueden vigorizarse por el impacto de alguna colisión o pueden recargarse debido a la acción de ciertas islas del espacio de energía no luminosa o apropiándose, por medio de la gravedad, de soles o sistemas cercanos más pequeños. La mayoría de los soles muertos siguen este u otros medios evolutivos para reactivarse. Aquellos soles que finalmente no consiguen recargarse de este modo están llamados a desintegrarse por explosión de su masa, cuando la condensación gravitatoria alcance el nivel crítico de la condensación ultimatónica por presión de la energía. Estos soles desaparecidos se convierten, de este modo, en una de las formas más raras de energía, magníficamente adaptada para energizar a otros soles mejor situados.

8. Reacciones de la energía solar

En aquellos soles que están dentro de la vía circulatoria de los canales de energía espacial, la energía solar se libera por medio de varias cadenas complejas de reacción nuclear, la más común de las cuales es la reacción de hidrógeno-carbono-helio. En esta metamorfosis, el carbono actúa como catalizador de la energía, puesto que, en realidad, no sufre cambio alguno durante ese proceso de conversión del hidrógeno en helio. En ciertas condiciones de altas temperaturas, el hidrógeno penetra en los núcleos del carbono; y puesto que el carbono no puede contener más de cuatro de dichos protones, cuando se alcanza este estado de saturación, comienza a emitir protones con tanta rapidez como llegan los nuevos. En esta reacción las partículas entrantes de hidrógeno salen como átomos de helio.

La reducción del contenido de hidrógeno aumenta la luminosidad de los soles. En esos soles llamados a apagarse, el punto álgido de su luminosidad se alcanza en el momento del agotamiento del hidrógeno. Con posterioridad a esta circunstancia, el brillo se mantiene como resultado del proceso de contracción gravitatoria. Tal estrella acabará por convertirse en lo que se denomina una estrella enana blanca, esto es, en una esfera extremadamente condensada.

En grandes soles —pequeñas nebulosas circulares— cuando se agota el hidrógeno y comienza a tener efecto la contracción gravitatoria, si dicho cuerpo no es lo suficientemente opaco como para retener la presión interna que da sostén a las regiones gaseosas exteriores, se produce un colapso repentino. Los cambios electro-gravitatorios dan origen a grandes cantidades de pequeñas partículas desprovistas de potencial eléctrico, y tales partículas se escapan rápidamente del interior del sol, ocasionando así, en pocos días, el desplome de un Sol gigantesco. Fue la emigración de estas "partículas fugitivas" la que ocasionó el desmoronamiento de la nova gigante de la nebulosa Andrómeda hace unos cincuenta años. Este enorme cuerpo estelar colapsó en cuarenta minutos del tiempo de Urantia.

Por regla general, en los soles residuales en enfriamiento sigue existiendo una inmensa eyección de materia bajo la forma de extensas nubes de gases nebulares. Y todo esto explica el origen de muchos tipos de nebulosas irregulares, como la nebulosa del Cangrejo que se originó hace aproximadamente novecientos años, y en la que todavía se hace patente su esfera matriz, como una estrella solitaria cerca del centro de esta irregular masa nebular.

9. LA ESTABILIDAD DE LOS SOLES

Los soles más grandes ejercen tal control gravitatorio sobre sus electrones que la luz solamente puede escaparse gracias a la ayuda de los poderosos rayos X. Dichos rayos penetran por todo el espacio y están implicados en el mantenimiento de las agrupaciones ultimatónicas básicas de la energía. Las grandes pérdidas de energía del Sol en sus primeros días, tras alcanzar su máxima temperatura —más de 19 440 000 grados (C)—, no se deben tanto al escape de luz como a la fuga de ultimatones. Para emprender la aventura de su conjunción electrónica y materialización de la energía, estas energías ultimatónicas se escapan hacia el espacio causando, en los soles más jóvenes, una auténtica explosión de energía.

Los átomos y los electrones están sujetos a la gravedad. Los ultimatones *no* están sujetos a la gravedad local, a la interacción de la atracción material, pero si obedecen enteramente a la gravedad absoluta o gravedad del Paraíso, a la dirección, a la moción en arco, del círculo universal y eterno del universo de los universos. La energía ultimatónica no responde a la atracción lineal o directa de la gravedad de las masas materiales cercanas o lejanas, sino que siempre se impulsa siguiendo la vía circular de la gran elipse de la extensa creación.

Vuestro propio centro solar irradia casi cien mil millones de toneladas de materia real cada año, mientras que los soles gigantescos pierden materia a un enorme ritmo durante su etapa de crecimiento inicial, durante sus primeros mil millones de años. La vida de un Sol se estabiliza una vez que su temperatura alcanza el grado máximo y se empiezan a liberar las energías subatómicas. Es precisamente en este punto crítico cuando los soles más grandes experimentan sus incontrolables y violentas pulsaciones.

La estabilidad del Sol depende por completo del equilibrio entre dos fuerzas oponentes como son la gravedad y el calor —unas formidables presiones contrabalanceadas por temperaturas inimaginables—. La elasticidad del gas interior de los soles da sostén a las capas superpuestas de diversos materiales, y cuando la gravedad y el calor están en equilibrio, el peso de los materiales exteriores iguala exactamente la presión de la temperatura de los gases que subyacen en el interior. En muchas de las estrellas más jóvenes, la persistente condensación de la gravedad produce temperaturas internas en constante aumento y, a medida que aumenta el calor interior, la presión interior que producen los rayos X en conjunto con los vientos de extraordinarios gases, llega a ser de tal magnitud que, en conjunción con el movimiento centrífugo, los soles comienzan a arrojar sus capas externas hacia el espacio, compensando así la falta de equilibrio entre la gravedad y el calor.

Hace mucho tiempo que vuestro Sol alcanzó un equilibrio relativo entre sus ciclos de expansión y contracción, esas perturbaciones que producen las gigantescas pulsaciones de muchas de las estrellas más jóvenes. Vuestro Sol está completando ahora sus seis mil millones de años de existencia. En este momento, pasa por su periodo de mayor eficacia en el uso de la energía. Durante más de veinticinco mil millones de años, brillará con la eficiencia que le caracteriza ahora. Es probable que experimente un período de declive parcial de esta eficiencia tan largo como la combinación de los dos períodos, el de su juventud y el de su funcionamiento estabilizado.

10. Origen de los mundos habitados

Algunas de las estrellas variables, en estado de máxima pulsación o cercanas a dicho estado, están dando origen a sistemas secundarios, muchos de los cuales acabarán siendo como vuestro propio Sol y sus planetas circundantes. Vuestro Sol se encontraba en ese preciso estado de potente pulsación cuando el masivo sistema de Angona se colocó muy cerca, y la superficie externa del Sol comenzó a arrojar auténticas corrientes —capas continuas— de materia. Esto prosiguió con una violencia en aumento hasta que se produjo una mayor cercanía de Angona, momento en el que el Sol alcanzó su límite de cohesión y un enorme pináculo de materia, el ancestro de vuestro sistema solar, salió despedido. En circunstancias similares, la máxima aproximación de la atrayente masa provoca que se desprendan planetas enteros, incluso una cuarta parte o un tercio del sol. Estas grandes eyecciones forman ciertos tipos peculiares de mundos rodeados de nubes, de esferas muy parecidas a Júpiter y Saturno.

La mayoría de los sistemas solares, sin embargo, tuvieron un origen enteramente diferente al vuestro, y esto es también cierto para aquellos que se crearon mediante las mareas gravitatorias. Pero cualquiera que sea el modo en el que se generen los mundos, la gravedad es siempre causa de la creación de algún tipo de sistema solar; o sea, un Sol central o isla oscura con planetas, satélites, subsatélites y meteoros.

El aspecto físico de los diferentes mundos está, en buena parte, determinado por su modo de origen, su situación astronómica y su entorno físico. Otros factores determinantes son la edad, el tamaño, el índice de rotación y la velocidad a la que se desplaza por el espacio. Tanto los mundos que se originaron por contracción gaseosa como aquellos que lo hicieron por un gradual incremento de materia sólida se caracterizan por tener montañas y, durante su vida primitiva, si no son demasiado pequeños, por tener agua y aire. Los mundos que resultan de derretimiento-división o de colisiones carecen a veces de extensas cadenas montañosas.

Durante las primeras eras de todos estos nuevos mundos, los terremotos son frecuentes, y todos ellos se distinguen por grandes perturbaciones físicas. Esto ocurre de manera especial en esas esferas que se formaron por contracción de gases; se trata de mundos nacidos de los inmensos anillos nebulares que quedan a raíz de la condensación y contracción tempranas de algunos soles determinados. Los planetas que tienen un doble origen, como Urantia, pasan por unas etapas de juventud menos violentas y tempestuosas. No obstante, vuestro mundo experimentó una fase primitiva de grandes cataclismos, caracterizada por erupciones volcánicas, terremotos, inundaciones y formidables tormentas.

Urantia está relativamente aislada en las lindes de Satania, y vuestro sistema solar es, con una excepción, el que se encuentra más alejado de Jerusem, mientras que el mismo sistema local de Satania está próximo al sistema más exterior de la constelación Norlatiadec, que a su vez se desplaza por el borde externo de Nebadón. Verdaderamente, estabais entre las criaturas más humildes de toda la creación hasta que Miguel, al darse de gracia, elevó a vuestro planeta a una posición de honor que atrajo poderosamente el interés de todo el universo. A veces el último es el primero, al igual que el más humilde será en verdad el más grande.

[Exposición de un arcángel que colabora con el jefe de los centros de la potencia de Nebadón.]

DIEZ

Las constelaciones

(ESCRITO 43)

POR LO común, se hace referencia a Urantia con el número 606 de Satania, de Norlatiadec de Nebadón, lo que quiere decir: mundo habitado seiscientos seis del sistema local de Satania, situado en la constelación de Norlatiadec, una de las cien constelaciones del universo local de Nebadón. Al ser las constelaciones las principales divisiones de la que constan los universos locales, sus gobernantes vinculan los sistemas locales de mundos habitados a la administración central del universo local con sede en Lugar de Salvación y, mediante la reflectividad, a la administración de los suprauniversos, competencia de los ancianos de días en Uversa.

El gobierno de vuestra constelación está situado en un conjunto de 771 esferas arquitectónicas, de las cuales, la más grande y más central es Edentia, la sede administrativa de los padres de la constelación o altísimos de Norlatiadec. Edentia es aproximadamente cien veces mayor que vuestro mundo. Las setenta esferas principales que rodean Edentia son unas diez veces el tamaño de Urantia, mientras que los diez satélites que giran alrededor de cada uno de estos setenta mundos son más o menos de las dimensiones de Urantia. Estas 771 esferas arquitectónicas tienen un tamaño prácticamente comparable al de esas otras constelaciones.

El cálculo del tiempo y la distancia en Edentia es el usado en Lugar de Salvación y, como las esferas de la capital del universo, los mundos sedes de la constelación están completamente provistos de todos los órdenes de inteligencias celestiales. En general, estos seres personales no son muy diferentes de los que se describen en relación con la administración del universo.

Los serafines supervisores, el tercer orden de ángeles del universo local, están asignados al servicio de las constelaciones. Instauran su sede en las esferas capitales y sirven ampliamente en los mundos de formación morontial que las circundan. En Norlatiadec, las setenta esferas principales, junto con los setecientos satélites menores, están habitadas por los univitatias, los ciudadanos permanentes de la constelación. Todos estos mundos arquitectónicos están enteramente regidos por diferentes grupos de vida nativa, en su mayor parte no revelados, pero en los que están incluidos los eficientes espirongas y los hermosos espornagias. Al constituir el punto medio del régimen de formación morontial, la vida morontial de las constelaciones, como es de esperar, es tanto típica como ideal.

1. La sede central de la constelación

Edentia tiene abundantes y fascinantes altiplanicies, de extensas elevaciones de materia física coronada de vida morontial e impregnada de gloria espiritual, pero carece de cadenas montañosas escarpadas tal como las que se encuentran en Urantia. Hay decenas de miles de brillantes lagos conectados entre sí por miles y miles de arroyos, pero no hay grandes océanos ni ríos torrenciales. Solo las altiplanicies carecen de estos arroyos en superficie.

El agua en Edentia y en esferas arquitectónicas similares no difiere de la existente en los planetas evolutivos. Los sistemas hidráulicos de tales esferas son tanto de superficie como subterráneos, y el aire húmedo circula de forma constante. Se puede circunnavegar Edentia siguiendo diferentes rutas acuáticas, aunque el medio principal de transporte es la atmósfera. Los seres espirituales viajan de forma natural por encima de la superficie de la esfera, mientras que los seres morontiales y materiales hacen uso de medios materiales y semimateriales para cruzar la atmósfera.

Edentia y los mundos vinculados a esta sede central poseen una auténtica atmósfera; se trata de una mezcla habitual de tres gases, característica de tales creaciones arquitectónicas, que incluye los dos elementos de la atmósfera de Urantia además del gas morontial, conveniente para la respiración de las criaturas morontiales. Si bien, aunque dicha atmósfera es tanto material como morontial, no hay tormentas ni huracanes;

tampoco hay verano ni invierno. Esta ausencia de perturbaciones atmosféricas y de variaciones estacionales faculta el embellecimiento exterior de estos mundos específicamente creados.

Las altiplanicies de Edentia gozan de un espléndido relieve físico y de una belleza enaltecida por la inagotable profusión de vida que abunda a todo su largo y ancho. Salvo algunas construcciones de carácter más bien aislado, estas altiplanicies no han sido tocadas por las manos de criatura alguna. La ornamentación material y morontial se circunscribe a las zonas habitadas. En las elevaciones menores, bellamente engalanadas tanto con arte biológico como con arte morontial, se sitúan una excepcionales residencias.

En la cumbre de la séptima cadena de altiplanicies, se encuentran las salas de resurrección de Edentia, en las que despiertan los mortales ascendentes de los órdenes modificados secundarios de ascensión. Estas cámaras de reconstitución de la criatura están bajo la supervisión de los melquisedecs. La primera de las esferas receptoras de Edentia (al igual que el planeta Melquisedec cercano a Lugar de Salvación) tiene también salas especiales de resurrección, en las que se reconstituye al mortal de dichos órdenes modificados.

Los melquisedecs también mantienen dos facultades especiales en Edentia. Por un lado, está la escuela de emergencias, que se dedica al estudio de los problemas surgidos por la rebelión en Satania y, por otro, la escuela del ministerio de gracia, que se dedica a la enseñanza de los nuevos problemas que resultan del hecho de que Miguel realizó su último ministerio de gracia en uno de los mundos de Norlatiadec. Esta última facultad se estableció hace casi cuarenta mil años, inmediatamente después de que Miguel anunciara que había elegido Urantia como mundo para dicho último ministerio.

El mar de cristal, el área de recepción de Edentia, está cerca del centro administrativo y está rodeado por el anfiteatro de esta sede central. Circundando esta área, se hallan los centros de gobierno para las setentas divisiones de gestión de los asuntos de la constelación. La mitad de Edentia está dividida en setenta secciones triangulares, cuyas lindes convergen en los edificios que conforman la sede de sus sectores respectivos. El resto de la esfera es un inmenso parque natural: los jardines de Dios.

Durante vuestras visitas periódicas a Edentia, aunque podréis perfectamente examinar todo el planeta, pasaréis la mayoría de vuestro tiempo en ese triángulo de gestión administrativa, cuyo número corresponde al de vuestro mundo de residencia actual. Siempre seréis bien recibidos en calidad de observadores en las asambleas legislativas.

El área morontial asignada a los mortales ascendentes con residencia en Edentia está situada en la zona intermedia del triángulo número treinta y cinco colindante con la sede de los finalizadores, que se halla en el triángulo treinta y seis. La sede de los univitatias ocupa una enorme área de la región intermedia del triángulo treinta y cuatro justo al lado de la zona residencial reservada a los ciudadanos morontiales. A partir de esta configuración, es posible observar que se han adoptado disposiciones para dar cabida al menos a setenta grupos mayores de vida celestial e, igualmente, que cada uno de estos setenta sectores triangulares se correlaciona con alguna de las setenta esferas principales de formación morontial.

El mar de cristal de Edentia es una inmensa superficie circular de vidrio de alrededor de ciento sesenta kilómetros de circunferencia y de unos cuarenta y ocho kilómetros de profundidad. Este espléndido vidrio sirve de campo de recepción para todos los serafines de transporte y para algunos otros seres que llegan de lugares externos a la esfera; este mar de cristal facilita enormemente el aterrizaje de dichos serafines.

En casi todos los mundos arquitectónicos, hay este tipo de área de vidrio; y, aparte de su valor decorativo, responde a muchos propósitos; se usa para describir el fenómeno de la reflectividad del suprauniverso a grupos allí reunidos y como factor determinante en la transformación de la energía para modificar las corrientes del espacio y para adaptar otras corrientes de energía física entrantes.

2. El gobierno de las constelaciones

Las constelaciones constituyen las unidades autónomas de los universos locales; cada una de ellas se rige según sus propias disposiciones legislativas. Cuando los tribunales de Nebadón juzgan los asuntos del universo, todas las cuestiones internas se deciden conforme a las leyes imperantes en la constelación correspondiente. Son los administradores de los sistemas locales los que se encargan de la ejecución de los decretos judiciales de Lugar de Salvación en conjunción con las promulgaciones de las constelaciones.

Así pues, las constelaciones funcionan como unidades legislativas o elaboradoras de leyes, mientras que los sistemas locales sirven como unidades de ejecución o de aplicación de las leyes. El gobierno de Lugar de Salvación es el organismo supremo de coordinación judicial.

Aunque el poder judicial supremo corresponde a la administración central del universo local, en la sede central de cada constelación existen dos tribunales secundarios pero de importancia mayor: el consejo Melquisedec y el tribunal del altísimo.

Los melquisedecs primeramente realizan una revisión judicial de los casos problemáticos. Se faculta a doce miembros de este orden, con cierta necesaria experiencia en los planetas evolutivos y en los mundos de gobierno del sistema, para revisar pruebas, recopilar alegaciones y formular veredictos provisionales, los cuales se comunican al tribunal del altísimo, o padre reinante de la constelación. El componente humano del mencionado tribunal está integrado por siete jueces, todos ellos mortales ascendentes. Cuanto más ascendáis en el universo, más ciertos estaréis de ser juzgados por seres de vuestra misma clase.

El órgano legislativo de la constelación está dividido en tres grupos. Su organización comienza con la cámara baja de los ascendentes, integrada por un grupo de mil representantes mortales bajo la autoridad de un finalizador. Cada sistema nombra a diez miembros para que participen en esta asamblea deliberante. En la actualidad, en Edentia, este organismo no está al completo.

La cámara media de los legisladores está compuesta por las multitudes seráficas y sus colaboradores, otros hijos del espíritu materno del universo local. A este grupo, que cuenta con cien miembros, lo nombran los seres personales supervisores que dirigen a su vez la diversa actividad de dichos seres cuando desempeñan su labor en la constelación.

El órgano consultivo u órgano legislador de más alto rango de la constelación está compuesto por la cámara de los iguales —la cámara de los hijos divinos—. Los padres altísimos son los que eligen a este colectivo de diez miembros. Solo aquellos hijos divinos que hayan adquirido una especial experiencia pueden servir en esta cámara alta. Se trata de un grupo que determina hechos y ahorra tiempo, y sirve de manera eficaz a las dos divisiones de menor rango de la asamblea legislativa.

El consejo conjunto de legisladores se compone de tres miembros de cada una de estas ramas separadas de la asamblea deliberante de la constelación y está presidido por el altísimo reinante de menor rango. Este grupo sanciona la forma final de todas las disposiciones y autoriza su promulgación por medio de los informadores. Con su aprobación, esta comisión suprema convierte en ley de la constelación las disposiciones legislativas; sus medidas son definitivas. Los pronunciamientos legislativos de Edentia constituyen la ley fundamental de todo Norlatiadec.

3. Los altísimos de Norlatiadec

Los gobernantes de las constelaciones pertenecen al orden vorondadec de filiación del universo local. Cuando se les destina al servicio activo en calidad de gobernantes de las constelaciones o en alguna otra función, a estos hijos se les conoce como los *altísimos* por personificar la más alta sabiduría en asuntos de gobierno emparejada con la lealtad más juiciosa e inteligente de todos los órdenes de los hijos de Dios del universo local. Su integridad personal y su lealtad al grupo nunca se han puesto en cuestión; nunca se ha dado en Nebadón deslealtad alguna de parte de los hijos vorondadecs.

Gabriel nombra al menos a tres hijos vorondadecs como los altísimos de cada una de las constelaciones de Nebadón. Al miembro que preside este trío se le conoce como el *Padre de la Constelación* y a sus dos colaboradores como el *Altísimo de Rango Mayor* y el *Altísimo de Rango Menor*. Los padres de las constelaciones reinan por diez mil años de tiempo regular (alrededor de 50 000 años de Urantia), habiendo previamente servido como colaborador de menor y de mayor rango respectivamente durante períodos iguales.

El salmista sabía que Edentia estaba gobernada por tres padres de la constelación y, por consiguiente, se refirió a su morada en plural: "Del río sus corrientes alegran la ciudad de Dios, el santuario de los tabernáculos de los altísimos".

A lo largo de los siglos ha existido una gran confusión en Urantia en relación a los distintos gobernantes del universo. Muchos maestros posteriores llegaron a confundir sus imprecisas y ambiguas deidades tribales con los padres altísimos. Incluso más tarde, los hebreos fusionaron todos estos gobernantes celestiales en una deidad compuesta. Uno de sus maestros comprendió que los altísimos no eran los gobernantes supremos, puesto que dijo: "El que habita al abrigo del altísimo morará bajo la sombra del Omnipotente". En los textos que se conservan en Urantia es muy difícil a veces saber con exactitud qué quieren decir con el término "altísimo". Pero Daniel lo comprendió plenamente cuando dijo "El Altísimo gobierna en el reino de los hombres y lo da a quien él quiere".

Los padres de las constelaciones se implican poco con los seres individuales de los planetas habitados, pero están estrechamente relacionados con las funciones legislativa y elaboradora de leyes de las constelaciones, que tanto incumben a cada una de las *razas* mortales y al *grupo* nacional de los mundos habitados.

Aunque el régimen de la constelación se sitúa entre vosotros y la administración del universo, por lo común, de manera individual, no prestaríais mucha atención al gobierno de la constelación, sino que normalmente os centraríais, en su mayor parte, en el sistema local de Satania; pero Urantia está, de forma temporal, íntimamente vinculada a los gobernantes de la constelación debido a ciertas circunstancias planetarias y en relación al sistema local que resultaron de la rebelión de Lucifer.

En el momento de la secesión de Lucifer, los altísimos de Edentia asumieron ciertos niveles de autoridad planetaria en los mundos rebeldes, y continúan haciendo uso de esta atribución. Hace mucho tiempo que los ancianos de días dieron su confirmación a tal asunción de poder sobre estos mundos insubordinados. Sin duda, continuarán ejerciendo esa jurisdicción que asumieron mientras Lucifer esté vivo. En un sistema leal, una gran parte de esta autoridad se confiaría generalmente al soberano del sistema.

Pero todavía existe otro modo en el que Urantia mantuvo una singular relación con los altísimos. Cuando Miguel, el hijo creador, realizaba su última misión de gracia, toda vez que el sucesor de Lucifer no poseía plenos poderes en el sistema local, los altísimos de Norlatiadec se encargaron directamente de supervisar todos los asuntos relativos a este ministerio de Miguel en Urantia.

4. El monte de la asamblea: El fiel de días

El monte santísimo de la asamblea es la morada del fiel de días, el representante de la Trinidad del Paraíso que opera en Edentia.

Este fiel de días es hijo de la Trinidad del Paraíso y está presente en Edentia en calidad de representante personal de Emanuel desde la creación de dicho mundo sede. Siempre está a la diestra de los padres de la constelación para prestarles asesoramiento, pero jamás brinda sus consejos a menos que se le pida. Los elevados hijos del Paraíso nunca toman parte en la dirección de los asuntos de los universos locales salvo cuando los actuales gobernantes de tales dominios se lo soliciten. Pero todo lo que el unión de días es para el hijo creador, lo es el fiel de días para los altísimos de una constelación.

La residencia del fiel de días de Edentia constituye, para la constelación, el centro del sistema paradisíaco de comunicación e información externo al universo. Estos hijos de la Trinidad, con sus asistentes personales de Havona y del Paraíso, en conjunción con el unión de días encargado de la supervisión, se mantienen en contacto directo y permanente con los miembros de su orden en todos los universos, incluyendo Havona y el Paraíso.

El monte santísimo es de una espléndida belleza y está magníficamente decorado, pero la morada del hijo del Paraíso es modesta si se la compara con la morada central de los altísimos y las setenta construcciones que la rodean, y que constituyen el complejo residencial de los hijos vorondadecs. Estas instalaciones son exclusivamente residenciales; están completamente retiradas de los grandes edificios que conforman la sede administrativa en donde se tramitan los asuntos de la constelación.

La residencia del fiel de días de Edentia está situada al norte de las residencias de los altísimos y se le conoce como "el monte de la asamblea del Paraíso". En esta montaña consagrada, los mortales ascendentes se reúnen periódicamente para oír narrar a este hijo del Paraíso el largo y fascinante viaje de los mortales a su paso por los mil millones de mundos de perfección de Havona para continuar hasta el indescriptible gozo del Paraíso. Aquí, en estas congregaciones de carácter especial, que tienen lugar en el Monte de la Asamblea, los mortales morontiales llegan a tener un más profundo conocimiento de los distintos grupos de seres personales originarios del universo central.

Cuando el traidor Lucifer, antiguo soberano de Satania, dio noticia de su reivindicación de una mayor área de autoridad en el esquema de gobierno del universo local, buscaba reemplazar a todos los órdenes superiores de filiación. Se lo propuso en su corazón, diciendo: "En lo alto, levantaré mi trono sobre los hijos de Dios; y en el monte de la asamblea me sentaré, en los extremos del norte; y seré semejante al altísimo".

Los cien soberanos de los sistemas acuden regularmente a los cónclaves de Edentia que deliberan sobre el bien común de la constelación. Tras la rebelión de Satania, los archirrebeldes de Jerusem solían presentarse en estos consejos tal como lo habían hecho en ocasiones anteriores. Y no se halló el modo de detener esta arrogancia e insolencia hasta que Miguel completó su ministerio de gracia en Urantia y asumió la soberanía ilimitada sobre todo Nebadón. Desde ese día, en Edentia, nunca se ha permitido a estos instigadores del pecado asistir a los consejos de los soberanos leales de los sistemas.

El hecho de que los maestros de otro tiempo tenían conocimiento de estas cuestiones se demuestra por este texto: "Y hubo un día en el que los hijos de Dios se presentaron delante de los altísimos, y entre ellos vino también Satanás para presentarse delante de ellos". Esta es la constatación de un hecho, con independencia del contexto en el que pueda aparecer.

Desde el triunfo de Cristo, todo Norlatiadec se purifica de pecados y de rebeldes. En algún momento, antes de la muerte de Miguel en la carne, el colaborador del caído Lucifer, Satanás, trató de asistir a uno de los cónclaves de Edentia, pero el sentimiento de unión contra los archirrebeldes había llegado al punto en el que las puertas de la conmiseración estaban tan absolutamente cerradas que no se encontró apoyo alguno para los adversarios de Satania. Cuando no se abren las puertas al mal, no se da pie al pecado. Las puertas de los corazones de toda Edentia se cerraron para Satanás; el rechazo de los soberanos de los sistemas allí congregados fue unánime, y fue en este momento cuando el Hijo del Hombre "vio a Satanás caer de los cielos como un rayo".

Desde la rebelión de Lucifer se dispone de una nueva construcción cerca de la residencia del fiel de días. Este edificio de carácter transitorio constituye la sede del altísimo de enlace, que actúa en estrecho contacto con el hijo del Paraíso, en calidad de asesor para el gobierno de la constelación en todas las cuestiones relacionadas con la política y la actitud del orden de días hacia el pecado y la rebelión.

5. Los padres de Edentia desde la rebelión de Lucifer

La rotación en cargos de los altísimos de Edentia quedó suspendida en el momento de la rebelión de Lucifer. En la actualidad, contamos con los mismos gobernantes que estaban de turno en aquel momento. Deducimos que estos gobernantes no serán reemplazados hasta que Lucifer y sus colaboradores sean definitivamente destruidos.

No obstante, el gobierno actual de la constelación, se ha ampliado hasta constar de doce hijos del orden de los vorondadecs. Estos son los siguientes:

1. El Padre de la Constelación. El actual gobernante altísimo de Norlatiadec es el número de secuencia 617 318 de los vorondadecs de Nebadón. Prestó servicios en muchas de las constelaciones de todo nuestro universo local antes de asumir sus responsabilidades con respecto a Edentia.

2. El colaborador altísimo de rango mayor.

3. El colaborador altísimo de rango menor.

4. El asesor altísimo: el representante personal de Miguel desde que este alcanzó su estatus de hijo mayor.

5. El mandatario altísimo: el representante personal de Gabriel emplazado en Edentia desde la rebelión de Lucifer.

6. El jefe altísimo de los observadores planetarios: el director de los observadores Vorondadec emplazados en los mundos de Satania en aislamiento.

7. El árbitro altísimo: el hijo vorondadec a quien se le confió el cometido de corregir todos los problemas resultantes de la rebelión surgida en la constelación.

8. El gestor de emergencias altísimo: el hijo vorondadec encargado de la labor de adaptar los estatutos de emergencia del poder legislativo de Norlatiadec a los mundos de Satania aislados por la rebelión.

9. El mediador altísimo: el hijo vorondadec con la misión de armonizar los cambios surgidos por el ministerio de gracia habidos en Urantia con la administración rutinaria de la constelación. La existencia de cierta actividad de parte de algunos arcángeles y de numerosos otros servicios atípicos en Urantia, junto con la actividad especial de las brillantes estrellas vespertinas en Jerusem, requiere la intervención de este hijo.

10. El juez auditor altísimo: el jefe del tribunal de emergencia dedicado a la resolución de los problemas especiales surgidos en Norlatiadec por la confusión derivada de la rebelión en Satania.

11. El altísimo de enlace: el hijo vorondadec adscrito a los gobernantes de Edentia pero con nombramiento en calidad de asesor especial del fiel de días con respecto al mejor camino a seguir en la gestión de los problemas relativos a la rebelión y a la deslealtad de las criaturas.

12. El director altísimo: el presidente del consejo de emergencia de Edentia. Todos los seres personales asignados a Norlatiadec como consecuencia de la sublevación ocurrida en Satania constituyen el consejo de emergencia que está presidido por un hijo vorondadec de una extraordinaria experiencia.

Lo anterior no tiene en cuenta a los numerosos vorondadecs, enviados de las constelaciones de Nebadón, y a algunos otros que residen igualmente en Edentia.

Desde la rebelión de Lucifer, los padres de Edentia han prestado una especial atención a Urantia y otros mundos aislados de Satania. Hace mucho tiempo que el profeta percibió la mano rectora de los padres de la constelación en los asuntos de las naciones: “Cuando el altísimo hizo heredar a las naciones, cuando hizo dividir a los hijos de Adán, estableció los límites de los pueblos".

En cualquier mundo en cuarentena o en aislamiento hay un hijo vorondadec que actúa en calidad de observador. No toma parte en la administración del planeta salvo cuando el padre altísimo de la constelación lo manda intervenir en los asuntos de las naciones. En realidad, es este observador altísimo el que "tiene dominio sobre el reino de los hombres". Urantia es uno de los mundos aislados de Norlatiadec y, desde la traición de Caligastia, hay un observador vorondadec emplazado en el planeta. Cuando Maquiventa Melquisedec desempeñó su ministerio en Urantia con una forma semimaterial, rindió, tal como está escrito, un respetuoso homenaje al observador altísimo en aquel momento allí destinado: "Y Melquisedec rey de Salem y sacerdote del Altísimo". Melquisedec reveló la relación de este observador altísimo con Abraham cuando dijo, "Bendito sea el Altísimo, que entregó a tus enemigos en tus manos".

6. Los jardines de Dios

Las capitales de los sistemas están singularmente embellecidas por construcciones de orden material y mineral, mientras que la sede del universo refleja más la gloria espiritual, pero las capitales de las constelaciones constituyen la cúspide de la actividad morontial y de la ornamentación viva. En los mundos sedes de las constelaciones, este tipo de ornamentación viva se utiliza de forma más generalizada, y es esta preponderancia de la vida —el arte botánico— la que hace que a estos mundos se les llame "los jardines de Dios".

Alrededor de la mitad de Edentia está destinada a los excelentes jardines de los altísimos, que se encuentran entre las creaciones morontiales más fascinantes del universo local. Esto explica por qué tan a menudo haya, en los mundos habitados de Norlatiadec, sitios de extraordinaria belleza con el apelativo de "jardines del Edén".

En un lugar central de estos magníficos jardines, se encuentra el santuario de culto de los altísimos. El salmista debe haber tenido algún conocimiento de estas cosas cuando escribió: "¿Quién subirá las colinas de los Altísimos? ¿Quién estará en su lugar sagrado? El limpio de manos y puro de corazón, el que no ha elevado su alma a cosas vanas ni ha jurado con engaño". En este templo, los altísimos, cada décimo día de ocio, guían a toda Edentia en adoración contemplativa al Dios Supremo.

Los mundos arquitectónicos gozan de diez formas de vida de tipo material. En Urantia hay vida vegetal y vida animal, pero en un mundo como Edentia existen diez grupos de órdenes materiales de vida. Si pudieseis contemplarlos, rápidamente clasificaríais a las tres primeras de vegetales y a las tres últimas de animales, pero seríais manifiestamente incapaces de comprender la naturaleza de los cuatro grupos intermedios de fértiles y fascinantes formas de vida.

Incluso la vida ostensiblemente animal es muy distinta a la de los mundos evolutivos, tan distinta que resulta del todo imposible que la mente mortal pueda percibir el carácter único y el temperamento cariñoso de estas criaturas sin habla. Vuestra imaginación sería incapaz de concebir las miles y miles de criaturas vivas que allí existen. Toda la creación animal es de un orden enteramente diferente al de las toscas especies animales de los planetas evolutivos. Toda esta vida animal es, por otro lado, muy inteligente y delicadamente servicial, y todas las diversas especies son sorprendentemente dóciles y conmovedoramente amigables. En estos mundos arquitectónicos no hay criaturas carnívoras; en toda Edentia no existe nada que pueda atemorizar a un ser vivo.

La vida vegetal es también muy distinta a la de Urantia; se compone de variedades tanto de tipo material como morontial. La vegetación de tipo material tiene un colorido verde que la caracteriza, mientras que el equivalente morontial de vida de carácter vegetal tiene una tonalidad del color de las violetas o de las orquídeas con diversos matices y reflejos. Esta vegetación morontial es simplemente un brote de energía; cuando se consume, no deja residuo alguno.

Al estar dotados de diez grupos de vida de orden físico, por no mencionar las variantes de tipo morontial que poseen, estos mundos arquitectónicos ofrecen enormes posibilidades para el embellecimiento biológico del paisaje y de las construcciones materiales y morontiales. Los artesanos celestiales dirigen a los nativos espornagias en su gran labor de llevar a cabo la decoración vegetal y el engalanamiento biológico. Mientras que vuestros artistas tienen que recurrir a la inerte pintura y al inanimado mármol para plasmar sus conceptos, los artesanos celestiales y los univitatias hacen un uso más frecuente de materiales vivos para representar sus ideas y captar sus ideales.

Si disfrutáis de las flores, los arbustos y los árboles de Urantia, vuestros ojos se sentirán agasajados al contemplar la belleza de las plantas y la magnificencia floral de los supremos jardines de Edentia. Pero sobrepasa mi capacidad de descripción poder transmitir a la mente mortal una idea adecuada de la belleza de los mundos celestiales. En verdad, el ojo no ha visto glorias como las que os aguardan a vuestra llegada a estos mundos en vuestra aventura de ascensión como mortales.

7. Los univitatias

Los univitatias son los ciudadanos permanentes de Edentia y de los mundos vinculados a esta sede de la constelación; la totalidad de los setecientos setenta mundos que rodean tal sede están bajo su supervisión. Esta progenie del hijo creador y del espíritu creativo tiene su existencia en un plano que media entre lo material y lo espiritual, pero no son seres morontiales. Los nativos de cada una de las setenta esferas principales de Edentia poseen diferentes formas visibles, y a los mortales morontiales se les adapta su forma morontial para que se corresponda con la escala ascendente de los univitatias cada vez que dichos mortales trasladan su residencia de una esfera a otra de Edentia, en su paso consecutivo desde el mundo número uno al setenta.

Espiritualmente, los univitatias son similares; intelectualmente, varían al igual que lo hacen los mortales; en su forma, guardan un gran parecido con la del estado morontial de la existencia; y se crean para obrar en calidad de setenta órdenes diferentes de seres personales. Cada uno de estos órdenes de univitatias presenta diez variaciones principales de actividad intelectual, y cada uno de estos tipos de variantes intelectuales preside las escuelas de formación especial y culturales, dedicadas a la socialización progresiva de tipo ocupacional o práctica de alguno de los diez satélites que giran alrededor de cada uno de los mundos principales de Edentia.

Estos setecientos mundos menores son esferas técnicas donde se imparte una enseñanza de carácter práctico sobre el funcionamiento de todo el universo local, y están disponibles para todas las clases de seres inteligentes. Estas escuelas, en las que se instruye en destrezas especiales y en conocimiento técnico, no se dirigen exclusivamente a los mortales ascendentes, aunque sean estos estudiantes morontiales los que constituyen con diferencia el grupo más grande de todos aquellos que asisten a estos cursos de formación. Cuando se os admita en cualquiera de los setenta mundos principales de cultura social, de inmediato se os concederá autorización para cada uno de los diez satélites que lo rodean.

En las diversas colonias de cortesía, los mortales morontiales ascendentes predominan entre los directores de reversión, si bien los univitatias representan el grupo más numeroso vinculado al colectivo de Nebadón de artesanos celestiales. En todo Orvontón, ningún ser de fuera de Havona, salvo los abandontes de Uversa, puede igualar a los univitatias en cuanto a habilidad artística, adaptabilidad social y lucidez para la coordinación.

En realidad, estos ciudadanos de la constelación no son miembros del colectivo de artesanos, pero trabajan libremente con todos sus grupos y contribuyen de forma considerable a hacer de los mundos de la constelación las esferas principales para el desarrollo de las espléndidas posibilidades artísticas de esta cultura de transición. No desempeñan funciones más allá de los confines de los mundos sedes de la constelación

8. Los mundos formativos de Edentia

La dotación física de Edentia y de las esferas que la rodean es casi perfecta; difícilmente podrían igualar la grandeza espiritual de las esferas de Lugar de Salvación, pero superan con creces la magnificencia de los mundos formativos de Jerusem. Todas estas esferas de Edentia están energizadas directamente por las corrientes universales del espacio, y sus imponentes sistemas de potencia, tanto material como morontial, se supervisan y distribuyen con toda pericia por los centros de la constelación, asistidos por un capacitado colectivo de controladores físicos mayores y de supervisores de la potencia morontial.

El tiempo transcurrido en los setenta mundos formativos de transición y cultura morontial, en conjunción con todo el periodo de dedicación de los mortales ascendentes en Edentia, es el intervalo de tiempo más estable de la andadura de estos ascendentes hasta que alcanzan el estatus de finalizadores; esta es sin duda la vida morontial característica. Aunque se os vuelve a re-afinar cada vez que pasáis de un preeminente mundo cultural a otro, continuáis conservando el mismo cuerpo morontial; no hay, además, períodos de inconsciencia del ser personal.

Ocuparéis vuestra estancia en Edentia y en sus esferas vinculadas principalmente en alcanzar un dominio de la ética de grupo, la clave de una interrelación placentera y provechosa entre los diferentes órdenes de seres personales inteligentes del universo y del suprauniverso.

En los mundos de las moradas, completasteis la unificación del ser personal en desarrollo como mortal ascendente; en la capital del sistema, conseguisteis la ciudadanía en Jerusem y llevasteis a cabo la disposición de someter vuestro yo al ejercicio de las actividades de grupo y de otras tareas relacionadas; pero ahora, en los mundos formativos de la constelación, llegaréis a lograr la verdadera socialización en el desarrollo de vuestro ser personal como ser morontial. Este supremo logro de carácter cultural consiste en aprender cómo:

1. Vivir felizmente y trabajar con eficacia con diez semejantes morontiales distintos, mientras que diez de estos grupos se unen para formar compañías de cien miembros y se coaligan después en colectivos de mil.

2. Convivir con alegría y cooperar encarecidamente con diez univitatias, los cuales, aunque intelectualmente similares a los seres morontiales, son muy diferentes en todos los demás aspectos. Y, además, tendréis que interactuar con este grupo de diez en la medida en que este se coordina con otras diez agrupaciones, coaligadas a su vez en un colectivo de mil univitatias.

3. Conseguir una adaptación de forma simultánea tanto con vuestros iguales morontiales como con estos anfitriones univitatias. Adquirir la habilidad de cooperar con voluntariedad y eficacia con vuestro propio orden de seres y en colaboración estrecha y activa con un grupo algo diferente de criaturas inteligentes.

4. Así, al operar socialmente con seres similares y diferentes a vosotros, lograr la armonía intelectual y llevar a efecto una adaptación de orden ocupacional, con ambos grupos de compañeros.

5. Mientras conseguís una satisfactoria socialización de vuestro ser personal tanto a nivel intelectual como ocupacional, lograr una mayor perfección en la habilidad de vivir en estrecho contacto con seres similares y algo diferentes con cada vez menor irritabilidad y enojo. Los directores de reversión contribuyen considerablemente a esto último mediante sus actividades lúdicas de grupo.

6. Conformar todos estos distintos modos de socialización a fin de que favorezcan la coordinación progresiva de vuestra andadura de ascenso al Paraíso; aumentar vuestra percepción del universo al acrecentarse vuestra capacidad para comprender los objetivos y los contenidos eternos subyacentes en este tipo de actividades espacio-temporales aparentemente sin importancia.

7. Y, además, alcanzar el punto culminante de todo este sistema de multisocialización en simultaneidad con el incremento de vuestra percepción espiritual en su relación con el engrandecimiento de todas las facetas de vuestras dotes personales, por medio de la vinculación es-

piritual y la coordinación morontial con el grupo. Intelectual, social y espiritualmente, dos criaturas con capacidad moral, al cooperar entre ellas, no duplican simplemente sus potenciales personales de éxito en el universo sino que multiplican casi por cuatro sus posibilidades de logro y cumplimiento.

Hemos descrito el sistema de socialización de Edentia como la cooperación de un mortal morontial con una agrupación de univitatias de diez individuos, intelectualmente diferentes, en actuación conjunta de orden similar con diez de sus semejantes morontiales. Si bien, en los primeros siete mundos principales, solo un mortal ascendente convive con diez univitatias. En el segundo grupo de siete mundos principales, dos mortales moran con cada uno de los grupos nativos de diez miembros y así sucesivamente hasta que, en el último grupo de siete esferas principales, diez seres morontiales cohabitan con diez univitatias. A medida que aprendéis la mejor manera de socializar con los univitatias, más factible os será aplicar dicha ética perfeccionada a vuestra relación con esos progresadores morontiales compañeros vuestros.

Como mortales ascendentes disfrutaréis de vuestra estancia en los mundos de perfeccionamiento de Edentia, pero no experimentaréis esa sensación de satisfacción personal que caracteriza vuestro primer contacto con los asuntos del universo en la sede del sistema o vuestra despedida final de tales realidades en los últimos mundos de la capital del universo.

9. Ciudadanía en Edentia

Tras completar su formación en el mundo número setenta, los mortales ascendentes fijan su residencia en Edentia. Estos ascendentes asisten ahora, por primera vez, a las "asambleas del Paraíso" y oyen la historia de sus dilatadas andaduras narrada por el fiel de días, el primero de los seres personales supremos con origen en la Trinidad que han conocido.

La totalidad de esta estancia en los mundos formativos de la constelación, que culmina con la ciudadanía en Edentia, constituye un período de verdadera dicha celestial para los progresadores morontiales. A lo largo de vuestra estancia en los mundos del sistema, evolucionasteis desde criaturas casi animales a criaturas morontiales; erais más materiales que espirituales. En las esferas de Lugar de Salvación, evolucionaréis desde seres morontiales al estatus de verdaderos espíritus; seréis más espirituales que materiales. Pero en Edentia, los ascendentes están a medio camino entre su estatus anterior y la postrera, a medio camino en su travesía desde el animal evolutivo al espíritu ascendente. Durante toda vuestra estancia en Edentia y en sus mundos, sois "como los ángeles"; avanzáis continuamente, aunque siempre manteniendo un estatus morontial general característico.

Esta estancia del mortal ascendente en la constelación es la época de mayor uniformidad y estabilidad de toda su andadura progresiva como ser morontial. Tal experiencia abarca el aprendizaje de socialización de los ascendentes previa a su estatus de espíritus. Es análoga a la experiencia espiritual de los pre-finalizadores de Havona y a la formación de los seres pre-absonitos en el Paraíso.

En Edentia, los mortales ascendentes atienden principalmente a las tareas que se les asigna en los setenta mundos de perfeccionamiento de los univitatias. También sirven en distintos puestos en Edentia misma, mayormente en conjunción con el programa de la constelación relativo al bien común del grupo, la raza, la nación y el planeta. Los altísimos no se implican sobremanera en fomentar el avance individual de los habitantes de los mundos; gobiernan más bien en los reinos de los hombres que en el corazón de las criaturas individuales.

El día en que estéis preparados para partir de Edentia y llevar a cabo vuestra andadura en Lugar de Salvación, os detendréis y rememoraréis una de vuestras épocas más hermosas y reconfortantes de formación a este lado del Paraíso. Pero toda esta gloria se engrandecerá, conforme ascendáis hacia el interior y alcancéis una capacidad en aumento para apreciar de forma creciente los contenidos divinos y los valores espirituales.

[Auspiciado por Malavatia Melquisedec.]

ONCE

La sede del sistema local

(escrito 46)

JERUSEM, LA sede de Satania, es una capital de tipo medio de un sistema local y, aparte de las numerosas circunstancias excepcionales ocasionadas por la rebelión de Lucifer y el ministerio de gracia de Miguel en Urantia, es una esfera convencional del orden de otras similares. Vuestro sistema local ha pasado por algunas experiencias tormentosas, pero en la actualidad se gobierna con una gran eficacia y, conforme transcurren las eras, los efectos de la discordia se van erradicando de forma lenta pero segura. Se están restableciendo el orden y la buena voluntad, y las condiciones de Jerusem se acercan, cada vez más, al estatus celestial que describen vuestras tradiciones, porque esta sede del sistema es, en verdad, el cielo esperado por la mayoría de los creyentes religiosos del siglo XX.

1. Aspectos físicos de Jerusem

Jerusem se divide en mil sectores latitudinales y diez mil zonas longitudinales. Esta esfera tiene siete capitales principales y setenta centros administrativos menores. En las siete capitales jurisdiccionales, se lleva a cabo una actividad variada; el soberano del sistema, al menos una vez al año, hace acto de presencia en cada una de dichas capitales.

La milla regular de Jerusem equivale a unas siete millas de Urantia. El peso estándar, el "gradant", se ha estimado en el sistema decimal partiendo del ultimatón en su mayor grado de desarrollo y se corresponde a unos doscientos ochenta gramos de vuestro peso. El día de Satania es igual a tres días del tiempo de Urantia, menos una hora, cuatro minutos y quince segundos, que corresponden al tiempo de duración de la rotación axial de Jerusem. El año del sistema se compone de cien días de tiempo de Jerusem. Las horas del sistema las emiten los cronoldecs mayores.

La energía de Jerusem está magníficamente regida y circula por toda la esfera en canales segmentados que se alimentan directamente de las cargas energéticas del espacio y están bajo la experta dirección de los controladores físicos mayores. La resistencia natural al paso de estas energías por los canales físicos de conducción produce el calor necesario para crear la temperatura estable de esta esfera. La temperatura a plena luz del día se mantiene alrededor de veintiún grados centígrados, mientras que durante el período de recesión de la luz desciende a algo menos de diez grados.

El sistema de iluminación de Jerusem no os debería resultar difícil de comprender. No hay ni días ni noches, ni estaciones de calor y frío. Los transformadores de la potencia se encargan del mantenimiento de cien mil puntos centrales desde los que proyectan las energías enrarecidas hacia arriba a través de la atmósfera planetaria, experimentando ciertos cambios, hasta que alcanzan la capa límite de aire eléctrico de la esfera; entonces estas energías se reflejan hacia abajo como luz suave, tamizada y uniforme, de una intensidad parecida a la de la luz del sol que brilla sobre Urantia a las diez de la mañana.

Con una iluminación de tales características, los rayos de luz no parecen provenir de un solo lugar, sino que simplemente se filtran y dispersan desde el cielo, emanando por igual desde todas las direcciones del espacio. Esta luz es muy similar a la luz natural del sol, excepto que irradia mucho menos calor. De ello se puede deducir que los mundos sedes son cuerpos no luminosos del espacio; si Jerusem estuviese muy cerca de Urantia, no sería visible.

Los gases que reflejan esta luz-energía desde la parte superior de la ionosfera de Jerusem hacia el suelo son muy similares a los que se encuentran en las capas superiores de aire de Urantia y que dan lugar a los fenómenos aurorales de vuestras llamadas luces del norte, aunque estas se producen por causas diferentes. En Urantia, es este mismo escudo gaseoso el que impide que las ondas de transmisión terrestre se escapen porque, al elevarse directamente hacia el exterior, chocan con dicho cinturón que hace que reboten y que retornen a la tierra. De este modo, las transmisiones, cuando se desplazan por el aire alrededor de vuestro mundo, se mantienen cerca de la superficie.

La esfera se mantiene así iluminada de forma uniforme durante el setenta y cinco por ciento del día de Jerusem; luego hay una recesión gradual de la luz hasta que, en el momento de mínima iluminación, la intensidad de esta se aproxima a la de vuestra luna llena en una noche clara. Es la hora calma para todo Jerusem. Tan solo las estaciones de transmisión y recepción permanecen operativas durante este período de descanso y recuperación.

Jerusem recibe la tenue luz de algunos soles cercanos —una especie de luz brillante de las estrellas—, pero no depende de ellos; los mundos como Jerusem no están expuestos a las vicisitudes de las perturbaciones solares ni han de afrontar el problema de un sol en período de enfriamiento o moribundo.

Los siete mundos de estudio y transición y sus cuarenta y nueve satélites se calientan, iluminan, energizan y proveen de agua por el mismo procedimiento de Jerusem.

2. Características físicas de Jerusem

En Jerusem echaréis de menos las cadenas de montañas escarpadas de Urantia y de otros mundos evolutivos. Tampoco hay terremotos ni precipitaciones de lluvia; no obstante, disfrutaréis de las bellas altiplanicies y de otras singulares variaciones de su topografía y paisaje. Jerusem tiene áreas inmensas que se conservan en su "estado natural". La magnificencia de estas regiones excede en mucho la capacidad imaginativa humana.

Hay miles y miles de lagos pequeños, pero no hay ríos embravecidos ni extensos océanos. No hay lluvias ni tormentas ni ventiscas en ninguno de los mundos arquitectónicos, pero, cuando la temperatura desciende a su máximo, algo que se produce en paralelo a la recesión de la luz, la humedad se condensa en forma de precipitación diaria. (El punto de rocío es más elevado en un mundo de tres gases que en un planeta de dos gases como Urantia). La humedad es necesaria tanto para la vida física de las plantas como para los seres vivos del mundo morontial, pero dicha humedad se origina, mayormente, gracias al sistema de circulación del subsuelo que se extiende por toda la esfera, y que llega incluso a las mismas cimas de las altiplanicies. Este sistema hidráulico no es totalmente subterráneo, ya que existen muchos canales que comunican entre sí a los destellantes lagos de Jerusem.

La atmósfera de Jerusem está constituida por una mezcla de tres gases. Este aire es muy similar al de Urantia aunque tiene un gas adicional, propicio para la respiración del orden de vida morontial. Este tercer gas de ninguna manera hace al aire irrespirable para los animales o plantas de los órdenes materiales.

El sistema de transporte está vinculado a las corrientes circulatorias implicadas en el movimiento de la energía, las cuales están situadas a intervalos de dieciséis kilómetros. Adaptando sus mecanismos físicos, los seres materiales del planeta pueden trasladarse a una velocidad que varía entre trescientos y ochocientos kilómetros por hora. Las aves transportadoras vuelan a una velocidad aproximada de ciento sesenta kilómetros por hora. Los artefactos aéreos usados por los hijos materiales viajan a unos ochocientos kilómetros por hora. Los seres materiales y los incipientes seres morontiales han de hacer uso de estos medios mecánicos de transporte, si bien, los seres personales espirituales se desplazan enlazando con las fuerzas superiores y las fuentes espirituales de la energía.

En Jerusem y en los mundos vinculados a esta sede se dan las típicas diez categorías de la vida física, características de las esferas arquitectónicas de Nebadón. Y puesto que no hay evolución orgánica en Jerusem, no existen formas de vida antagonistas ni pugna por la existencia ni la ley del más fuerte. Hay más bien una adaptación creativa que prefigura la belleza, la armonía y la perfección de los mundos eternos del universo central y divino. Y, en toda esta perfección creativa, existe el más asombroso encaje entre la vida física y la morontial, que los artesanos celestiales y sus colaboradores combinan de manera artística.

De hecho, Jerusem es un preludio de la gloria y el esplendor paradisíacos. Y por mucho que se intente describirlos, no abriguéis la esperanza de llegar a tener una idea adecuada de estos gloriosos mundos arquitectónicos. Hay poco que sea comparable a vuestro mundo y, si este fuese el caso, las cosas de Jerusem trascienden tanto a las de Urantia que cualquier comparación parecería prácticamente incongruente y distorsionada. En realidad, hasta que no lleguéis a Jerusem es difícil que podáis albergar noción alguna que se acerque a un verdadero concepto de estos mundos celestiales; sin embargo, en un futuro no muy lejano se comparará vuestra experiencia venidera en la capital del sistema con vuestra llegada postrera a las esferas más remotas de formación del universo, del suprauniverso y de Havona.

El sector de fabricación y de laboratorios de Jerusem ocupa una amplia área, la cual, por su carencia de chimeneas humeantes, sería difícil de reconocer por los habitantes de Urantia; no obstante, en conexión con estos mundos especiales, hay todo un intrincado y eficaz sistema organizado de orden material al igual que unos procedimientos mecánicos perfectos y unos logros físicos que asombrarían e incluso sobrecogerían a vuestros químicos e inventores más experimentados. Considerad que este primer mundo en el que os detenéis en vuestro viaje al Paraíso es mucho más material que espiritual. Durante toda vuestra estancia en Jerusem y en sus mundos de transición, estaréis mucho más cerca de las cosas materiales de vuestra vida terrestre de lo que estaréis en vuestra ulterior y progresiva existencia espiritual.

Monte Serafín, con sus casi cuatro mil seiscientos metros, constituye la elevación de mayor altitud de Jerusem y el punto de salida de todos los serafines transportadores. Se utilizan numerosos desarrollos de tipo mecánico a fin de suministrar la energía inicial necesaria para escapar de la gravedad planetaria y vencer la resistencia del aire. Durante todo el periodo de luz y, a veces, hasta bien entrada su recesión, cada tres segundos del tiempo de Urantia parte uno de los transportes seráficos. Los transportadores toman vuelo a una velocidad aproximada de veinticinco millas regulares por segundo del tiempo de Urantia y no alcanzan su velocidad estándar hasta que no se sitúan a más de dos mil millas de Jerusem.

Los transportes llegan al campo de vidrio, al llamado mar de cristal. Alrededor de esta área se hallan las estaciones de recepción de los distintos órdenes de seres que surcan el espacio utilizando el transporte seráfico. Cerca de la estación receptora del mar polar de los visitantes estudiantiles, puedes ascender al observatorio nacarado y contemplar el inmenso mapa en relieve de todo el planeta sede.

3. Las estaciones de recepción y transmisión de Jerusem

Las transmisiones procedentes del suprauniverso y del Paraíso-Havona se reciben en Jerusem en coordinación con Lugar de Salvación y mediante un procedimiento relacionado con el vidrio polar, o mar de cristal. Además de su capacidad para la recepción de estos comunicados de más allá de Nebadón, existen tres grupos diferentes de estaciones receptoras. Dichos grupos, distintos pero tricirculares, están configurados para la recepción de estas emisiones que se realizan desde los mundos locales, desde la sede de la constelación y desde la capital del universo local. Todas ellas automáticamente se manifiestan de modo que puedan resultar perceptibles para todas las clases de seres presentes en el anfiteatro receptor central; de todos los atractivos de los que goza el mortal ascendente en Jerusem, ninguno es más fascinante ni capta más su atención como el de escuchar un inagotable flujo de informes espaciales provenientes del universo.

Rodeando la estación de recepción de transmisiones de Jerusem, hay un enorme anfiteatro construido con materiales resplandecientes, en su mayor parte desconocidos en Urantia, que es capaz de albergar a cinco mil millones de seres —materiales y morontiales— además de dar cabida a incontables seres personales espirituales. El entretenimiento favorito de todo Jerusem es pasar su tiempo de ocio en esta estación receptora a fin de conocer el bienestar y el estado de las cosas del universo. Es la única actividad planetaria que no decae durante la recesión de la luz.

A este anfiteatro, llegan continuamente los mensajes de Lugar de Salvación. Cerca de aquí, al menos una vez al día, se reciben desde Edentia las palabras de los padres altísimos de la constelación. Periódicamente, a través de Lugar de Salvación, se transmiten las emisiones regulares y especiales procedentes de Uversa y, cuando los mensajes proceden del Paraíso, la población al completo se reúne en torno al mar de cristal, y los colaboradores de Uversa añaden al sistema de transmisión del Paraíso el fenómeno de la reflectividad para que se haga visible todo lo que se oiga. De esta manera, conforme viajan hacia el interior en su eterna aventura, se ofrece a los supervivientes mortales un anticipo continuo del progresivo aumento de lo bello y lo grandioso.

La estación emisora de Jerusem está situada en el polo opuesto de la esfera. Todas las transmisiones con destino a los distintos mundos se realizan desde las capitales de los sistemas, salvo los mensajes de Miguel, que suelen alcanzar su destino directamente a través de los canales de transmisión de los arcángeles.

4. Las áreas residenciales y administrativas

Jerusem tiene grandes extensiones que se dedican a áreas residenciales, mientras que tiene otras que se destinan a la realización de las necesarias funciones administrativas relacionadas con la supervisión de los asuntos de 619 esferas habitadas, de 56 mundos de cultura y transición y de la capital misma del sistema. En Jerusem y en Nebadón esta distribución se configura de la siguiente manera:

1. *Los círculos*: las áreas residenciales para los no nativos.

2. *Los cuadrados*: las áreas ejecutivas y administrativas del sistema.

3. *Los rectángulos*: el punto de encuentro de la vida nativa de inferior rango.

4. *Los triángulos*: las áreas locales o administrativas de Jerusem.

Tal distribución de la actividad del sistema en círculos, cuadrados, rectángulos y triángulos es común a todas las capitales de los sistemas de Nebadón. Es posible que en otro universo predomine una disposición totalmente diferente. Son los hijos creadores los que, de acuerdo con sus distintos planes, deciden estas cuestiones.

Nuestro relato de estas áreas residenciales y administrativas no tiene en cuenta las bellas e inmensas heredades de los hijos materiales de Dios —los ciudadanos permanentes de Jerusem— ni tampoco hace alusión a numerosos otros órdenes de fascinantes criaturas espirituales y semiespirituales. Por ejemplo: Jerusem goza del eficiente servicio de los espirongas, creados para desempeñar sus funciones en el sistema. Estos seres se dedican al ministerio espiritual de los residentes y visitantes supramateriales. Constituyen un extraordinario grupo de admirables seres inteligentes que son servidores de transición de las criaturas morontiales de mayor rango y de los asistentes morontiales, cuya labor consiste en mantener y embellecer todas las creaciones morontiales. Son para Jerusem lo que las criaturas intermedias son para Urantia: ayudantes mediadores que operan entre lo material y lo espiritual.

Las capitales de los sistemas son singulares en el sentido de que son los únicos mundos en los que se muestran, de modo casi perfecto, las tres fases de la existencia universal: la material, la morontial y la espiritual. Si eres un ser personal material, morontial o espiritual, te sentirás en casa en Jerusem; así se sienten también los seres de naturaleza combinada como las criaturas intermedias y los hijos materiales.

Jerusem posee magníficos edificios tanto de tipo material como morontial, aunque la magnificencia de las zonas puramente espirituales no es menos excelente ni plena. ¡Ojalá pudiese encontrar palabras que me sirvieran para hablaros de los equivalentes morontiales del excelente equipamiento físico de Jerusem! ¡Ojalá pudiese describir la sublime grandeza y la magnífica perfección de las instalaciones de orden espiritual de este mundo sede! Por mucho que vuestra imaginación pueda llegar a concebir la perfección de la belleza y la plenitud de medios empleados, sería difícil que se pudiesen aproximar a estas grandiosidades. Y Jerusem no es sino el primer paso en el camino hacia la suprema perfección que caracteriza la belleza del Paraíso.

5. Los círculos de Jerusem

Se les da el nombre de "círculos de Jerusem" a las zonas residenciales reservadas para los principales grupos de vida del universo. En esta narración se mencionan los siguientes conjuntos de círculos:

1. Los círculos de los hijos de Dios.
2. Los círculos de los ángeles y de los espíritus de superior rango.
3. Los círculos de los auxiliares del universo, incluyendo a los hijos trinitizados por criaturas no asignados a los hijos preceptores de la Trinidad.
4. Los círculos de los controladores físicos mayores.
5. Los círculos de los mortales ascendentes seleccionados, incluyendo a las criaturas intermedias.
6. Los círculos de las colonias de cortesía.
7. Los círculos del colectivo final.

Cada uno de estos agrupamientos residenciales consiste en siete círculos concéntricos que se elevan sucesivamente. Todos ellos están construidos conforme a unas mismas directrices pero tienen tamaños diferentes y están fabricados con materiales distintos. Todos están rodeados por recintos de grandes proporciones, que se erigen formando espaciosos paseos envolviendo por completo a cada uno de los siete conjuntos de círculos concéntricos.

1. *Los círculos de los hijos de Dios.* Aunque los hijos de Dios poseen su propio planeta de socialización —uno de los mundos de cultura y transición—, también ocupan en Jerusem estas extensas áreas. En dicho mundo, los ascendentes mortales se relacionan libremente con todos los órdenes de filiación divina. Allí llegaréis a conocerlos personalmente y a amarlos, si bien su vida social se ciñe, considerablemente, a ese mundo especial y a sus satélites. Sin embargo, en los círculos de Jerusem, se

puede observar a estos distintos grupos de filiación en sus menesteres. Y puesto que la visión morontial tiene un inmenso alcance, podréis caminar por los paseos de los hijos de Dios y contemplar la fascinante labor de sus numerosos órdenes.

Los siete círculos de los hijos de Dios son concéntricos y se elevan de forma consecutiva, de tal manera que cada uno de los círculos exteriores, de mayor tamaño, tiene vistas a los círculos interiores, de menor tamaño. Cada cual está rodeado de un muro construido con resplandecientes gemas de cristal que sirve de paseo público. Estos muros son tan elevados que es factible visualizar desde ellos la totalidad de sus respectivos círculos residenciales. Las numerosas puertas —entre cincuenta y ciento cincuenta mil—, que dan acceso a estos muros, están hechas de cristales nacarados individuales.

El primero de los círculos de esta área reservada a los hijos divinos está ocupado por los hijos magistrados y sus asistentes personales. Aquí se centran todos los planes y la actividad directa pertinentes a los servicios de gracia y judiciales de estos juristas. También, a través de este centro de actividad, los avonales del sistema se mantienen en contacto con el universo.

El segundo círculo está ocupado por los hijos preceptores de la Trinidad. En esta área sagrada, los dainales y sus colaboradores llevan a cabo la formación de los hijos preceptores primarios recién incorporados. Para esta tarea cuentan con la eficiente ayuda de una división de ciertos coiguales de las brillantes estrellas vespertinas. Los hijos trinitizados por criaturas ocupan un sector dentro del círculo de los dainales o preceptores de la Trinidad que, al tener, al menos, origen en la Trinidad, son los que más próximos están de representar al Padre Universal en un sistema local. Este segundo círculo constituye un área de extraordinario interés para todos los pobladores de Jerusem.

El tercer círculo está asignado a los melquisedecs. Aquí residen los jefes del sistema, encargados de supervisar la casi interminable actividad de estos versátiles hijos. Los melquisedecs son los padres adoptivos y asesores permanentes de los mortales ascendentes durante toda su andadura en Jerusem, desde que llegan al primero de los mundos de las moradas. Dejando al margen la labor siempre presente que realizan los hijos e hijas materiales, no sería equivocado afirmar que la que llevan a cabo los melquisedecs ejerce una predominante influencia en Jerusem.

El cuarto círculo es el hogar de los vorondadecs y de todos los otros órdenes de hijos de Dios visitantes y observadores que no tienen otro acomodo. Los padres altísimos de la constelación establecen su domicilio en este círculo cuando se hallan en visitas de inspección en el sistema local. Los perfeccionadores de la sabiduría, los consejeros divinos y los censores universales residen en él cuando están de servicio en el sistema.

El quinto círculo es la morada de los lanonandecs, el orden de filiación de los soberanos de los sistemas y de los príncipes planetarios. Estos tres grupos de lanonandecs interactúan entre sí como uno solo cuando residen en esta área. En dicho círculo se encuentran las reservas de lanonandecs del sistema; el soberano del sistema dispone, en la colina de la administración, de un templo situado en el centro del grupo de edificios de gobernación.

El sexto círculo es el lugar de estancia de los portadores de vida del sistema. Aquí se congregan todas las categorías de estos hijos divinos, y desde aquí salen hacia sus mundos de destino.

El séptimo círculo es el punto de encuentro de los hijos ascendentes, esto es, de aquellos mortales destinados, junto con sus acompañantes seráficos, a desempeñar temporalmente actos de servicio en la sede del sistema. Todos aquellos que una vez fueron mortales y que gozan de una condición superior a la de ciudadanos de Jerusem e inferior a la de finalizadores se consideran como pertenecientes al grupo que tiene su sede en este círculo.

Los círculos reservados a los hijos de Dios ocupan una enorme extensión y tenían, en su centro, hace mil novecientos años, un gran espacio abierto. Sin embargo, esta zona central está ahora ocupada por el monumento en recuerdo de Miguel, terminado hace quinientos años. Hace cuatrocientos noventa y cinco años, cuando se le dedicó este templo, Miguel acudió en persona, y todo Jerusem oyó el emocionante relato del ministerio de gracia de un hijo mayor en Urantia, el más pequeño de los planetas de Satania. En la actualidad, este monumento constituye el centro de todos los menesteres relacionados con la gestión del sistema, modificada como consecuencia de este ministerio de gracia, sin exceptuar la mayor parte de la actividad recientemente transferida desde Lugar de Salvación. La dotación de este monumento suma más de un millón de seres personales.

2. *Los círculos de los ángeles.* Al igual que el área residencial de los hijos de Dios, los círculos de los ángeles constan de siete círculos concéntricos que se elevan de forma sucesiva, cada cual con vistas a las zonas interiores.

El primer círculo de los ángeles está ocupado por los seres personales superiores del Espíritu Infinito, tales como los mensajeros solitarios y sus colaboradores, que puedan estar emplazados en el mundo sede. El segundo círculo está dedicado a las multitudes de mensajeros, a los asesores técnicos, a los acompañantes, a los inspectores y a los archivistas que puedan estar realizando actos de servicio periódicos en Jerusem. El tercer círculo pertenece a los espíritus servidores de los órdenes y agrupaciones de seres de índole superior.

El cuarto círculo está asignado a los serafines gestores, y los serafines que sirven en un sistema local como Satania forman una "innumerable multitud de ángeles". El quinto círculo lo ocupan los serafines planetarios, mientras que el sexto es el hogar de los servidores de las criaturas en transición. El séptimo círculo es el área de estancia de ciertos órdenes de serafines no revelados. Los archivistas de todos estos grupos de ángeles no residen con sus compañeros, sino que lo hacen en el templo de los archivos de Jerusem. En este triple edificio, todos los archivos se conservan por triplicado. En la sede de un sistema, los registros siempre se guardan en forma material, morontial y espiritual.

Estos siete círculos están rodeados por las exposiciones panorámicas de Jerusem, de cinco mil millas regulares de circunferencia, dedicadas a la presentación en su estatus evolutivo de los mundos poblados de Satania. Las exposiciones sufren revisiones constantes con el fin de poder verdaderamente representar las condiciones actualizadas de los distintos planetas. Sin duda, este inmenso lugar de paseo con vistas a los círculos de los ángeles será la primera visión de Jerusem que captará vuestra atención cuando, en vuestras primeras visitas, se os permita disponer de abundante tiempo libre.

Las exposiciones están a cargo de los nativos de Jerusem, pero cuentan con la ayuda de los ascendentes de los distintos mundos de Satania que, en su camino a Edentia, hacen estancia en Jerusem. Para la descripción de las condiciones planetarias y del progreso de los mundos se utilizan numerosas técnicas. Aunque conocéis algunas, muchas de ellas son desconocidas en Urantia. Estas exposiciones ocupan la margen externa de este inmenso muro; el resto del paseo está casi completamente vacío y extraordinaria y magníficamente embellecido.

3. *Los círculos de los auxiliares del universo*, en su enorme espacio central, albergan la sede de las estrellas vespertinas. Aquí se encuentra la sede de Galantia en el sistema, el jefe adjunto de este poderoso grupo de

superángeles y el primero en alcanzar dicho nombramiento entre todas las estrellas vespertinas ascendentes. Aunque sea una de las construcciones más recientes, se trata de uno de los sectores administrativos de mayor magnificencia de Jerusem. Este punto central tiene cincuenta kilómetros de diámetro. La sede de Galantia es un cristal fundido de una pieza, totalmente transparente. Estos cristales de naturaleza morontial y material cuentan con un gran aprecio entre los seres morontiales y los materiales. Las estrellas vespertinas creadas ejercen su influencia sobre todo Jerusem, siendo poseedores de tales atributos extrapersonales. Todo este mundo está envuelto en fragancia espiritual desde que mucha de su actividad se transfirió aquí desde Lugar de Salvación.

4. *Los círculos de los controladores físicos mayores*. Los distintos órdenes de estos controladores físicos se distribuyen concéntricamente alrededor del inmenso templo de la potencia, que preside el jefe de la potencia del sistema en colaboración con el jefe de los supervisores de la potencia morontial. Este templo es uno de los dos sectores de Jerusem donde no se permite el acceso de los mortales ascendentes ni de las criaturas intermedias; el otro es el sector de desmaterialización, en el área de los hijos materiales, compuesto de una serie de laboratorios en los que los serafines de transporte transforman a los seres materiales en un estado bastante parecido al del orden morontial de existencia.

5. *Los círculos de los mortales ascendentes*. El área central de estos círculos lo ocupa un grupo de 619 zonas monumentales planetarias que representan a los mundos habitados del sistema. Periódicamente, estas construcciones experimentan grandes cambios. Los mortales de cada uno de los mundos gozan del privilegio de poder convenir ocasionalmente ciertas modificaciones o incorporaciones a sus monumentos planetarios. Incluso, en este momento, se están efectuando muchos cambios en las construcciones dedicadas a Urantia. En el centro de estos 619 templos, hay un modelo prototipo de Edentia y de sus numerosos mundos de culturización de los ascendentes. Este modelo tiene un diámetro de cuarenta millas y es una reproducción exacta de la organización de Edentia, fiel al original en cada uno de sus detalles.

Para los ascendentes, es un placer servir en Jerusem y contemplar el quehacer de otros grupos. Todo lo que se hace en estos distintos círculos está completamente abierto a la observación de la totalidad de Jerusem.

En dicho mundo se desarrollan tres tipos diferentes de actividad: labor, progreso y esparcimiento. Esto es, servicio, estudio y ocio. Dicho de otra manera, son: interacción social, esparcimiento en grupos y adoración divina. La interrelación con diversos grupos de seres personales, con órdenes de seres muy distintos a los de uno mismo, es de un gran valor educativo.

6. *Los círculos de las colonias de cortesía.* Los siete círculos de las colonias de cortesía están embellecidos por tres construcciones de grandes proporciones: el inmenso observatorio astronómico de Jerusem, la gigantesca galería de arte de Satania y el enorme salón de actos de los directores de reversión, que conforman el escenario de la actividad morontial dedicada al reposo y al esparcimiento.

Los artesanos celestiales dirigen la labor de los espornagias y proveen esa gran cantidad de ornamentos creativos y de monumentos conmemorativos que abundan en cualquier espacio de reunión público. Los talleres de los artesanos se encuentran entre los más grandes y bellos de todas las inigualables construcciones de este extraordinario mundo. Las otras colonias de cortesía mantienen unas sedes amplias y excelentes. Muchos de estos edificios están construidos en su totalidad de gemas de cristal. Todos los mundos arquitectónicos están repletos de cristal y de los llamados metales preciosos.

7. *Los círculos de los finalizadores* contienen, en su centro, una singular construcción. Y este mismo templo vacío se encuentra por todo Nebadón, en cada uno de los mundos sedes de sus sistemas. En Jerusem, dicho edificio está sellado con la insignia de Miguel y porta la siguiente inscripción: "Por dedicar a la séptima etapa espiritual —el servicio eterno—". Gabriel selló este misterioso templo y nadie, excepto Miguel, podrá romper el sello de su soberanía colocado por la brillante estrella de la mañana. Algún día contemplaréis este templo silencioso, aunque no podáis comprender su misterio.

Otros círculos de Jerusem: Además de estos círculos residenciales, existen en Jerusem numerosos otros igualmente destinados a viviendas.

6. Los cuadrados ejecutivos-administrativos

Las divisiones ejecutivas-administrativas del sistema se encuentran situadas en los inmensos cuadrados departamentales, cuyo número asciende a mil. Cada unidad de gobernación consta de cien subdivisiones de diez subgrupos cada una. Estos mil cuadrados se distribuyen en diez grandes sectores, conformándose así los diez departamentos administrativos siguientes:

1. Mantenimiento físico y mejoramiento material, los ámbitos de la potencia y de la energía físicas.
2. Arbitraje, ética y juicio administrativo.
3. Asuntos planetarios y locales.
4. Asuntos de la constelación y del universo.
5. Educación y otra actividad de los melquisedecs.
6. Progreso físico planetario y del sistema, los ámbitos científicos de la actividad que se desarrolla en Satania.
7. Asuntos morontiales.
8. Actividad y ética puramente espirituales.
9. Ministerio a los ascendentes.
10. Filosofía del gran universo.

Estas construcciones son transparentes; de ahí que incluso los visitantes estudiantiles puedan ver toda la actividad que tiene lugar en relación al sistema.

7. Los rectángulos: Los espornagias

Los mil *rectángulos* de Jerusem dan cabida a los seres nativos de menor rango de este planeta sede; en el centro de estos se encuentra la inmensa sede circular de los espornagias.

En Jerusem los logros agrícolas de los maravillosos espornagias os llenarán de asombro. Allí la tierra se cultiva, en gran parte, con un propósito estético y de ornamentación. Los espornagias son los jardineros paisajistas de los mundos sedes y, en su tratamiento de los espacios abiertos de Jerusem, son a la vez originales y artísticos. En el cultivo de la tierra, los espornagias utilizan tanto a animales como a un gran número de dispositivos mecánicos; hacen un uso experto e inteligente de los mecanismos de la potencia del entorno a su cargo al igual que de numerosos órdenes de hermanos suyos menores pertenecientes a creaciones animales de inferior rango, muchos de los cuales se les facilitan en estos mundos especiales. En la actualidad, este orden de vida animal está en gran parte dirigido por criaturas intermedias ascendentes procedentes de las esferas evolutivas.

En los espornagias no residen los modeladores. No poseen almas que sobrevivan, pero gozan de una larga vida, que puede alcanzar a veces hasta cuarenta o cincuenta mil años regulares. Su número es ingente, y proporcionan su ministerio físico a todos los órdenes de seres personales del universo que necesiten este servicio de índole material.

Aunque los espornagias no poseen ni desarrollan almas que puedan sobrevivir, aunque no tengan ser personal, sí desarrollan, no obstante, una individualidad que los capacita para la reencarnación. Cuando, al pasar el tiempo, los cuerpos físicos de estas criaturas singulares se deterioran por el uso y la edad, sus creadores, en colaboración con los portadores de vida, dan origen a nuevos cuerpos en los que los viejos espornagias vuelven a establecer su morada.

De todo el universo de Nebadón, los espornagias son las únicas criaturas que experimentan esta clase o cualquiera otra clase de reencarnación. Estos seres solo son receptivos a los primeros cinco espíritus asistentes de la mente; no responden a los espíritus de adoración ni al de sabiduría. Pero una mente sensible a estos cinco asistentes equivale a una totalidad o nivel sexto de la realidad, y este es el factor que continúa como identidad experiencial.

Cuando intento describir a estas criaturas, útiles y extraordinarias, me faltan elementos con los que poder establecer comparaciones, ya que no existen animales en los mundos evolutivos con los que se puedan comparar. No son seres evolutivos puesto que los portadores de vida los diseñaron en su forma y condición actuales. Son bisexuales y procrean en la medida en que se les necesita para responder a las necesidades de una población creciente.

Quizás la mejor manera de evocar en las mentes de Urantia algo de la naturaleza de estas criaturas, bellas y serviciales, es diciendo que representan una combinación de los rasgos de un caballo fiel y de un perro cariñoso, y manifiestan una inteligencia que excede a la de los tipos superiores de chimpancé. Y, juzgándoles según los criterios de la belleza física de Urantia, son seres muy hermosos. Aprecian en mucho las atenciones que los residentes materiales y semimateriales de estos mundos arquitectónicos les dispensan. Tienen una visión que les permite reconocer —además de a los seres materiales— a las creaciones de carácter morontial, a los órdenes angélicos menores, a las criaturas intermedias y a algunos de los órdenes de seres personales espirituales de menor rango. No comprenden la adoración del Infinito ni captan la trascendencia del Eterno, pero, por el afecto que sienten hacia sus superiores, sí participan en las devociones espirituales externas de sus mundos.

Hay quienes creen que, en una futura era del universo, estos fieles espornagias conseguirán librarse de su estado animal y alcanzar un valioso destino evolutivo de crecimiento intelectual progresivo e incluso de logro espiritual.

8. Los triángulos de Jerusem

Los asuntos puramente locales y rutinarios de Jerusem se dirigen desde cien *triángulos*. Estas unidades se agrupan en torno a diez magníficas construcciones, sedes de la administración local de Jerusem. Alrededor de los triángulos hay una representación panorámica de la historia de la sede del sistema. Actualmente, se han prescindido de más de dos millas regulares de esta historia circular. Este sector se restablecerá en el momento en el que Satania sea readmitida como parte de la familia de la constelación. Siguiendo los decretos de Miguel, todo está previsto para tal acontecimiento, si bien, el tribunal de los ancianos de días aún no ha concluido su dictamen sobre los asuntos de la rebelión de Lucifer. Satania no puede volver a una hermandad plena con Norlatiadec mientras dé cabida a archirrebeldes, seres de alto origen que cayeron de la luz a las tinieblas.

Cuando Satania pueda volver al seno de la constelación, entonces se considerará la readmisión de los mundos aislados en la familia de planetas habitados del sistema, que viene acompañada de su restablecimiento a la comunión espiritual de los mundos. Pero incluso si Urantia quedara restablecida en las vías circulatorias del sistema, vosotros seguiríais en una situación difícil por el hecho de que todo vuestro sistema permanece en cuarentena por disposición de Norlatiadec, que la separaba parcialmente de todos los demás sistemas.

Pero en poco tiempo, el veredicto sobre Lucifer y de sus colaboradores restituirá el sistema de Satania a la constelación de Norlatiadec y, posteriormente, Urantia y las demás esferas aisladas regresarán a las vías de Satania y, una vez más, estos mundos podrán gozar del privilegio de la comunicación interplanetaria y de la comunión entre sistemas.

Llegará el fin para los rebeldes y la rebelión. Los gobernantes supremos son misericordiosos y pacientes, pero la ley en relación al mal deliberado se ejecuta de modo universal e infalible. "La paga del pecado es muerte" —la obliteración eterna—.

[Exposición de un arcángel de Nebadón.]

DOCE

Los siete mundos de las moradas

(ESCRITO 47)

EL HIJO creador, cuando estaba en Urantia, dijo: "en el universo de mi Padre hay muchas moradas". En cierto sentido, los cincuenta y seis mundos que rodean a Jerusem están dedicados a la culturización y transición de los mortales ascendentes, si bien, los que más concretamente se conocen como los mundos de las moradas son los siete satélites del mundo número uno.

El mundo mismo de transición número 1, la sede del colectivo de los finalizadores destinados a Satania, está, en alto grado de exclusividad, centrado en la actividad relacionada con los ascendentes. En la actualidad, este mundo sirve de sede a más de cien mil compañías de finalizadores, y hay mil de estos seres glorificados en cada uno de dichos grupos.

Cuando un sistema se asienta en luz y vida, y a medida que los mundos de las moradas cesan uno tras otro de servir en calidad de estaciones de formación, hay una creciente población de finalizadores que se va congregando en estos sistemas más antiguos y de mayor grado de perfección.

Los siete mundos de morada están bajo la responsabilidad de los supervisores morontiales y de los melquisedecs. En cada uno de ellos hay un gobernador en funciones, que es directamente responsable ante los gobernantes de Jerusem. En cada cual, los conciliadores de Uversa mantienen una sede y, contigua a esta, también en cada uno de estos mundos, se halla el punto de encuentro local de los asesores técnicos. De igual manera, en cada uno de ellos, los directores de reversión y los artesanos celestiales mantienen una sede colectiva. Los espirongas realizan su servicio desde el mundo de morada número dos en adelante, mientras que los siete mundos, en común con otros planetas de transición y cultura y el mundo sede, poseen una abundante provisión de espornagias, creados iguales.

1. El mundo de los finalizadores

Aunque en el mundo de transición número uno solo residen los finalizadores y determinados grupos de niños que pudieron salvarse y sus cuidadores, se toman medidas para acoger a todas las clases de seres espirituales, mortales en transición y visitantes estudiantiles. Los espornagias, que realizan sus servicios en todos estos mundos, se muestran anfitriones hospitalarios con todos aquellos seres a los que pueden identificar. Tienen una vaga sensación respecto a los finalizadores pero no los pueden visualizar. Deben considerarlos tal como vosotros consideráis a los ángeles en vuestro actual estado físico.

A pesar de que el mundo de los finalizadores es una esfera de una exquisita belleza física y de una extraordinaria ornamentación de tipo morontial, la gran morada espiritual situada en su centro de actividad, el templo de los finalizadores, no es visible sin ayuda ni para la visión material ni para la morontial en fase temprana. Pero los transformadores de la energía pueden hacer visibles para los mortales ascendentes muchas de estas realidades, y así lo hacen cada cierto tiempo, a medida que surge la ocasión, en las reuniones de clase de los estudiantes de los mundos de las moradas que tienen lugar en esta esfera cultural.

Durante toda vuestra estancia en los mundos de las moradas seréis, en cierto modo, espiritualmente consciente de la presencia de vuestros hermanos glorificados que alcanzaron el Paraíso, pero es muy estimulante poder observarlos alguna vez cuando desarrollan sus quehaceres en sus residencias de la sede del sistema. No lograréis ver a los finalizadores de forma espontánea hasta que no hayáis adquirido una verdadera visión espiritual.

En el primer mundo de morada todos los supervivientes han de cumplir los requisitos exigidos por la comisión de padres de sus planetas nativos. La actual comisión de Urantia está compuesta por doce parejas de progenitores, llegadas recientemente, que han tenido como mortales la experiencia de criar a tres o más hijos hasta la pubertad. En esta comisión se sirve de forma rotatoria y, como regla general, durante diez años solamente. Todos aquellos cuya experiencia como padres no es de la satisfacción de los miembros de dicha comisión deberán, con posterioridad, adquirir la necesaria capacitación realizando sus servicios en los hogares de los hijos materiales de Jerusem o, en parte, en la guardería probatoria del mundo de los finalizadores.

Pero con independencia de la experiencia adquirida como progenitores, los padres de los mundos de las moradas con hijos en fase de crecimiento en la guardería probatoria gozan de todo tipo de oportunidades para colaborar con los custodios morontiales de estos niños en su instrucción y formación. Se permite a dichos padres que se desplacen hasta allí para visitarlos hasta cuatro veces al año. Y de toda la andadura del ascendente, una de las escenas más bellas y conmovedoras es observar cómo los padres de los mundos de las moradas se unen en un abrazo con su progenie humana cuando realizan esos peregrinajes periódicos al mundo de los finalizadores. Aunque uno o ambos progenitores puedan dejar el mundo de morada antes que su hijo, muy a menudo son coetáneos durante algún tiempo.

Ningún mortal ascendente puede eludir la experiencia de criar niños —los suyos propios o los de otros— ya sea en los mundos materiales o posteriormente en Jerusem, en el mundo de los finalizadores. Los padres han de pasar por esta imprescindible experiencia tan ciertamente como las madres. En los pueblos modernos de Urantia existe la idea, lamentable y equivocada, de que la crianza de los hijos es en gran parte tarea de las madres. Pero los hijos necesitan a sus padres tanto como a sus madres y los padres necesitan de esta experiencia paternal tanto como las madres.

2. Las guarderías probatorias

Las escuelas infantiles de Satania están situadas en el mundo de los finalizadores, o primera de las esferas de cultura y transición de Jerusem. Estas escuelas tienen la labor de cuidar y formar a los niños del tiempo, incluyendo a los que han fallecido en los mundos evolutivos del espacio antes de que se tenga constancia de su individualidad en los archivos del universo. En el caso de la supervivencia de uno de los padres o de ambos, el guardián del destino designa al querubín que lo acompaña como custodio de la identidad potencial del niño, encomendándole la tarea de poner a estas almas no desarrolladas en las manos de los maestros de los mundos de las moradas, en las guarderías probatorias de los mundos morontiales.

Estos mismos querubines, dejados por sus serafines, son los que, como maestros de los mundos de las moradas, bajo la supervisión de los melquisedecs, mantienen a su cuidado estas amplias instalaciones educativas para la formación de los pupilos en fase de prueba del mundo de los finalizadores. Dichos pupilos, estos hijos de los mortales ascendentes, siempre se hacen personales en el estatus físico exacto que tenían al morir, salvo por su capacidad de reproducción. Su despertar se produce en el preciso momento en el que cualquiera de sus progenitores llega al primer mundo de morada. Estos niños reciben, entonces, tal como son, todo tipo de oportunidades para poder optar por la vía celestial al igual que lo hubieran hecho en los mundos donde la muerte puso fin a su andadura en la vida de forma tan prematura.

En el mundo guardería se agrupan las criaturas en período de prueba según tengan o no modelador, porque los modeladores, tal como hacen en los mundos del tiempo, acuden aquí a morar en estos niños humanos. A los niños que no tienen edad para recibir un modelador, se les presta cuidados en grupos de cinco, cuyas edades oscilan desde un año o menos de edad hasta aproximadamente cinco años, o sea la edad en la que llega el modelador.

Todos los niños de los mundos evolutivos que tienen modeladores del pensamiento, pero que antes de morir no habían tomado una decisión en lo concerniente a su andadura hacia el Paraíso, retoman también su ser personal en el mundo de los finalizadores del sistema, en donde asimismo crecen en las familias de los hijos materiales y de sus colaboradores tal como lo hacen los pequeños que llegaron sin modelador, pero que recibirán sus mentores misteriosos una vez que alcancen la edad necesaria para realizar esta elección moral.

En el mundo de los finalizadores, los niños y jóvenes en los que mora el modelador se educan también en familias de cinco, con edades comprendidas desde los seis y los catorce años; estas familias la integran niños, aproximadamente, de seis, ocho, diez, doce y catorce años de edad. En cualquier momento, tras cumplir los dieciséis, si han tomado su decisión final de sobrevivir, se trasladan al primer mundo de morada y comienzan su ascensión al Paraíso. Algunos se inclinan por esta opción antes de dicha edad y proceden a las esferas de ascensión, pero hay muy pocos niños por debajo de los dieciséis años, siguiendo los criterios temporales de Urantia, en los mundos de las moradas.

Los serafines guardianes asisten espiritualmente a estos jóvenes de las guarderías probatorias del mundo de los finalizadores tal como hacen con los mortales de los planetas evolutivos; a su vez, los fieles espornagias los asisten en sus necesidades físicas. Así pues, estos niños, crecen en dicho mundo de transición hasta el momento en que toman su decisión final.

Una vez que la vida material ha llegado a su fin, si no se ha optado por la vida ascendente, o si estos niños del tiempo no se han decidido categóricamente por la aventura que los llevaría a Havona, la muerte inevitablemente daría término a esta fase de prueba en la que se encuentran. No existe juicio para tales casos; no hay resurrección de esta segunda muerte. Simplemente, se vuelven como si nunca hubieran existido.

Pero si eligen el camino de perfección del Paraíso, se les prepara, de forma inmediata, para su traslado al primer mundo de morada. Muchos de ellos llegan allí a tiempo de unirse a sus padres en la ascensión a Havona. Tras pasar por Havona y alcanzar las Deidades, estas almas de origen mortal, que lograron salvarse, componen la ciudadanía permanente de ascendentes. Estos niños que no adquirieron la valiosa y esencial experiencia evolutiva en sus mundos de origen no se incorporan en el colectivo final.

3. El primer mundo de morada

En los mundos de las moradas, los supervivientes mortales resucitados continúan su vida exactamente donde la dejaron en el momento en el que los sorprendió la muerte. Cuando os dirijáis desde Urantia al primer mundo de morada, notaréis un cambio considerable, pero si procedierais de una esfera del tiempo más normal y progresiva, sería difícil que os percataseis de la diferencia a no ser por el hecho de que tendríais un cuerpo distinto; el tabernáculo de carne y hueso ha quedado atrás, en el mundo en el que nacisteis.

La sala de resurrección, el enorme templo de reconstitución del ser personal, constituye el núcleo de toda la actividad que se desarrolla en el primer mundo de morada. Esta gigantesca construcción es el punto central de encuentro de los guardianes seráficos de destino, de los modeladores del pensamiento y de los arcángeles de la resurrección. Los portadores de vida también colaboran con estos seres celestiales en la resurrección de los muertos.

Las transcripciones de la mente de las criaturas mortales y sus patrones memorísticos activos, tal como se presentan al transformarse desde los niveles materiales a los espirituales, están en posesión única de los modeladores del pensamiento, ya separados de los seres en los que habitaron. Estos factores espiritualizados de la mente, la memoria y el ser personal de la criatura forman parte para siempre de dichos modeladores. La matriz de la mente de la criatura y los potenciales pasivos de su identidad están presentes en el alma morontial encomendada al cuidado de los guardianes seráficos de destino. Y es el reencuentro del alma morontial, confiada a los serafines, y la mente espiritual, confiada al modelador, lo que hace que se reconstituya el ser personal de la criatura y signifique la resurrección del superviviente dormido.

Si un ser personal transitorio de origen humano nunca llegara a reconstituirse de este modo, los elementos espirituales de esta criatura mortal que no han logrado sobrevivir continuarían para siempre como una parte integral del legado experiencial e individual del modelador que la habitó.

Desde el Templo de la Nueva Vida se extienden siete alas radiales, que constituyen las salas de resurrección de las razas mortales. Cada una de estas construcciones se dedica a la reconstitución de una de las siete razas del tiempo. Hay cien mil cámaras personales de resurrección en cada una de estas siete alas que desembocan en las salas circulares de reconstitución por grupo y sirven como cámaras de despertar para al menos un millón de seres. Estas salas están rodeadas de cámaras en las que se reconstituye el ser personal de las razas mezcladas de los mundos normales de épocas posadánicas. Sea cual fuere el método que se pueda emplear en los distintos mundos del tiempo respecto a las resurrecciones especiales o dispensacionales, la reconstitución verdadera y consciente de un ser personal real y pleno tiene lugar en las salas de resurrección del mundo de morada número uno. Durante toda la eternidad retendréis en vuestra memoria la profunda impresión que os causó haber podido presenciar estas mañanas de resurrección por primera vez.

Desde las salas de resurrección os dirigiréis al sector de los melquisedecs, en el que se os asignará residencia de carácter permanente. Luego dispondréis de un período de diez días de libertad personal. Seréis libres para explorar las inmediaciones de vuestro nuevo hogar y para familiarizaros con el plan de acción que de inmediato os espera. También tendréis tiempo de satisfacer vuestro deseo de consultar los registros y visitar a vuestros seres queridos y a otros amigos terrestres que puedan haberos antecedido en estos mundos. Al término de este período de diez días de ocio, comenzaréis la segunda etapa de vuestro viaje al Paraíso, porque los mundos de las moradas son de hecho esferas de formación y no meramente planetas de estancia.

En el mundo de morada número uno (o en otro mundo, en caso de tener un estatus avanzado) reanudaréis vuestra formación intelectual y vuestro desarrollo espiritual en el nivel exacto en el que se vieron interrumpidos a causa de la muerte. Entre el momento de muerte planetaria o traslado y la resurrección en el mundo de morada, el hombre mortal no obtiene absolutamente nada aparte de experimentar el hecho mismo de la supervivencia. Empezáis allí justo donde lo dejasteis aquí.

Casi todo lo que ocurre en el mundo de morada número uno está relacionado con la atención a las deficiencias. Los supervivientes que llegan a esta primera esfera de estancia manifiestan tal grado y variación de defectos de carácter como criaturas y de deficiencias en su experiencia humana, que la actividad principal de este mundo consiste en la corrección y cura de estos múltiples legados de la vida en la carne de los mundos evolutivos materiales del tiempo y del espacio.

La estancia en el mundo de morada número uno está concebida para elevar el desarrollo de los supervivientes mortales al menos hasta el estatus posadánico de los mundos evolutivos normales. En el terreno espiritual, los estudiantes de este mundo están, por supuesto, muy por encima de ese estatus de desarrollo meramente humano.

Si no tenéis que permanecer en este mundo, al cabo de diez días entraréis en el sueño de traslación y proseguiréis al mundo número dos y, a partir de entonces, cada diez días avanzaréis así hasta llegar al mundo que os corresponde.

El centro de los siete círculos mayores de gestión de la administración del primer mundo de morada lo ocupa el templo de los acompañantes morontiales, los guías personales asignados a los mortales ascendentes. Estos acompañantes, cuyo número en los mundos morontiales de Satania asciende a varios millones, son progenie del espíritu materno del universo local. Aparte de aquellos asignados como acompañantes de grupos, tendréis mucho que ver con los intérpretes y traductores, con los custodios de edificios y con los supervisores de excursiones. Todos estos acompañantes cooperan ampliamente con aquellos seres involucrados en el desarrollo personal de los factores mentales y espirituales de vuestro cuerpo morontial.

Cuando dais comienzo a vuestra andadura en el primer mundo de morada, por cada compañía de mil mortales ascendentes hay destinado un acompañante morontial, pero, a medida que avancéis en vuestro progreso por las siete esferas de morada, encontraréis un mayor número de ellos. Estos seres, bellos y versátiles, son colaboradores sociables y guías encantadores. Pueden optar por acompañar tanto a seres individuales como a grupos elegidos de cualquiera de las esferas de cultura y transición, incluidos sus mundos satélites. Son los guías de excursiones y los compañeros de ocio de todos los mortales ascendentes. Con frecuencia, acompañan a los grupos de supervivientes en sus visitas periódicas a Jerusem y, en cualquier momento en el que estéis allí, podréis dirigiros al sector de los registros de la capital del sistema y encontraros con mortales ascendentes de los siete mundos de morada, ya que viajan libremente de un sitio a otro, trasladándose entre sus lugares de residencia y la sede del sistema.

4. El segundo mundo de morada

Es en esta esfera en la que os iniciáis más a fondo en la vida de los mundos de las moradas. Las agrupaciones empiezan a tomar forma en la vida morontial; los grupos de trabajo y las organizaciones sociales comienzan a operar, las comunidades adquieren proporciones establecidas y, en su avance progresivo, los mortales dan principio a nuevos esquemas sociales y de gobierno.

Los supervivientes fusionados con el espíritu comparten los mundos de las moradas con los mortales ascendentes fusionados con el modelador. Aunque los distintos órdenes de vida celestial difieren, todos ellos son amigables y fraternales. En los mundos de ascensión no encontraréis nada parecido a la intolerancia humana ni a la discriminación de los insensibles sistemas de castas.

Conforme ascendáis por los mundos de las moradas uno a uno, mayor será la afluencia de actividad morontial de parte de los supervivientes en su camino de perfección. Al mismo tiempo que avancéis, lograréis una mejor percepción de las características de Jerusem tal como se presentan en los mundos de las moradas. En el mundo de morada número dos, se os mostrará el mar de cristal.

Con cada avance de un mundo de morada a otro, adquirís un cuerpo morontial recién desarrollado y convenientemente adaptado. Os dormís en el transporte seráfico y os despertáis en las salas de resurrección con un cuerpo nuevo pero sin desarrollar, de forma parecida a cuando llegasteis al mundo de morada número uno, excepto por el hecho de que el modelador del pensamiento no os abandona durante estos sueños de tránsito entre los mundos de las moradas. Una vez que habéis pasado desde los mundos evolutivos al primero de dichos mundos de las moradas, vuestro ser personal permanece intacto.

A medida que ascendáis en la vida morontial, vuestra memoria, que está encomendada al modelador, permanece totalmente intacta. Esas asociaciones mentales de índole puramente animal y enteramente materiales desaparecieron de forma natural junto con el cerebro físico; si bien, el modelador hace una copia de todo lo que merece la pena de vuestra vida mental, y que constituya un valor digno de sobrevivir, y lo guarda como parte de vuestra memoria personal durante toda vuestra andadura como ascendentes. Tendréis conciencia de todas vuestras vivencias valiosas, al mismo tiempo que avanzáis de un mundo de morada a otro y de un sector del universo a otro —hasta llegar incluso al Paraíso—.

Aunque tengáis un cuerpo morontial, continuáis, en vuestro recorrido por todos estos siete mundos, comiendo, bebiendo y descansando. Consumís alimentos de orden morontial, una categoría de energía viva desconocida en los mundos materiales. El cuerpo morontial hace un uso completo tanto del alimento como del agua; no hay deshechos residuales. Tened en cuenta que el mundo de morada número uno es una esfera muy material con las características de los primeros comienzos del régimen morontial. Sois todavía casi humanos y no estáis muy alejados de las limitadas perspectivas de la vida mortal, pero en cada mundo os aguarda un determinado tipo de progreso. De esfera en esfera os volvéis menos material, más intelectual y un poco más espiritual. De los siete mundos de morada, es en los tres últimos donde se da un mayor progreso espiritual.

En el primer mundo de morada se compensaron en gran parte las deficiencias biológicas. Las deficiencias de la experiencia planetaria relativas a la vida sexual, a la relación familiar y a la labor parental se corrigieron allí o se trazó algún proyecto para enmendarse en el futuro entre las familias de los hijos materiales en Jerusem.

Más concretamente, en el mundo de morada número dos, se facilita la eliminación de todo orden de conflicto intelectual y la curación de cualquier tipo de desarmonía mental. El esfuerzo, comenzado en el primer mundo, por tener un dominio de la mota morontial prosigue aquí con mayor empeño. El desarrollo que se alcanza en el mundo de morada número dos es equiparable a la condición intelectual que se consigue en los mundos evolutivos ideales con posterioridad a la visita de un hijo magistrado.

5. El tercer mundo de morada

En este tercer mundo se encuentra la sede de los maestros de los mundos de las moradas. Aunque desempeñan su labor en dichas esferas, mantienen su sede, como grupo, en el centro de los círculos escolares del mundo número tres. Hay millones de estos instructores en dichos mundos al igual que en los mundos morontiales de orden superior. Estos querubines glorificados y de gran avance sirven en calidad de maestros morontiales desde los mundos de las moradas hasta la última esfera de formación de ascendentes del universo local. Los maestros morontiales se contarán entre los últimos en daros un cariñoso adiós, cuando se acerque el momento de la despedida y tengáis que partir —al menos durante algunas eras— del universo en el que tuvisteis vuestro origen, cuando viajéis envueltos en un serafín en dirección a los mundos receptores del sector menor del suprauniverso.

Cuando os halláis en el primer mundo de morada, se os da permiso para visitar el primer mundo de transición, la sede de los finalizadores y de las guarderías probatorias del sistema encargadas del cuidado de los niños evolutivos no desarrollados. Cuando lleguéis al mundo de morada número dos, tendréis autorización para visitar de forma periódica el mundo de transición número dos, en el que se ubica la sede de la supervisión morontial de toda Satania y las escuelas de formación para los distintos órdenes morontiales. Cuando lleguéis al mundo de morada número tres, se os concederá de inmediato permiso para visitar la tercera esfera de transición, la sede de los órdenes angélicos y lugar donde tienen su domicilio las distintas escuelas de formación del sistema. Las visitas desde este mundo a Jerusem resultan cada vez de mayor provecho y de creciente interés para los mortales en su camino de progreso.

El tercer mundo de morada es un mundo de grandes logros personales y sociales para todos aquellos que no pudieron adquirir en sus mundos de origen, antes de liberarse de la carne, un grado de experiencia equivalente al de estos círculos culturales. En esta esfera se da comienzo a una labor educativa de índole positivo. En los dos primeros mundos de morada, la formación tiene un carácter mayormente negativo por el hecho de que se trata de compensar las deficiencias en cuanto a la experiencia de la vida en la carne. En este tercer mundo de morada, los supervivientes comienzan de lleno a formarse en la cultura morontial progresiva. El propósito principal de dicha formación es mejorar la comprensión respecto a la correlación entre la morontia mota y la lógica humana, la coordinación entre la morontia mota y la filosofía humana. Los mortales supervivientes adquieren ahora un conocimiento práctico de la verdadera metafísica. Es en realidad una iniciación a la comprensión inteligente de los contenidos cósmicos y de las interrelaciones existentes en el universo. La cultura del tercer mundo de morada comparte la naturaleza de la época posterior al ministerio de gracia de un hijo del Paraíso en un planeta habitado normal.

6. El cuarto mundo de morada

Cuando llegáis al cuarto mundo de morada, ya os habéis incorporado de pleno a la andadura morontial; habéis recorrido un largo camino de progreso desde que iniciasteis vuestra existencia material. Ahora se os da permiso para visitar el mundo de transición número cuatro y poder familiarizaros con la sede y las escuelas de formación de los superángeles, incluidas las brillantes estrellas vespertinas. Gracias a los buenos oficios de estos superángeles del cuarto mundo de transición, a los visitantes morontiales, durante sus visitas periódicas a Jerusem, se les posibilita estar muy cerca de los distintos órdenes de hijos de Dios. Esto es así porque, de modo paulatino, se les van abriendo a los mortales en su avance, y a medida que realizan esas reiteradas visitas a este mundo sede, nuevos sectores de la capital del sistema. Nuevos ámbitos de magnificencia se van progresivamente desplegando ante las mentes en expansión de estos seres ascendentes.

En el cuarto mundo de morada, el ascendente, de manera individual, encuentra un lugar más propicio para participar en los grupos de trabajo y actividades de clase de la vida morontial. Los ascendentes desarrollan aquí un mayor aprecio por las transmisiones y por las otras facetas de la cultura y el progreso que se desarrollan en el universo local.

Es durante el período de formación en este cuarto mundo de morada cuando realmente se introduce a los ascendentes mortales, por vez primera, en las exigencias y placeres de la auténtica vida social de las criaturas morontiales. Y es de hecho una nueva experiencia para las criaturas evolutivas participar en actividades sociales no basadas ni en el engrandecimiento personal ni en la búsqueda interesada. Se les muestra un nuevo orden social fundamentado en el mutuo entendimiento y empatía, en el amor desinteresado del servicio mutuo y en el irresistible impulso de compartir un supremo destino común —lograr en el Paraíso la perfección divina y la perfección de adoración—. Los ascendentes están tomando conciencia de lo que conlleva conocer a Dios, revelar a Dios, buscar a Dios y encontrar a Dios.

La cultura de índole intelectual y social de este cuarto mundo de morada es comparable a la vida social y mental de la era posterior a la llegada de un hijo preceptor a los planetas de evolución normal. El nivel espiritual de este cuarto mundo es mucho más avanzado que el de dicha dispensación que se realiza a los mortales.

7. El quinto mundo de morada

El traslado al quinto mundo de morada representa un formidable paso adelante en la vida de los progresadores morontiales. Vuestras vivencias en este mundo verdaderamente preludian la vida en Jerusem. Aquí comenzáis a daros cuenta del elevado destino de los mundos evolutivos leales, puesto que pueden avanzar con normalidad hasta esta etapa siguiendo su curso natural de desarrollo planetario. La cultura de este mundo de morada corresponde en general a esa temprana era de luz y vida de los planetas que gozan de un progreso evolutivo normal. Y esto os ayudará a comprender por qué se ha dispuesto con tanta claridad que ese orden de seres con un alto nivel de culturización y de progreso, que a veces pueblan esos mundos evolutivos avanzados, estén exentos de pasar por una o más, incluso por todas las esferas de morada.

Teniendo dominio de la lengua del universo local antes de partir del cuarto mundo de morada, dedicaréis entonces más tiempo a perfeccionar la lengua de Uversa a fin de conocer ambos idiomas antes de llegar a Jerusem en calidad de residentes. Todos los mortales ascendentes que hacen el recorrido desde la sede del sistema hasta Havona son bilingües. Después, solo se necesita ampliar el vocabulario del suprauniverso, e incrementarlo aún más como requisito para poder residir en el Paraíso.

A la llegada al mundo de morada número cinco, se da permiso al peregrino para visitar el mundo de transición correspondiente a dicho número: la sede de los hijos del Paraíso. Aquí el mortal ascendente se familiariza personalmente con los distintos grupos de filiación divina. Ha tenido noticia de estos magníficos seres y ya se ha encontrado con ellos en Jerusem, pero es en este momento cuando llega realmente a conocerlos.

En el quinto mundo de morada empezáis a estar informados acerca de los mundos de estudio de la constelación. Aquí conoceréis al primero de los instructores que comienzan a prepararos para vuestra siguiente estancia en la constelación. Esta preparación continúa en los mundos de morada seis y siete, aunque es en el sector de los mortales ascendentes de Jerusem donde finalmente se completa.

En este mundo de morada tiene lugar un verdadero surgimiento de la conciencia cósmica; vuestras miras se orientan al universo. Se trata en efecto de un período en el que se ensanchan los horizontes. La mente en expansión de los mortales ascendentes comienza a tomar conciencia de que un destino extraordinario y espléndido, supremo y divino, aguarda a todos los que concluyen el camino de continuo ascenso al Paraíso; un camino que tan laboriosamente, pero con tanto júbilo y buenos auspicios iniciaron. Llegado a este punto aproximado, el ascendente mortal medio comienza a experimentar en su vida un genuino entusiasmo por el ascenso a Havona. El estudio se vuelve voluntario, el servicio desinteresado, natural y la adoración, espontánea. Está brotando un auténtico carácter morontial; se está desarrollando una verdadera criatura morontial.

8. El sexto mundo de morada

A los residentes de esta esfera se les permite visitar el mundo de transición número seis, donde adquieren un mayor conocimiento acerca de los elevados espíritus del suprauniverso, aunque no puedan ver a muchos de estos seres celestiales. Aquí reciben sus primeras clases respecto a la andadura espiritual que les espera y que comienza inmediatamente tras completar la formación morontial del universo local.

El asistente del soberano del sistema visita con frecuencia este mundo, y aquí se da comienzo a la instrucción preliminar en el método de administración del universo. En este momento se imparten las primeras clases relacionadas con los asuntos de todo un universo.

Es una era brillante para los mortales ascendentes que evidencia, por lo general, la perfecta fusión de la mente humana con el modelador divino. En potencia, esta fusión podría haberse producido con anterioridad, pero la identidad real y operativa no se consigue muchas veces hasta el momento en el que se reside en el quinto mundo de morada o incluso en el sexto.

El llamamiento seráfico del superángel a cargo de los supervivientes resucitados y del arcángel asignado a aquellos que acuden a juicio al tercer día señala la unión de la mente inmortal evolutiva con el modelador eterno y, luego, en presencia de los acompañantes morontiales de dicho superviviente, tales mensajeros pronuncian estas palabras de confirmación: "Este es un hijo amado en quien tengo complacencia". Esta sencilla ceremonia constituye la incorporación de los mortales ascendentes al servicio en su andadura eterna a los que se les llama desde el Paraíso.

Inmediatamente tras confirmarse la fusión con el modelador, el nuevo ser morontial se presenta por primera vez a sus semejantes con su nuevo nombre y se le otorgan cuarenta días de retiro espiritual de toda actividad rutinaria para recogerse en sí mismo, escoger una de las rutas optativas que lo llevarán a Havona y elegir algunos de los diferentes métodos existentes para lograr el Paraíso.

Pero estos brillantes seres son todavía más o menos materiales; están lejos de ser auténticos espíritus; espiritualmente hablando, son más como supramortales; todavía son algo inferiores a los ángeles. Pero están realmente convirtiéndose en magníficas criaturas.

Durante la estancia en el mundo número seis, los estudiantes de este mundo de morada alcanzan un estado de desarrollo equiparable al del elevado desarrollo característico de aquellos mundos evolutivos que han progresado con normalidad más allá de la etapa inicial de luz y vida. La organización social de este mundo de morada es de un orden superior. La sombra de la naturaleza mortal va paulatinamente disminuyendo a medida que vais ascendiendo, uno tras otro, a estos mundos. Os convertís en criaturas cada vez más adorables mientras dejáis atrás los toscos vestigios de vuestro origen animal planetario. "Haber salido de la gran tribulación" hace que los mortales glorificados se vuelvan compasivos, muy solidarios y tolerantes.

9. El séptimo mundo de morada

La experiencia en esta esfera representa la culminación de la andadura que sigue de inmediato a la muerte. Durante vuestra estancia en este séptimo mundo de morada, recibiréis formación de mano de muchos maestros, todos los cuales cooperarán en la tarea de prepararos para vuestra residencia en Jerusem. Aquí prácticamente desaparece toda perceptible diferencia entre los mortales que proceden de los mundos aislados y atrasados y los supervivientes que lo hacen de esferas más avanzadas e iluminadas. En este mundo se depura todo resto de herencia desafortunada, de un entorno dañino y de tendencias planetarias no espirituales. Aquí se erradican los últimos vestigios de la "marca de la bestia".

Mientras se hace estancia en el mundo de morada número siete, se concede permiso para visitar el mundo de transición número siete, el mundo del Padre Universal. Aquí empezáis a adorar al Padre Invisible de un modo nuevo y más espiritual, una costumbre que proseguiréis cada vez con mayor intensidad durante todo vuestro largo camino de ascenso. En este mundo de cultura y transición, encontraréis el templo del Padre, pero no lo veréis a él.

Aquí comienza la agrupación de las promociones de graduados para residir en Jerusem. Habéis recorrido un mundo tras otro de manera individual, pero ahora os preparáis para partir con destino a Jerusem en grupos, aunque, dentro de determinados límites, un ascendente puede optar por demorar su salida del séptimo mundo de morada con el fin de que algún miembro rezagado de su grupo de trabajo terrestre o del mundo de morada pueda unirse a él.

El personal del séptimo mundo de morada se congrega en el mar de cristal para presenciar vuestra partida hacia Jerusem con estatus de residentes. Puede que hayáis visitado Jerusem cientos o miles de veces, pero siempre lo habéis hecho como invitados; nunca antes os habíais dirigido a la capital del sistema en compañía de un grupo de semejantes vuestros, que se estuvieran despidiendo para la eternidad de toda su andadura en los mundos de las moradas como mortales ascendentes. Pronto se os dará la bienvenida en el área de recepción de este mundo sede como ciudadanos de Jerusem.

Será un gran disfrute para vosotros poder recorrer en vuestro progreso los siete mundos de desmaterialización; en verdad, son esferas desmortalizantes. En el primer mundo de morada, sois mayormente humanos, simplemente un ser mortal sin cuerpo material, una mente humana alojada en una forma morontial —un cuerpo material del mundo morontial pero no un habitáculo mortal de carne y hueso—. En realidad pasáis de la condición de mortales a la de inmortales en el momento en que os fusionáis con el modelador, y para cuando hayáis acabado vuestra andadura en Jerusem, seréis plenamente seres morontiales.

10. Los ciudadanos de Jerusem

La recepción de un nuevo grupo de graduados procedente de los mundos de las moradas es la señal para que todo Jerusem se congregue en un comité conjunto de bienvenida. Incluso los espornagias se alborozan con la llegada de esos ascendentes de origen evolutivo que supieron triunfar, que participaron en la carrera planetaria y finalizaron su camino de progreso por los mundos de las moradas. En estos momentos de regocijo, los únicos ausentes son los controladores físicos y los supervisores del poder morontial.

Juan el Revelador tuvo una visión de la llegada de una promoción de estos mortales desde el séptimo mundo de morada a su primer cielo, a las glorias de Jerusem. Juan escribió: "Y vi como un mar de vidrio mezclado con fuego, y a aquellos que habían alcanzado la victoria sobre la bestia que originariamente estaba en ellos y sobre su imagen que persistía a lo largo de los mundos de las moradas y, finalmente, sobre su última marca y sobre el número de su nombre, de pie sobre el mar de vidrio, con las arpas de Dios y cantando el cántico de liberación del temor humano y de la muerte". (Se dispondrá en todos estos mundos de comunicaciones espaciales más elaboradas; y se posibilitará vuestra recepción de estas desde cualquier parte si lleváis el "arpa de Dios", un dispositivo de índole morontial que compensa la incapacidad de acomodar directamente el inmaduro mecanismo sensorial morontial a la recepción de las comunicaciones espaciales).

Pablo tuvo también la visión de un colectivo de ciudadanos ascendentes en Jerusem, en su camino de perfección, pues escribió: "Pero vosotros os habéis acercado al Monte Sion y a la ciudad del Dios vivo, Jerusalén la celestial, y a la compañía de innumerables ángeles, a la gran asamblea de Miguel, y a los espíritus de los hombres justos que se están haciendo perfectos".

Una vez que los mortales consiguen ser residentes de la sede del sistema, ya no habrá, en un sentido literal, más resurrecciones. La forma morontial que se os otorgó al partir de los mundos de las moradas, una vez que completasteis allí vuestra andadura, es la que os acompañará hasta el fin de vuestro paso por el universo local. Periódicamente, se originarán cambios en ella, pero conservaréis esa misma forma hasta que le digáis adiós cuando emerjáis como espíritus de la primera etapa en anticipación a vuestro tránsito a los mundos de promoción de la cultura y de formación espiritual del suprauniverso.

Durante toda la andadura de estos mortales en los mundos de la moradas, son siete las veces que experimentan el sueño reconstituyente y el despertar de la resurrección. Pero la última sala de la resurrección, la cámara final del despertar, quedó atrás en el séptimo mundo de morada. Nunca más el cambio de forma conllevará la pérdida de la conciencia o la ruptura en la continuidad de la memoria personal.

El ser personal humano, que tuvo sus comienzos en los mundos evolutivos y residió en el tabernáculo de la carne —que se habitó de los mentores misteriosos y se invistió del espíritu de la verdad—, no se moviliza, realiza y ni unifica del todo hasta el día en que el ciudadano de Jerusem tiene autorización para dirigirse a Edentia y se le proclama como verdadero miembro del colectivo morontial de Nebadón, esto es, un superviviente inmortal vinculado a un modelador, un ascendente en camino al Paraíso —un ser personal con estatus morontial y un auténtico hijo de los altísimos—.

La muerte física es un modo de escapar de la carne; y la experiencia de una vida de progreso en los mundos de las moradas, en las siete esferas de formación correctora y de educación cultural, representa el acceso de los supervivientes mortales a la andadura morontial, a la vida de transición que media entre la existencia material evolutiva y el más elevado logro espiritual de los ascendentes del tiempo, cuyo destino es conseguir llegar hasta los umbrales de la eternidad.

[Auspiciado por una brillante estrella vespertina.]

TRECE

La vida morontial

(ESCRITO 48)

LOS DIOSES no pueden transformar —y de hecho no lo hacen—, mediante algún acto misterioso e imaginativo de magia, a una criatura de tosca naturaleza animal en un espíritu perfeccionado. Cuando los Creadores desean dar origen a seres perfectos, lo hacen por creación directa y primigenia, pero nunca llevan a cabo, en un solo paso, la conversión de criaturas de origen animal y material en seres de perfección.

La vida morontial, que transcurre a lo largo de distintas etapas dentro de la andadura del ascendente en el universo local, es el único camino posible al alcance de los mortales materiales para poder adentrarse en el umbral del espíritu. ¿Qué magia podría albergar la muerte, la disolución material del cuerpo humano, que en un solo paso pudiera transformar de forma instantánea la mente mortal y material en un espíritu inmortal y perfeccionado? Estas creencias no son sino supersticiones que nacen de la ignorancia y de complacientes fábulas.

Siempre este estado morontial transitorio media entre el estado mortal de los seres humanos supervivientes y su posterior estatus espiritual. Dicho estado intermedio de progreso en el universo varía notablemente entre las diferentes creaciones locales, pero en su misión y objetivos todas ellas son bastante similares. La organización de los mundos de las moradas y de los mundos morontiales superiores de Nebadón es bastante común en los regímenes morontiales transitorios de esta parte de Orvontón.

1. Materiales morontiales

En el universo local, los ámbitos morontiales son esferas que sirven de enlace entre el nivel material y el espiritual en los que las criaturas tienen su existencia. Esta vida morontial se conoce en Urantia desde los primeros días del príncipe planetario. En ocasiones, se ha impartido a los mortales la enseñanza de este estado de transición y el concepto, aunque de una forma distorsionada, se ha incorporado a las religiones de hoy en día.

Las esferas morontiales constituyen en sí facetas transitorias por las que los mortales pasan en su camino de ascensión por los mundos de progreso del universo local. Solo los siete mundos que rodean la esfera de los finalizadores de los sistemas tienen la denominación de mundos de las moradas, si bien, son las cincuenta y seis moradas de transición del sistema, en común con las esferas superiores que están alrededor de las sedes de las constelaciones y del universo, las que ostentan la denominación de mundos morontiales. Estas creaciones son partícipes de la belleza física y de la magnificencia morontial de las esferas sedes del universo local.

Todos estos mundos son esferas arquitectónicas y doblan en número de elementos a los planetas evolutivos. Al tener cien elementos físicos, estos mundos hechos a medida no solo poseen abundancia de metales pesados y cristales, sino que asimismo tienen, exactamente, cien formas de una singular composición energética llamada *material morontial.* Los controladores físicos mayores y los supervisores de la potencia morontial son capaces de modificar las rotaciones de las unidades primarias de la materia y de transformar al mismo tiempo tales combinaciones energéticas de tal modo que pueden crear esta nueva sustancia.

La temprana vida morontial de los sistemas locales es muy parecida a la de vuestro actual mundo material, y se vuelve menos física y más verdaderamente morontial en los mundos de estudio de la constelación. Conforme avanzáis a las esferas de Lugar de Salvación, mayor es el logro de niveles espirituales.

Los supervisores de la potencia morontial son capaces de llevar a efecto la unión de la energía material y de la espiritual, configurando de este modo la materialización de una forma morontial, que es receptiva a la superposición de un espíritu rector. Cuando recorréis la vida morontial de Nebadón, estos mismos pacientes y hábiles supervisores de la potencia morontial os proporcionarán, de forma sucesiva, 570 cuerpos morontiales, constituyendo cada cual una fase dentro de vuestra transformación progresiva. Desde el momento en que partís de los mundos materiales hasta que se os designa como espíritu de primera etapa en Lugar de Salvación, experimentareis exactamente 570 cambios morontiales separados, de carácter ascendente. Ocho de ellos ocurren en el sistema, setenta y uno en la constelación y 491 durante vuestra estancia en las esferas de Lugar de Salvación.

En vuestros días en la carne mortal, el espíritu divino reside en vosotros, casi como algo aparte —en realidad una ocupación del hombre por parte del espíritu otorgado por el Padre Universal—. Si bien, en la vida morontial el espíritu se volverá una parte real de vuestra persona a medida que pasáis sucesivamente por las 570 transformaciones progresivas y ascendéis del estado material al estado espiritual de vida creatural.

Pablo tenía conocimiento de la existencia de los mundos morontiales y de la realidad del material morontial, pues escribió: "Tienen en el cielo una mejor y más perdurable sustancia". Y estos materiales morontiales son reales, tangibles, tal como "la ciudad asentada sobre sus cimientos, cuyo arquitecto y constructor es Dios". Cada una de estas magníficas esferas es "un país mejor, esto es, celestial".

2. Los supervisores de la potencia morontial

Estos singulares seres se ocupan exclusivamente de la supervisión de toda actividad que conlleve una combinación operativa de las energías espirituales y las físicas o semimateriales. Atienden exclusivamente el progreso morontial. No es que asistan a los mortales en su estado de transición, sino que, más bien, posibilitan a las criaturas morontiales, en su progreso el entorno de dicha transición. Son los canales de la potencia morontial que sustentan y energizan las fases morontiales de los mundos de transición.

Los supervisores de la potencia morontial son los vástagos del espíritu materno del universo local. Tienen un diseño bastante común, aunque en su naturaleza difieren según las distintas creaciones locales. Se crean para la labor específica que realizan y no precisan de formación previa alguna para asumir sus responsabilidades.

La creación de los primeros supervisores de la potencia morontial es simultánea a la llegada del primer superviviente mortal a las orillas de los primeros mundos de las moradas del universo local. Se crean en grupos de mil, y se clasifican de la siguiente manera:

1. Los reguladores de las vías circulatorias. . . 400
2. Los coordinadores de los sistemas. . . 200
3. Los custodios planetarios. . . 100
4. Los controladores combinados. . . 100
5. Los estabilizadores de enlace. . . 100
6. Los resintonizadores selectivos. . . 50
7. Los registradores adjuntos. . .50

Los supervisores de la potencia siempre sirven en el universo del que son nativos. Se rigen mediante la acción espiritual conjunta del hijo del universo y del espíritu del universo, pero, por lo demás, conforman un grupo totalmente autónomo. Mantienen sedes en cada uno de los primeros mundos de moradas de los sistemas locales, donde operan en estrecho contacto tanto con los controladores físicos como con los serafines; si bien, en cuanto a la manifestación de la energía y a su aplicación espiritual, desempeñan su actividad en su propio mundo.

A veces también trabajan en relación a los fenómenos supramateriales de los mundos evolutivos en calidad de servidores, temporalmente asignados. Pero es raro que sirvan en los planetas habitados; tampoco lo hacen en los mundos formativos superiores del suprauniverso, sino que se dedican principalmente al régimen de transición determinado para el progreso morontial de un universo local.

1. *Los reguladores de las vías circulatorias.* Estos singulares seres coordinan la energía física y espiritual y regulan su flujo por los canales individuales de las esferas morontiales. Estas vías circulatorias son exclusivamente planetarias; se limitan a un único mundo. Las vías circulatorias morontiales son distintas, aunque complementarias, de las físicas y de las espirituales de los mundos de transición. Se precisan millones de estos reguladores para energizar incluso un sistema de mundos de morada como el de Satania.

Los reguladores de las vías circulatorias impulsan esos cambios en las energías materiales que las hacen supeditarse al control y a la regulación de sus colaboradores. Estos seres además de generar potencia morontial regulan dichas vías circulatorias. Al igual que una dinamo puede parecer generar electricidad de la atmósfera, estas dinamos morontiales vivas parecen transformar las energías del espacio, presentes por doquier, en esos materiales que los supervisores morontiales tejen en los cuerpos y en las actividades de vida de los mortales ascendentes.

2. *Los coordinadores de los sistemas.* Al tener cada uno de los mundos morontiales un orden distinto de energía morontial, a los seres humanos les resulta extremadamente difícil visualizar estas esferas. Si bien, de forma sucesiva, en su transición en cada una de ellas, los supervivientes ascendentes, percibirán la vida vegetal y todo lo demás relativo a la existencia morontial progresivamente modificada en correspondencia con su creciente espiritualización. Y, puesto que el sistema energético de cada uno de estos mundos se individualiza de esta manera, los coordinadores actúan a fin de armonizar y combinar estos diferentes sistemas de potencia en una unidad de carácter operativo para las esferas vinculadas a algún grupo determinado.

Conforme avanzan de un mundo morontial a otro, los mortales ascendentes progresan paulatinamente de lo físico a lo espiritual; de ahí la necesidad de proveerles de una escala ascendente de esferas morontiales al igual que de una escala ascendente de formas morontiales.

Cuando los seres ascendentes de los mundos de las moradas pasan de una esfera a otra, los serafines transportadores los llevan a los receptores de los coordinadores de los sistemas del mundo más avanzado. Aquí, en esos excepcionales templos, en el centro de las setenta alas radiales, donde se localizan las cámaras de transición, similares a las salas de resurrección del mundo en el que se recibe inicialmente a los mortales de origen terrestre, los coordinadores de los sistemas efectúan hábilmente los necesarios cambios en la forma creatural. Se necesitan unos siete días de tiempo regular para llevar a cabo estos primeros cambios de la forma morontial.

3. *Los custodios planetarios.* Cada mundo morontial, desde las esferas de morada hasta las sedes del universo, está bajo la custodia —en lo que se refiere a cuestiones morontiales— de setenta guardianes, que constituyen, como autoridad morontial suprema, el consejo planetario local. Este consejo concede el material para las formas morontiales a todas las criaturas ascendentes que llegan a las esferas y da su autorización para que se efectúen aquellos cambios en la forma creatural, que hacen posible que un ascendente prosiga a la esfera siguiente. Tras recorrer los mundos de las moradas, pasaréis de una fase de vida morontial a otra sin tener que perder la conciencia. La inconsciencia acompaña solamente a las primeras metamorfosis y a las transiciones posteriores de un universo a otro y de Havona al Paraíso.

4. *Los controladores combinados.* En el centro de cada unidad administrativa de un mundo morontial hay siempre emplazado uno de estos

seres, sumamente mecánicos. El controlador combinado es sensible a las energías físicas, espirituales y morontiales, y opera con ellas; y, en colaboración con él siempre hay dos coordinadores de los sistemas, cuatro reguladores de las vías circulatorias, un custodio planetario, un estabilizador de enlace y un archivista adjunto o un resintonizador selectivo.

5. *Los estabilizadores de enlace.* Regulan la energía morontial en conjunción con las fuerzas físicas y espirituales de los ámbitos morontiales. Posibilitan la conversión de la energía morontial en material morontial. Todo el sistema organizativo de la existencia morontial depende de estos estabilizadores. Reducen las rotaciones de la energía hasta ese punto en el que la materialización ocurre. Pero no hallo términos que me puedan servir para comparar o ilustrar el ministerio de estos seres. Sobrepasa por completo la imaginación humana.

6. *Los resintonizadores selectivos.* A medida que progresáis de un grupo o fase de un mundo morontial a otro, es necesario que se os reafine o se os ponga en sintonía con vuestro avance, y es labor de estos resintonizadores selectivos manteneros en sincronía progresiva con la vida morontial.

Aunque las formas morontiales básicas de la vida y de la materia son idénticas desde el primer mundo de morada hasta la última esfera de transición del universo, existe una progresión conveniente que se extiende, de forma gradual, desde lo material hasta lo espiritual. Vuestra adaptación a esta creación esencialmente uniforme pero cada vez más avanzada y espiritualizada se realiza mediante esta resintonización selectiva. A pesar de que seguís reteniendo la misma forma morontial, tal ajuste en los componentes del ser personal equivale a una nueva creación.

Podréis presentaros a las pruebas de estos examinadores en repetidas ocasiones y, en cuanto demostréis un adecuado logro espiritual, les será un placer daros la certificación de la elevada posición conseguida. Estos cambios progresivos tienen como resultado reacciones cambiantes según el entorno morontial tales como alteraciones en las necesidades alimentarias y en numerosas otras prácticas personales.

Los resintonizadores selectivos prestan igualmente un gran servicio al agrupar a los seres personales morontiales a efectos de estudio, enseñanza y otros proyectos. De manera natural, indican quiénes son los que desempeñarán una mejor labor en las relaciones de tipo temporal.

7. *Los archivistas adjuntos.* El mundo morontial tiene sus propios archivistas, que sirven en colaboración con los archivistas espirituales en

la supervisión y custodia de los archivos y de otros datos característicos de las creaciones morontiales. Los archivos morontiales están a disposición de todos los órdenes de seres personales.

Todos los mundos de transición morontial son igualmente accesibles tanto para los seres materiales como para los espirituales. Como progresadores morontiales tendréis un contacto permanente y completo con el mundo material y con los seres personales materiales, mientras podréis percibir a los seres espirituales y fraternizar cada vez más con ellos; y en el momento en que concluyáis el régimen morontial, habréis podido ver a todos los órdenes de espíritus, salvo a algunos de rango superior como los mensajeros solitarios.

3. Los acompañantes morontiales

Estos anfitriones de los mundos de las moradas y de los mundos morontiales son vástagos del espíritu materno del universo local. Se crean de era en era, en grupos de cien mil. Actualmente, hay en Nebadón más de setenta mil millones de estos excepcionales seres.

Los melquisedecs instruyen a los acompañantes morontiales para el servicio en un planeta especial cerca de Lugar de Salvación; no pasan por las escuelas centrales de los melquisedecs. Su servicio se extiende desde los mundos de las moradas de menor rango de los sistemas hasta las esferas de estudio superiores de Lugar de Salvación, pero pocas veces se les encuentra en los mundos habitados. Sirven bajo la supervisión general de los hijos de Dios y bajo la dirección inmediata de los melquisedecs.

Los acompañantes morontiales mantienen diez mil sedes en el universo local —una en cada uno de los primeros mundos de morada de los sistemas locales—. Constituyen un orden casi totalmente autónomo y, en general, forman un grupo de seres inteligentes y leales; si bien, en ocasiones, en relación con algunos lamentables disturbios celestiales, se ha sabido que se han descarriado. Miles de estas válidas criaturas se perdieron durante los tiempos de la rebelión de Lucifer en Satania. Vuestro sistema local posee ahora su contingente completo de estos seres, pero solo en los últimos tiempos se han compensado las pérdidas por dicha rebelión.

Existen dos tipos distintos de acompañantes morontiales; uno es enérgico y el otro, reservado, pero, por lo demás, ambos son iguales en estatus. No son criaturas sexuales, pero manifiestan un afecto conmovedoramente hermoso el uno por el otro. Aunque difícilmente tengan ese sentido material (humano) de la camaradería, son parientes muy cercanos de las razas humanas, en cuanto a su orden de existencia como criaturas. Las criaturas intermedias de los mundos son vuestros parientes más cercanos; luego vienen los querubines morontiales y, tras ellos, los acompañantes morontiales.

Los acompañantes son seres enternecedoramente afectuosos y encantadoramente sociales. Son personas muy diferentes, y cuando los conozcáis en los mundos de las moradas, una vez que hayáis aprendido a reconocerlos como grupo, pronto percibiréis su individualidad. Todos los mortales se parecen unos a otros; y, al mismo tiempo, cada uno de vosotros es una persona diferente y reconocible.

Podemos extraer alguna idea de la naturaleza de la labor de estos acompañantes morontiales a partir de la siguiente clasificación de las tareas que realizan en un sistema local:

1. *Los guardianes de los peregrinos* no tienen un cometido específico en cuanto a su vinculación con los progresadores morontiales. Estos acompañantes son responsables de toda la andadura morontial y se encargan, por consiguiente, de coordinar el quehacer de todos los demás servidores morontiales de las criaturas en transición.

2. *Los receptores de los peregrinos y acompañadores libres.* Estos son los acompañantes sociales de los recién llegados a los mundos de las moradas. Uno de ellos estará de cierto disponible para daros la bienvenida cuando os despertéis de vuestro primer sueño de tránsito del tiempo en el mundo inicial de morada, cuando experimentéis la resurrección a la vida morontial tras la muerte de la carne. Y, desde el momento en que, al despertaros, se os haga este acto formal de bienvenida hasta el día en el que dejéis el universo local en calidad de espíritu de primera etapa, estos acompañantes estarán siempre con vosotros.

Los acompañantes morontiales no se asignan permanentemente a los mortales ascendentes de forma individual. Un ascendente, en uno de los mundos de las moradas o de los mundos de orden superior, puede tener un acompañante diferente en varias ocasiones sucesivas o puede pasar largos períodos de tiempo sin acompañante alguno. Todo dependerá de las necesidades al igual que de la provisión de estos acompañantes.

3. *Los anfitriones de los visitantes celestiales.* Estas gentiles criaturas se dedican a entretener a los grupos sobrehumanos de estudiantes visitantes y de otros seres celestiales que puedan encontrarse en los mundos

de transición. Tendréis muchas oportunidades de visitar cualquier mundo que ya hayáis logrado por vuestra propia experiencia. Los estudiantes visitantes cuentan con permiso para acceder a todos los planetas habitados, incluyendo aquellos en aislamiento.

4. *Los coordinadores y los directores de enlace.* Estos acompañantes se dedican a facilitar las interrelaciones morontiales y a prevenir la confusión. Son los instructores de la conducta social y del progreso morontial; auspician clases y otras actividades de grupo entre los mortales ascendentes. Mantienen extensas áreas en las que congregan a sus pupilos y, ocasionalmente, solicitan la ayuda de los artesanos celestiales y de los directores de reversión para realzar sus programas. A medida que vayáis progresando, tendréis un estrecho contacto con estos acompañantes y llegaréis a profesar un gran cariño a ambos grupos. Será una cuestión de azar que gocéis de la presencia de un acompañante del tipo enérgico o del reservado.

5. *Los intérpretes y los traductores.* Durante el comienzo de vuestra andadura en los mundos de las moradas, recurriréis con frecuencia a los intérpretes y traductores. Conocen y hablan todas las lenguas del universo local; son los lingüistas de los mundos.

No adquiriréis nuevos idiomas de forma automática; allí los aprenderéis tal como lo hacéis aquí, y estos brillantes seres serán vuestros profesores de idiomas. En los mundos de las moradas estudiaréis primero la lengua de Satania y, después, la de Nebadón. Y mientras estéis aprendiendo estas nuevas lenguas, los acompañantes morontiales serán vuestros eficientes intérpretes y traductores. En ninguno de estos mundos encontraréis jamás a un visitante que no tenga como intérprete a un acompañante morontial.

6. *Los supervisores de excursiones y de reversión.* Estos acompañantes estarán con vosotros en los viajes más largos a la esfera sede y a los mundos de cultura y transición que la rodean. Planifican, dirigen y supervisan todas las visitas individuales y grupales que se realizan a los mundos de formación y culturales del sistema.

7. *Los custodios de superficies y edificios.* Incluso las construcciones materiales y morontiales aumentan en perfección y grandiosidad, conforme avanzáis en vuestra andadura por los mundos de las moradas. Como individuos y como grupos se os está permitido realizar ciertos cambios en las residencias que se os asignen como sede durante vues-

tra estancia en estos diferentes mundos. Mucha de la actividad de estas esferas tiene lugar en los recintos abiertos de los llamados círculos, cuadrados y triángulos. La mayoría de las estructuras de estos mundos no tiene techo, sino que se trata de recintos magníficamente construidos y exquisitamente ornamentados. Las condiciones climáticas y otras condiciones físicas imperantes en los mundos arquitectónicos hacen que los techos sean del todo innecesarios.

Estos custodios de las fases de transición de la vida ascendente gestionan de forma suprema las cuestiones de índole morontial. Se crearon para esta labor y, en espera de la efectuación del Ser Supremo, continuarán siempre siendo acompañantes morontiales; no desempeñan ningún otro cometido.

A medida que los sistemas y los universos se asientan en luz y vida, cada vez más los mundos de las moradas cesan de actuar como esferas transitorias de formación morontial. Más y más los finalizadores instituyen su nuevo régimen formativo, que parece estar diseñado para transformar la conciencia cósmica desde el nivel actual del gran universo al de los futuros universos exteriores. Los acompañantes morontiales están destinados a desempeñar su labor cada vez más en colaboración con los finalizadores y en otras numerosas regiones espaciales no reveladas en este momento en Urantia.

Como podéis imaginaros, estos seres contribuirán probablemente en mucho a vuestro disfrute de los mundos de las moradas, ya sea vuestra estancia larga o breve. Y continuaréis disfrutando de ellos durante toda vuestra ascensión hasta Lugar de Salvación. No son, en un sentido estricto, parte esencial de vuestra experiencia como supervivientes. Podríais alcanzar Lugar de Salvación sin ellos, pero los echaríais mucho de menos. Constituyen el gran placer personal de vuestra andadura ascendente en el universo local.

4. Los directores de reversión

La alegría jubilosa y el equivalente de la sonrisa son tan universales como la música. Existe un equivalente morontial y espiritual de la alegría y de la risa. La vida ascendente se divide casi por igual entre trabajo y ocio —cese de actividad—.

El esparcimiento celestial y el humor sobrenatural difieren bastante de sus análogos humanos, pero todos nos permitimos de hecho alguna forma de ambos; y realmente logran para nosotros, en nuestro estado, casi lo que el humor ideal es capaz de hacer por vosotros en Urantia. Los acompañantes morontiales, ayudados muy capazmente por los directores de reversión, son hábiles auspiciadores del ocio.

Comprenderíais con más facilidad la labor de los directores de reversión si los comparásemos con las mejores clases de humoristas de Urantia, aunque resultaría un modo enormemente tosco y algo desacertado de expresar la idea del cometido de estos directores del cambio y del esparcimiento, de estos servidores del humor supremo de los mundos morontiales y espirituales.

Al hablar del humor espiritual, permitidme que os diga primero lo que *no* es. El humor espiritual nunca acentúa los infortunios de los débiles y errados ni es jamás irreverente con la rectitud y la gloria divinas. Nuestro humor se manifiesta de acuerdo a tres categorías generales:

1. *Expresiones humorísticas reminiscentes.* Son ocurrencias nacidas al recordar episodios de nuestra propia experiencia de luchas, conflictos y, a veces, temor, y a menudo de una ansiedad infantil y sin sentido. Para nosotros, esta faceta humorística proviene de la profundamente arraigada y permanente capacidad de buscar en el pasado recuerdos con los que hacer más placentera y, por lo tanto, más ligera la pesada carga del presente.

2. *El humor corriente.* Guarda relación con la falta de sentido de mucho de lo que tan a menudo nos ocasiona serias preocupaciones y el regocijo al descubrir la insignificancia de muchas de nuestras graves ansiedades personales. Valoramos mejor esta faceta humorística cuando somos capaces de reducir las ansiedades del presente en favor de las certezas del futuro.

3. *El regocijo profético.* Quizás sea difícil para los mortales imaginar esta faceta humorística, pero se obtiene una peculiar satisfacción de la seguridad de que "todas las cosas ayudan a bien" —para los espíritus y los seres morontiales al igual que para los mortales—. Este aspecto del humor celestial nace de nuestra fe en los amorosos y vigilantes cuidados de nuestros superiores y en la estabilidad divina de nuestros directores supremos.

Pero los directores de reversión de los mundos no se encargan exclusivamente de ilustrar el elevado humor de los distintos órdenes de seres inteligentes; también se ocupan de dirigir el divertimento, esto es, el esparcimiento espiritual y el entretenimiento morontial. En este respecto, cuentan con la entusiasta cooperación de los artesanos celestiales.

Los mismos directores de reversión no son un grupo creado; son un colectivo llamado para este fin que incluye seres que van desde los nativos de Havona hasta los progresadores morontiales de los mundos evolutivos, pasando por las multitudes de mensajeros del espacio y los espíritus servidores del tiempo. Todos son voluntarios entregados a la tarea de ayudar a sus semejantes a lograr el cambio de pensamiento y el reposo mental; actitudes sumamente útiles para recuperar las energías perdidas.

Cuando se está parcialmente agotado por el esfuerzo puesto en la consecución de unos objetivos y, mientras se aguarda para poder renovar las energías perdidas, se puede encontrar gratificación y deleite en revivir cosas que sucedieron en otros días y en otras eras. *Sosiega rememorar nuestras experiencias tempranas como parte de la raza humana o del orden al que se pertenece.* Y esa es exactamente la razón por la que estos artistas se llaman directores de reversión —ayudan a revertir la memoria a un estado de desarrollo anterior o a un estatus de nuestro ser, de menor experiencia—.

Todos los seres disfrutan de este tipo de reversión salvo aquellos que son creadores innatos, de ahí que se revigoricen a sí mismos de forma automática, y otros tipos de seres sumamente especializados, tales como los centros de la potencia y los controladores físicos, que son, siempre y eternamente, completamente metódicos en todas sus reacciones. Esta liberación periódica de la tensión producida en el desempeño de responsabilidades es parte habitual de la vida en todos los mundos de todo el universo de los universos, pero no en la Isla del Paraíso. Los seres originarios de esta morada central no sufren agotamiento y, por lo tanto, no están sujetos a la re-energización. Y con dichos seres que gozan de la eterna perfección del Paraíso no puede haber tal reversión a las experiencias evolutivas.

La mayoría de nosotros ha ascendido desde estadios existenciales inferiores o, dentro de nuestros propios órdenes, a través de sus niveles progresivos, y es estimulante y, en cierta medida, divertido, recordar ciertos episodios de nuestras experiencias tempranas. Da sosiego contemplar lo que pertenece al pasado de nuestro orden y que perdura en el recuerdo como posesión de la mente. El futuro significa lucha y avance; denota trabajo, esfuerzo y logro; pero el pasado tiene el regusto de las cosas que ya se han dominado y conseguido; contemplar el pasado permite relajarse y examinarse de una forma tan despreocupada como para suscitar en nosotros alegría espiritual, al igual que un estado morontial de mente que raya en el júbilo.

Hasta el humor humano se vuelve más amable cuando ilustra circunstancias relacionadas con un estado de desarrollo algo anterior al que se tiene en ese momento o cuando describe a seres pretendidamente superiores como víctimas de experiencias con frecuencia asociadas a los que supuestamente son inferiores. Vosotros, habitantes de Urantia, habéis permitido que mucho de lo que es a la vez ofensivo y cruel se llegue a confundir con vuestro humor, pero, de manera general, se os podría felicitar por tener un sentido del humor relativamente agudo. Algunas de vuestras razas poseen una gran disposición para el humor, lo que le sirve de enorme ayuda en sus andaduras terrenales. Es evidente que habéis recibido una gran parte de este humor del legado adánico, mucho más del que habéis obtenido en este sentido en el terreno de la música o del arte.

Durante los momentos de esparcimiento, durante esos momentos en los que sus habitantes evocan recuerdos estimulantes de un estadio existencial inferior, toda Satania se ve iluminada por el placentero humor de un colectivo de directores de reversión procedentes de Urantia. El sentido de humor celestial siempre nos acompaña, incluso si nos hallamos involucrados en las tareas más difíciles. Previene el enaltecimiento exacerbado de nuestra propia importancia. Pero no nos damos rienda suelta, esto es "lo pasamos bien", salvo cuando estamos en un período de receso de las serias responsabilidades de nuestros respectivos órdenes.

Cuando tenemos la tentación de caer en el envanecimiento de nosotros mismos, si nos detenemos a contemplar la infinitud de la grandeza y magnificencia de nuestros hacedores, nuestro engreimiento se torna un absoluto sinsentido, que raya incluso en lo cómico. Una de los cometidos del humor es la de ayudarnos a todos a tomarnos menos en serio. *El humor es el antídoto divino contra la exaltación del ego.*

La necesidad de expansionarse y entretenerse mediante el humor es mayor en aquellos órdenes de seres ascendentes que se encuentran sujetos a una tensión constante debido a su lucha por avanzar. Los dos extremos de la vida tienen poca necesidad de divertimento. Los hombres primitivos no tienen aptitud para este y los seres perfectos del Paraíso no lo precisan. Las multitudes de Havona componen, de manera natural, un conjunto jubiloso y regocijante de seres personales supremamente felices. En el Paraíso, la calidad de la adoración hace innecesaria las actividades de reversión. Pero, entre aquellos que comienzan sus andaduras muy por debajo de la meta de perfección del Paraíso, hay un gran espacio para el ministerio de los directores de reversión.

A mayor elevación de las especies humanas, mayor será la tensión y mayor su aptitud para el humor, al igual que su necesidad de recurrir a él. En el mundo del espíritu lo contrario es cierto: cuanto más ascendamos menor es la necesidad de buscar esparcimiento en las experiencias de reversión. Pero al descender en la escala de la vida espiritual desde el Paraíso hasta las multitudes seráficas, existe una necesidad creciente para la misión de la alegría y el ministerio del júbilo. Aquellos seres que más precisan del estímulo de la reversión periódica al estado intelectual de experiencias anteriores son los órdenes superiores de las especies humanas, los seres morontiales, los ángeles y los hijos materiales, junto con todos los órdenes similares de seres personales.

El humor obra como una válvula automática de seguridad que evita la acumulación de excesivas tensiones debido a la monotonía de una contemplación seria y prolongada de uno mismo, en conjunción con la intensa lucha por lograr progreso en nuestro desarrollo y alcanzar unos nobles objetivos. El humor actúa también haciendo decrecer nuestra conmoción por el efecto inesperado de algún hecho o de alguna verdad, de algún hecho firmemente inflexible y de alguna verdad flexible y siempre viva. El ser personal humano, nunca seguro de con qué se va a encontrar, rápidamente capta mediante el humor —entiende el porqué y adquiere conocimiento— la naturaleza inesperada de la situación, sea esta hecho o verdad.

Aunque el humor de Urantia es extremadamente tosco y escasamente artístico, sí desempeña un valioso servicio tanto como garantía de salud como para liberar la tensión emocional, previniendo así un estado nervioso perjudicial y una contemplación demasiado seria de uno mismo. El humor y el ocio —el esparcimiento— no surgen como reacciones a un continuado esfuerzo futuro; son siempre los ecos de una mirada atrás, de una reminiscencia del pasado. También en Urantia y tal como sois ahora, siempre os ha resultado revitalizante cuando, por un breve período de tiempo, habéis podido hacer una pausa en el ejercicio de tareas nuevas y de índole intelectual superior y habéis recordado las actividades más simples de vuestros antepasados.

Los principios en los que se sustenta el ocio en Urantia están bien fundados, filosóficamente hablando, y se continuarán aplicando a lo largo de vuestra vida de continuo ascenso hasta las orillas eternas del Paraíso, pasando por las vías circulatorias de Havona. Como seres ascendentes, estáis en posesión de los recuerdos personales de todas las etapas anteriores de vuestras existencias y, sin esta evocación del pasado, que conforma vuestra identidad, el humor del presente, ya se trate de la risa humana o de la alegría morontial, no tendría fundamento. Es esta rememoración de las experiencias pasadas la que constituye la base del divertimento y el entretenimiento del momento presente. Así, durante toda vuestra larga andadura como mortales y, después, como seres cada vez más espirituales, disfrutaréis de los equivalentes celestiales de vuestro humor terrestre. Y esa parte de Dios (el modelador), que se convierte en una parte eterna del ser personal del mortal ascendente, confiere los matices de divinidad a las expresiones de regocijo, incluso de risa espiritual, de las criaturas ascendentes del tiempo y del espacio.

5. Los maestros de los mundos de las moradas

Los maestros de los mundos de las moradas constituyen un colectivo de querubines y sanobines solitarios pero glorificados. Cuando un peregrino del tiempo avanza desde un mundo probatorio del espacio hasta los mundos de las moradas y los mundos correlacionados de formación morontial va acompañado de su serafín personal o grupal: el guardián del destino. En los mundos donde transcurre la existencia mortal, el serafín cuenta con la hábil ayuda de los querubines y sanobines; pero cuando su pupilo mortal se libera de las ataduras de la carne e inicia su camino ascendente, cuando comienza la vida posmaterial o morontial, el serafín que lo atendía deja de necesitar los servicios de sus anteriores asistentes, el querubín y el sanobín.

Estos asistentes, a los que el serafín ha dejado de necesitar a su servicio, son, con frecuencia, convocados a la sede central del universo. Allí reciben la afectuosa acogida del espíritu materno del universo y continúan después a las esferas de formación del sistema, en calidad de maestros de los mundos de las moradas. A menudo, dichos maestros visitan los mundos materiales y desempeñan su labor desde los mundos de las moradas de índole inferior hasta las más elevadas esferas educativas vinculadas a la sede del universo. A petición propia, pueden retornar a su anterior tarea al servicio de los serafines.

En Satania, hay muchos miles de millones de estos maestros, y su número aumenta de forma constante porque, en la mayoría de los casos, cuando un serafín continúa su ascenso al interior con el mortal fusionado con el modelador, tanto el querubín como el sanobín quedan atrás.

Como sucede con la mayoría de los otros instructores, son los melquisedecs los que designan a los maestros de los mundos de las moradas. En general, están bajo la dirección de los acompañantes morontiales, pero como seres individuales y como instructores se hallan bajo la supervisión de los jefes en funciones de las escuelas o esferas en las que puedan ejercer como instructores.

Estos querubines de avanzado grado de excelencia trabajan normalmente en parejas, tal como lo hacían cuando estaban unidos al serafín. Están, por naturaleza, muy próximos al orden morontial de existencia y son maestros innatamente comprensivos de los mortales ascendentes; dirigen, con gran eficiencia, el plan de formación del mundo de morada y el sistema de instrucción morontial.

En las escuelas de la vida morontial, los mencionados maestros imparten su enseñanza de forma individual, grupal, por clases y colectiva. En los mundos de las moradas, estas escuelas están organizadas en tres grupos generales de cien divisiones cada uno: las escuelas de pensamiento, las escuelas de sentimiento y las escuelas de acción. Cuando llegáis a la constelación, se añaden las escuelas de ética, de administración y de adaptación social. En los mundos de la sede central del universo, os incorporaréis a las escuelas de filosofía, divinidad y espiritualidad pura.

Aquellas cosas que podríais haber aprendido en la tierra pero que no conseguisteis hacerlo se han de aprender bajo la tutela de estos fieles y pacientes maestros. No existen caminos reales, atajos ni senderos fáciles para llegar al Paraíso. Con independencia de las variaciones individuales del itinerario, debéis dominar las materias que se imparten en una esfera antes de continuar a la siguiente; al menos, esto es así una vez que dejáis el mundo en el que nacisteis.

Uno de los objetivos de la andadura morontial es erradicar de forma permanente los rasgos animales que quedan como vestigios en los supervivientes mortales tales como la falta de resolución, la carencia de compromiso, la insinceridad, la evitación de problemas, la arbitrariedad y la búsqueda de lo fácil. Durante la vida en los mundos de las moradas, se imparte pronto a los jóvenes pupilos morontiales la enseñanza de que posponer algo no significa, de ninguna manera, evitar hacerlo. Tras la vida en la carne, no se puede disponer del factor tiempo como modo de evadir situaciones o eludir obligaciones incómodas.

Los maestros de los mundos de las moradas comienzan su servicio en las esferas de estancia de inferior orden y avanzan, mediante la experiencia, por las esferas educativas del sistema y de la constelación hasta llegar a los mundos formativos de Lugar de Salvación. No están sometidos a ningún entrenamiento específico ni antes ni después de ser acogidos por el espíritu materno del universo. Ya se capacitaron para desempeñar su labor durante el servicio que llevaron a cabo como colaboradores seráficos en los mundos nativos de sus pupilos, residentes ahora en los mundos de las moradas. En los mundos habitados, tuvieron un conocimiento real de estos mortales evolutivos; son maestros prácticos y compasivos, instructores sabios y comprensivos y guías capaces y eficaces. Están enteramente familiarizados con el plan dispuesto para los ascendentes y poseen una gran experiencia en las fases iniciales de su camino de progreso.

Muchos de estos maestros de más experiencia, aquellos que han servido por mucho tiempo en los mundos de las vías circulatorias de Lugar de Salvación, son de nuevo acogidos por el espíritu materno del universo y, de este segundo acogimiento, estos querubines y sanobines emergen en rango de serafín.

6. Los serafines de los mundos morontiales: Los servidores de las criaturas en transición

Aunque todos los órdenes de ángeles, desde los ayudantes planetarios hasta los serafines supremos, prestan sus servicios en los mundos de las moradas, son los servidores de las criaturas en transición los que están asignados con mayor exclusividad a este quehacer. Estos ángeles pertenecen al sexto orden de servidores seráficos, y su ministerio consiste en facilitar el tránsito de las criaturas materiales y mortales desde la vida temporal en la carne hasta las primeras etapas de la existencia morontial de estos siete mundos.

Debéis comprender que, en realidad, la vida morontial del mortal ascendente tiene sus inicios en los mundos habitados, en el momento en el que se forja el alma, en ese instante en el que el modelador espiritual acude a habitar en la mente de la criatura de estatus moral. Y, desde ese momento en adelante, el alma del mortal adquiere potencialmente la capacidad para obrar en niveles sobrenaturales, incluso para ser reconocida en los niveles superiores de las esferas morontiales del universo local.

Sin embargo, no seréis conscientes del ministerio de estos serafines hasta que no lleguéis a los mundos de las moradas, en donde desempeñan una incansable labor para facilitar el avance de sus pupilos mortales. Se asignan al servicio en las siete divisiones siguientes:

1. *Los evangelistas seráficos.* En el momento en el que recobráis la conciencia en los mundos de las moradas, figuráis en los registros del sistema como espíritus evolutivos. Es cierto que aún no tenéis condición de verdaderos espíritus, pero ya no sois seres mortales o materiales; habéis emprendido una andadura de índole preespiritual y se os ha admitido debidamente a la vida morontial.

En los mundos de las moradas, los evangelistas seráficos os ayudarán a elegir certeramente entre las distintas rutas alternativas para Edentia, Lugar de Salvación, Uversa y Havona. Si existen varias de ellas igualmente aconsejables, se os presentarán ante vosotros para que podáis optar por la que más atractiva os resulte. Estos serafines, entonces, presentan sus recomendaciones a los veinticuatro asesores de Jerusem sobre la trayectoria más conveniente a tomar por cada una de las almas ascendentes.

No se os da la posibilidad de escoger incondicionalmente vuestro futuro rumbo, pero sí podréis hacer vuestra elección dentro de los límites de aquello, que los servidores de las criaturas en transición y sus superiores han dispuesto sensatamente como el más idóneo para vuestros futuros logros espirituales. El mundo espiritual se gobierna por el principio de respeto a vuestra libre voluntad, siempre que la vía por la que optéis no sea en vuestro propio detrimento ni en perjuicio de vuestros compañeros.

Estos evangelistas seráficos se dedican a anunciar el evangelio del eterno progreso, el celebrado triunfo de lograr la perfección. En los mundos de las moradas, los evangelistas proclaman la gran ley de la preservación y el predominio de la bondad: Ningún acto bueno se pierde del todo; puede verse obstaculizado durante mucho tiempo pero jamás queda anulado por completo, y es eternamente efectivo en razón a la divinidad que lo motiva.

También en Urantia, estos evangelistas aconsejan a los maestros humanos de la verdad y la rectitud a que se adhieran a la predicación de "la bondad de Dios, que te guía al arrepentimiento", para proclamar "el amor de Dios, que echa fuera todo temor". Estas verdades se han anunciado en vuestro mundo:

Los Dioses son mis custodios; no me perderé;
de la mano me conducirán por los bellos y gloriosos senderos reconfortantes de la vida eterna.

Ante esta presencia divina no me faltará el alimento ni tendré sed de agua.
Aunque descienda al valle de la incertidumbre o ascienda a los mundos de la duda,
aunque camine en soledad o con mis semejantes,
aunque triunfe en los coros de la luz o flaquee en los lugares solitarios de las esferas,
tu buen espíritu me asistirá y tu ángel glorioso me confortará.
Aunque descienda a las profundidades de la oscuridad y de la muerte misma,
no dudaré de ti, ni te temeré,
Porque sé que en la plenitud de los tiempos y en la gloria de tu nombre,
me elevarás hasta sentarme junto a ti en las altas almenas.

Este fue el relato susurrado al pastorcillo durante la noche. No pudo memorizarlo palabra por palabra, pero, recordándolo lo mejor que pudo, lo transmitió casi como ha quedado hoy en día.

Estos serafines son también los evangelistas de la buena nueva del logro de la perfección para todo el sistema al igual que para el mortal ascendente de forma individual. Incluso en este momento, en el joven sistema de Satania, sus enseñanzas y planes incluyen medidas para esas eras futuras en las que los mundos de las moradas cesarán de servir a los ascendentes mortales como trampolines para llegar a las esferas de arriba.

2. *Los intérpretes de las razas.* No todas las razas de los seres mortales son semejantes. Es cierto que existe un modelo planetario que se manifiesta en las naturalezas y tendencias físicas, mentales y espirituales de las diversas razas de un determinado mundo; pero también hay tipos raciales diferenciados y tendencias sociales muy claras que caracterizan a la progenie de estos distintos tipos básicos de seres humanos. En los mundos del tiempo, los intérpretes seráficos de las razas prosiguen los esfuerzos de los comisionados de las razas para armonizar sus diversos puntos de vista y continúan actuando en los mundos de las moradas, en los que estas mismas diferencias tienden, en cierta medida, a persistir. En un confuso planeta, como lo es Urantia, estos brillantes seres apenas han dispuesto de oportunidades claras para poder desempeñar su cometido, pero son los hábiles sociólogos y los inteligentes asesores étnicos del primer cielo.

Deberíais reflexionar sobre el enunciado "el cielo" y "el cielo de los cielos". El cielo imaginado por la mayoría de vuestros profetas era el primero de los mundos de las moradas del sistema local. Cuando el apóstol habló de ser "arrebatado hasta el tercer cielo", se refería a aquel momento en el que su modelador se separó de él durante el sueño y, en ese inusual estado, se vio proyectado al tercero de los siete mundos de las moradas. Algunos de vuestros sabios tuvieron la visión de un cielo más grande, "el cielo de los cielos", en el que el primero se refería a la percepción de los séptuplos mundos de las moradas; el segundo, a Jerusem; el tercero, a Edentia y sus satélites; el cuarto, a Lugar de Salvación y las esferas educativas que lo rodean; el quinto, a Uversa; el sexto, a Havona; y el séptimo, al Paraíso.

3. *Los planificadores de la mente.* Estos serafines se dedican a agrupar convenientemente a los seres morontiales y a organizar su trabajo en equipo en los mundos de las moradas. Son los psicólogos del primer cielo. La mayoría de los miembros de este grupo especial de servidores seráficos ha tenido experiencia previa en calidad de ángeles guardianes de los hijos del tiempo, pero sus pupilos, por alguna razón, no lograron adquirir el estado personal en los mundos de las moradas o pudieron sobrevivir, de otro modo, mediante la fusión con el espíritu.

La tarea de los planificadores de la mente consiste en estudiar la naturaleza, la experiencia y la condición de las almas fusionadas con el modelador en su tránsito por los mundos de las moradas y facilitar su agrupamiento en razón de cometidos y progreso. Estos planificadores de la mente no traman nada ni manipulan, ni se aprovechan de manera alguna de la ignorancia o de otras limitaciones de los estudiantes de estos mundos. Son totalmente ecuánimes y sumamente justos. Respetan vuestra recién nacida voluntad morontial; os consideran seres volitivos autónomos y tratan de estimular en vosotros un rápido desarrollo y avance. Estáis aquí frente a verdaderos amigos y asesores que os comprenden, ángeles que son realmente capaces de ayudaros "a veros a vosotros mismos como los demás os ven" y "a conoceros tal como los ángeles os conocen".

También en Urantia, estos serafines imparten la perpetua verdad: si tu propia mente no te sirve de mucho, puedes cambiarla por la mente de Jesús de Nazaret, que siempre te servirá bien.

4. *Los asesores morontiales.* Estos serafines se llaman así porque se encargan de la enseñanza, dirección y asesoramiento de los mortales su-

pervivientes de los mundos de origen humano, de esas almas en tránsito hacia las escuelas superiores de la sede del sistema. Son los maestros de aquellos que buscan conocer la unidad experiencial subyacente en los diferentes niveles de la vida, aquellos que intentan integrar los contenidos y unificar los valores. Tal es la labor de la filosofía en la vida mortal y de la mota en las esferas morontiales.

La mota es más que una filosofía de índole superior; es para la filosofía lo que los dos ojos son en relación a uno solo; posee un efecto estereoscópico sobre los contenidos y los valores. El hombre material ve el universo, por así decirlo, con un único ojo —plano—. Los estudiantes de los mundos de las moradas adquieren perspectiva cósmica —profundidad— al superponer su percepción de la vida morontial sobre su percepción de la vida física. Y consiguen definir con claridad estos puntos de vista materiales y morontiales, en buena medida, gracias al incansable ministerio de estos asesores seráficos, que tan pacientemente imparten sus enseñanzas a los estudiantes de los mundos de las moradas y a los progresadores morontiales. Muchos de estos asesores educativos, pertenecientes al orden supremo de los serafines, comenzaron su andadura en calidad de asesores de las almas recién liberadas de los mortales del tiempo.

5. *Los técnicos.* Son los serafines que ayudan a los nuevos seres ascendentes a adaptarse al medio ambiente, nuevo y relativamente extraño, de las esferas morontiales. La vida en los mundos de transición supone un contacto real con las energías y los materiales tanto de los niveles físicos como de los morontiales y, hasta cierto punto, con las realidades espirituales. Los ascendentes deben adaptarse a cada uno de los nuevos niveles morontiales y, en todo ello, cuentan con la gran ayuda de los técnicos seráficos. Estos serafines obran como enlaces con los supervisores de la potencia morontial y con los controladores físicos mayores y actúan, mayormente, en calidad de instructores de los peregrinos ascendentes en lo que se refiere a la naturaleza de esas energías utilizadas en las esferas de transición. Sirven como surcadores del espacio en casos de emergencias y tienen, además, numerosos otros cometidos tanto de orden regular como especial.

6. *Los maestros-archivistas.* Estos serafines son los archivistas del proceso de interacción existente en la zona limítrofe entre lo espiritual y lo físico, de la relación de hombres y ángeles, de la actividad morontial de los mundos de inferior rango del universo. También sirven en calidad

de instructores de métodos de registro, eficientes y efectivos, de hechos acaecidos. Recoger y coordinar datos conexos de forma inteligente es un arte, y este arte se realza en colaboración con los artesanos celestiales, e incluso los ascendentes mortales consiguen así estrechar sus vínculos con los serafines archivistas.

Los archivistas de todos los órdenes seráficos dedican cierta cantidad de tiempo a educar y formar a los progresadores morontiales. Estos custodios angélicos de los hechos del tiempo son los perfectos instructores de todos los que buscan informarse de tales hechos. Antes de abandonar Jerusem, estaréis bastante familiarizados con la historia de Satania y de sus 619 mundos habitados, y son los archivistas seráficos los que os darán a conocer una gran parte de ella.

Todos estos ángeles son parte de una serie de archivistas que se extiende desde los custodios de menor rango de los hechos del tiempo y de las verdades de la eternidad hasta los de mayor rango. Algún día os enseñarán a buscar verdades al igual que hechos, a expandir vuestra alma al igual que vuestra mente. Incluso ahora deberíais aprender a regar el jardín de vuestro corazón al mismo tiempo que os aventuráis en los áridos senderos del conocimiento. Las formas no tienen valor cuando se han aprendido las lecciones. No nace polluelo sin cascarón, y ningún cascarón tiene valor alguno una vez que el polluelo ha nacido. Pero a veces el error es de tal envergadura que rectificarlo mediante la revelación podría ser fatal para esas verdades que emergen lentamente, y que son esenciales para derribar el error mediante la experiencia. Cuando los niños tienen sus ideales, no se los quitéis; dejadlos que crezcan. Y mientras aprendéis a pensar como hombres, también deberíais aprender a orar como niños.

La ley es la vida misma y no las reglas de su conducta. El mal es una transgresión de la ley, no una violación de las reglas de conducta relativas a la vida, que *es* la ley. La falsedad no es una cuestión de técnica narrativa sino un acto premeditado de perversión de la verdad. La creación de imágenes nuevas a partir de hechos pasados, la reafirmación de la vida paterna en la vida de los hijos: estos son triunfos hermosos y creativos de la verdad. La sombra del giro de un cabello, premeditada con algún fin desleal, la más leve deformación o perversión de unos principios elementales: estas cosas constituyen falsedad. Pero el fetiche de la verdad convertida en meros hechos, de la verdad fosilizada, de la atadura de hierro de la llamada verdad invariable, os tiene asidos ciegamente en el círculo cerrado de los fríos datos. Técnicamente, se puede estar correctos en cuanto a los hechos y, no obstante, errar eternamente en cuanto a la verdad.

7. *Las reservas de serafines servidores.* En el primer mundo de morada se mantiene un gran colectivo de todos los órdenes de estos serafines. De entre todos los órdenes de serafines, los servidores de las criaturas en transición, son, tras los guardianes del destino, los que más próximos están a los humanos. Con ellos pasaréis muchos de vuestros momentos de ocio. A los ángeles les complace servir y, a menudo, cuando no están asignados a algún servicio, se prestan como voluntarios para realizarlo. En el alma de muchos ascendentes mortales prende por primera vez el fuego divino de la voluntad de servir gracias a su amistad personal con los servidores voluntarios de las reservas seráficas.

De ellos aprenderéis a dejar que la tensión se transforme en estabilidad y certidumbre; a ser fieles y determinados y, sin embargo, alegres; a aceptar los retos sin quejas y a enfrentaros a las dificultades e incertidumbres sin temor. Os preguntarán: Si fracasáis, ¿os levantaréis para perseverar de nuevo? Si triunfáis, ¿mantendréis vuestro aplomo —vuestra actitud estable y espiritualizada—, mientras os esforzáis en la larga lucha por romper las cadenas de la inercia material, por lograr la libertad de la existencia espiritual?

Incluso como los mortales, estos ángeles han sido igualmente objeto de muchas decepciones, y os harán saber que, a veces, vuestras decepciones más decepcionantes se han convertido en vuestras mayores bendiciones. A veces la semilla que se planta necesita morir, como vuestras esperanzas más preciadas, antes de que pueda renacer para dar los frutos de una nueva vida y de una nueva oportunidad. Y de ellos aprenderéis a sufrir menos pesadumbre y decepciones, primero, haciendo menos planes personales en relación a otras personas y, luego, una vez que hayáis cumplido fielmente con vuestro deber, aceptando vuestra suerte.

Aprenderéis que aumentáis vuestra carga y disminuís vuestra posibilidad de éxito si os tomáis demasiado en serio. Nada puede tener prioridad sobre la tarea a realizar en la esfera que os corresponde por estatus —en este mundo o en el próximo—. La labor de prepararse para la siguiente esfera de orden superior es muy importante, pero nada iguala la importancia de la que tenéis que hacer en el mundo en el que vivís en este momento. Pero aunque la *tarea* es importante, el *yo* no lo es. Cuando os sentís importantes, perdéis energía por el desgaste de conservar la dignidad del ego, de manera que resta poca para abordar vuestra propia tarea. La importancia que uno se da a sí mismo, en lugar de la importancia que se da a la tarea, agota a las criaturas inmaduras; es el elemento del ego el que agota y no el esfuerzo por alcanzar unos logros. Podéis llevar a cabo una labor importante si no os dais importancia a vosotros mismos; podríais hacer varias cosas tan fácilmente como una sola, si os dejaseis fuera a vosotros mismos. La variedad tranquiliza; la monotonía es lo que cansa y agota. Todos los días son iguales —o bien la vida o la alternativa de la muerte—.

7. La mota morontial

Los planos inferiores de la mota morontial enlazan directamente con los niveles superiores de la filosofía humana. En el primer mundo de morada, se acostumbra a impartir la enseñanza de la mota a los estudiantes menos avanzados mediante un método de paralelismos, o sea, en una columna se exponen los conceptos más sencillos de los significados de la mota y, en la columna contraria, se citan enunciados análogos de la filosofía humana.

No hace mucho tiempo, mientras realizaba una misión en el primer mundo de morada de Satania, se me presentó la ocasión de observar este método de enseñanza; y, aunque no puedo exponer el contenido de la lección en mota, sí se me permite dejar constancia de los veintiocho enunciados de la filosofía humana que este instructor morontial estaba utilizando a modo de ilustración para ayudar a estos nuevos habitantes del mundo de morada, en sus primeros intentos por captar la relevancia y el contenido de la mota. Los enunciados que servían de ilustración de la filosofía humana eran:

1. Mostrar algún talento especial no significa estar en posesión de aptitudes espirituales. El ingenio no es un sustituto del verdadero carácter.

2. Pocas personas viven a la altura de la fe que realmente tienen. El miedo irracional es un fraude intelectual de gran envergadura que atenta contra el alma del mortal en evolución.

3. No se pueden sobrepasar las capacidades que nos son inherentes. Una botella de medio litro no tiene capacidad para albergar un litro. No se pueden forzar las nociones espirituales de modo mecánico dentro del molde de la memoria material.

4. Pocos mortales se atreven jamás a beneficiarse de forma alguna de todos los méritos que como ser personal les brinda el ministerio combinado de la naturaleza y de la gracia. La mayoría de las almas em-

pobrecidas son, en este sentido, verdaderamente ricas, pero se niegan a creerlo.

5. Las dificultades pueden suponer un reto para la persona común y hacer fracasar al temeroso, pero no son sino un estímulo para los verdaderos hijos de los altísimos.

6. Disfrutar de privilegios sin abuso, hacer uso de una libertad sin libertinaje, poseer poder y negarse categóricamente a utilizarlo para el engrandecimiento propio: estos son los signos de una civilización elevada.

7. En el cosmos no acontecen accidentes por azar o imprevistos. Tampoco los seres celestiales asisten a los seres de inferior rango que se niegan a actuar acorde con la luz de la verdad que está en ellos.

8. El esfuerzo no siempre produce alegría, pero sin esfuerzo inteligente no hay felicidad.

9. La acción resulta en fuerza; la moderación, en fascinación.

10. La rectitud hace sonar los acordes armónicos de la verdad, y la melodía reverbera por todo el cosmos hasta lograr incluso el reconocimiento del Infinito.

11. El débil posterga las decisiones, pero el fuerte actúa. La vida no es sino un día de trabajo —hacedlo bien—. Los actos son nuestros; las consecuencias, de Dios.

12. La mayor aflicción del cosmos es no haber estado nunca afligido. Los mortales solo adquieren sabiduría experimentando tribulaciones.

13. Las estrellas se perciben mejor desde el solitario aislamiento de las profundidades experienciales que desde las cumbres iluminadas y exultantes de las montañas.

14. Estimulad la sed de verdad de los que están próximos a vosotros; dad consejos solamente cuando se os pidan.

15. La afectación es el descabellado intento de los ignorantes por parecer sabios, la pretensión del alma yerma por parecer opulenta.

16. No podéis percibir las verdades espirituales hasta que no la sintáis vivencialmente y muchas de ellas no se sienten realmente salvo en la adversidad.

17. La ambición es nociva hasta que no alcanza un grado sumo de socialización. No adquirís en verdad virtud alguna hasta que vuestros actos no os hagan merecedores de ella.

18. La impaciencia emponzoña el espíritu; la ira es como una piedra que se arrojara a un nido de avispas.

19. Dejad atrás la ansiedad. Las decepciones más difíciles de soportar son las que nunca llegan.

20. Solo un poeta es capaz de percibir poesía en el prosaísmo de la existencia rutinaria.

21. La elevada misión de cualquier arte es prefigurar, mediante la creación de ilusiones, la realidad superior del universo, es cristalizar las emociones del tiempo en el pensamiento de la eternidad.

22. El alma evolutiva no se vuelve divina por lo que hace, sino por lo que procura hacer.

23. La muerte no ha añadido nada al bagaje intelectual ni a los dones espirituales, pero sí ha añadido, al estatus experiencial, la conciencia de la *supervivencia*.

24. El destino de la eternidad se determina en cada momento por los logros de la vida diaria. Los actos de hoy conforman el destino de mañana.

25. La grandeza no reside tanto en poseer fuerza como en hacer un uso sensato y divino de esta.

26. El conocimiento solamente se posee al compartirlo; está salvaguardado por la sabiduría y se socializa mediante el amor.

27. El progreso exige el desarrollo de la individualidad; lo general busca perpetuarse en la normalización.

28. Los argumentos en defensa de cualquier proposición son inversamente proporcionales a la verdad que contiene.

Esta es la tarea de los principiantes del primer mundo de morada, mientras que los pupilos más avanzados de los mundos siguientes van adquiriendo dominio sobre los niveles superiores de percepción cósmica y mota morontial.

8. Los progresadores morontiales

Desde el momento en el que culminan su formación en los mundos de las moradas hasta que logran el estatus espiritual en su andadura en el suprauniverso, se denomina progresadores morontiales a los ascendentes. Vuestro paso por esta maravillosa vida fronteriza será una experiencia inolvidable, un recuerdo fascinante. En un sentido evolutivo, es el portal a la vida espiritual y al logro final de la perfección como criaturas a través de los que los ascendentes alcanzan el objetivo del tiempo: hallar a Dios en el Paraíso.

Existe un propósito inequívoco y divino en todo este sistema morontial y, posteriormente, espiritual diseñado para el progreso de los mortales, en esta compleja escuela, en el universo, de formación de criaturas ascendentes. Es la intención de los creadores proporcionar a las criaturas del tiempo una oportunidad escalonada de alcanzar el dominio de los detalles del funcionamiento y de la gobernación del gran universo, y este prolongado programa de formación se lleva a cabo, del mejor modo, haciendo que los mortales supervivientes escalen de forma gradual y realmente participen en cada paso de esta ascensión.

El plan de supervivencia dispuesto para los mortales tiene un objetivo práctico y útil. No sois los destinatarios de toda esta labor divina y de toda esta esmerada formación solamente para que podáis sobrevivir y gozar de una dicha sin fin y de una calma eterna. El objetivo es la realización de un servicio supremo que se oculta tras el horizonte de la actual era del universo. Si los Dioses hubiesen querido llevaros sencillamente a una larga y eterna excursión de placer, ciertamente no hubiesen transformado, en tan gran medida, el universo completo en una inmensa y compleja escuela de formación práctica, solicitando a una gran parte sustancial de la creación celestial que acudiera en calidad de maestros e instructores, y luego pasar era tras era guiándoos, uno a uno, por tal gigantesca escuela formativa de la experiencia. Fomentar el sistema diseñado para el progreso de los mortales parece ser una de las principales ocupaciones del presente universo organizado, y la mayoría de los innumerables órdenes de inteligencias creadas está implicada, de forma directa o indirecta, en dar impulso a alguna fase de este plan progresivo de perfección.

Al ascender en la escala de la vida desde el hombre mortal hasta llegar al acogimiento de la Deidad, realmente, y dentro de los límites de la presente era del universo, vivís la vida misma de cada una de las posibles facetas y etapas en la senda de perfección de la existencia creatural. Desde el hombre mortal hasta el finalizador del Paraíso se incluye todo lo que ahora se puede ser —comprende todo lo que es presentemente posible para los órdenes vivos de criaturas inteligentes, perfeccionadas, finitas—. Si el destino futuro de los finalizadores del Paraíso es servir en los nuevos universos ahora en formación, seguro que en dicha creación, nueva y futura, no habrá órdenes de seres experienciales creados, cuyas vidas sean totalmente diferentes de las vidas que los finalizadores mortales han vivido en algún mundo como parte de su formación en ascenso, como una de las etapas de su progreso multisecular desde el animal hasta el ángel y desde el ángel hasta el espíritu y desde el espíritu hasta Dios.

[Exposición de un arcángel de Nebadón.]

CATORCE

Los mundos habitados

(ESCRITO 49)

EN SU origen y naturaleza, todos los mundos habitados son evolutivos. Estas esferas constituyen el sitio de propagación, la cuna evolutiva, de las razas mortales del tiempo y del espacio. Cada una de las etapas que conforma la vida del ascendente constituye una verdadera escuela de formación para la que le espera a continuación, y esto es así en cada una de esas etapas por las que el hombre pasa en su ascenso y progreso al Paraíso; es igualmente cierto tanto para las experiencias tempranas de los mortales en un planeta evolutivo como para su instrucción en la escuela última de los melquisedecs en la sede del universo, a la que los mortales ascendentes únicamente asisten justo antes de trasladarse para formar parte del régimen del suprauniverso y llegar a ser espíritus de la primera etapa.

Atendiendo a su administración de índole celestial, todos los mundos habitados se agrupan básicamente en sistemas locales, y cada uno de estos sistemas locales alberga un límite aproximado de mil mundos evolutivos. Son los ancianos de días los que decretan este límite, y se refiere a los planetas actuales evolutivos habitados por seres mortales de estatus de supervivencia. En este grupo no se encuentran ni los mundos definitivamente asentados en luz y vida ni los planetas de la etapa prehumana del desarrollo de la vida.

La misma Satania es un sistema sin concluir de solo 619 mundos habitados. Estos planetas están numerados sucesivamente, de acuerdo a su registro como mundos habitados por criaturas de voluntad. Así pues, a Urantia se le dio el número *606 de Satania*, lo que significa que es el mundo número 606 de este sistema local en el que el largo proceso evolutivo de la vida concluyó con la aparición de seres humanos. Hay treinta y seis planetas no habitados próximos a la etapa de dotación de la vida y varios otros que se están preparando para ser objeto de la labor de los portadores de vida. Existen casi doscientas esferas en evolución que en los próximos millones de años estarán listas para la implantación de la vida.

No todos los planetas son idóneos para albergar la vida mortal. Los pequeños planetas con un alto índice de velocidad de rotación axial son totalmente inadecuados como hábitats para la vida. En algunos de los sistemas físicos de Satania, los planetas que giran alrededor de un sol central son demasiado grandes para ser habitados; su gran masa ejerce una excesiva fuerza de gravedad. Muchas de estas enormes esferas tienen satélites, a veces seis o incluso más, y estas lunas tienen frecuentemente un tamaño muy similar al de Urantia, de modo que son prácticamente idóneas para ser habitadas.

El mundo habitado más antiguo de Satania, el mundo número uno, es Anova; es uno de los cuarenta y cuatro satélites que giran alrededor de un enorme planeta oscuro, aunque expuesto a la luz diferenciada de tres soles vecinos. Anova se halla en un avanzado estadio de civilización y progreso.

1. La vida planetaria

Los universos del tiempo y del espacio se desarrollan de forma gradual; la forma en la que la vida —planetaria o celestial— avanza no es ni arbitraria ni mágica. Puede que la evolución cósmica no sea siempre comprensible (previsible), pero no es en absoluto accidental.

La unidad biológica de la vida material es la célula protoplásmica o formación colectiva de energías químicas, energías eléctricas y otras energías elementales. Las fórmulas químicas difieren en cada sistema, y el método de reproducción de la célula viva es ligeramente diferente en cada universo local; si bien, los portadores de vida son siempre los catalizadores vivos que inician las reacciones primordiales de la vida material; son los inductores de las vías circulatorias energéticas de la materia viva.

Todos los mundos de un mismo sistema local comparten una inequívoca afinidad física; sin embargo, cada planeta posee su propia escala de vida y no hay dos mundos que sean exactamente idénticos en cuanto a sus recursos vegetales y animales. Estas variaciones planetarias de los tipos de vida del sistema son producto de las decisiones de los portadores de vida. Pero estos seres no actúan de forma irreflexiva o arbitraria; los universos se dirigen de acuerdo con la ley y el orden. Las leyes de Nebadón se originan en los mandatos divinos de Lugar de Salvación, y el orden evolutivo de vida de Satania está en consonancia con el modelo evolutivo de Nebadón.

La evolución es la regla del desarrollo humano, pero el proceso mismo varía enormemente en los diferentes mundos. La vida tiene a veces un foco de inicio, a veces tres, tal como ocurrió en Urantia. Por lo general, en los mundos atmosféricos, la vida tiene origen marino, aunque no siempre; depende significativamente de las condiciones físicas del planeta. Los portadores de vida disponen de mucho margen en el ejercicio de su tarea de iniciar la vida.

En el desarrollo de la vida planetaria, la forma vegetal siempre precede a la animal y alcanza un pleno grado de desarrollo antes de que se establezcan diferencias con los modelos de vida animal. Todos los tipos de vida animal se desarrollan a partir de los modelos básicos del reino vegetal de seres vivos; no se organizan por separado.

Las primeras etapas de la evolución de la vida no se explican del todo partiendo de la visión que tenéis actualmente de ellas. *El hombre mortal no es un accidente evolutivo.* Existe un sistema preciso, una ley universal, que determina el despliegue del plan de vida planetario en las esferas del espacio. El tiempo y la creación de un gran número de especies no son determinantes en dicho despliegue. Los ratones se reproducen con mucha mayor rapidez que los elefantes y, sin embargo, los elefantes evolucionan más rápidamente que los ratones.

La evolución planetaria se rige por un proceso metódico y controlado. El desarrollo de organismos superiores a partir de grupos inferiores de vida no es accidental. A veces, el proceso evolutivo sufre retrasos temporales debido a la destrucción de los linajes favorables de plasma vital que algunas especies exclusivas portan. Con frecuencia, se necesitan muchas eras para recuperar y corregir el daño ocasionado por la pérdida de una sola estirpe de orden superior de la herencia humana. Debéis proteger celosa e inteligentemente estas estirpes de protoplasma vivo, exclusivas y superiores, una vez que hacen su aparición. Y en la mayoría de los mundos habitados se les da mucho más valor a estos potenciales superiores de la vida de lo que se les da en Urantia.

2. Tipos físicos de criaturas planetarias

En cada sistema, hay un modelo estándar y básico de vida vegetal y animal. Pero los portadores de vida se ven a menudo en la necesidad de modificar estos modelos básicos para adaptarlos a la variabilidad de las condiciones físicas con las que se enfrentan en numerosos mundos del espacio. Los portadores fomentan un tipo de criatura mortal propia del sistema, pero existen siete tipos distintos de criaturas, al igual que miles y miles de variaciones menores de estas siete destacadas diferenciaciones.

1. Los tipos atmosféricos.
2. Los tipos elementales.
3. Los tipos gravitacionales.
4. Los tipos térmicos
5. Los tipos eléctricos.
6. Los tipos energizadores.
7. Los tipos innominados.

El sistema de Satania contiene todos estos tipos de criaturas y numerosos grupos intermedios, aunque algunos están escasamente representados.

1. *Los tipos atmosféricos.* Es la naturaleza de la atmósfera de los mundos habitados la que determina sus diferencias físicas; hay otros condicionantes que contribuyen a estas diferencias planetarias de la vida, pero son relativamente menores.

Las condiciones atmosféricas existentes en Urantia en la actualidad son casi ideales para el sostenimiento del tipo de seres humanos dotados de respiración, pero dicho tipo puede modificarse de tal manera que pueda ser viable la vida tanto en planetas supraatmosféricos como en subatmosféricos. Estas modificaciones también se extienden a la vida animal, que difiere bastante en las distintas esferas habitadas. Tanto en los mundos subatmosféricos como en los supraatmosféricos se llevan a efecto grandes modificaciones en el orden animal.

De los tipos atmosféricos de Satania, cerca del dos y medio por ciento son subrespiradores, aproximadamente un cinco por ciento suprarespiradores y más del noventa y uno por ciento respiradores de tipo medio, lo que supone un total de noventa y ocho y medio por ciento de los mundos de Satania.

A seres tales como los que forman las razas de Urantia se les clasifica como respiradores de tipo medio; representáis el promedio o la clase típica de existencia mortal en cuanto a la respiración. Si existiesen criaturas inteligentes en un planeta con una atmósfera similar a la de vuestro vecino cercano, Venus, pertenecerían al grupo de los suprarespiradores, mientras que a aquellos que habitaran en un planeta con una atmósfera tan tenue como la de vuestro vecino exterior, Marte, se les denominaría subrespiradores.

Si los mortales habitaran en un planeta desprovisto de aire, como vuestra luna, pertenecerían a un orden aparte, al de los no respiradores. Este tipo de criaturas conlleva una adaptación radical o extrema al medio ambiente planetario y se analizará por separado. Los no respiradores suponen el uno y medio por ciento que resta de los mundos de Satania.

2. *Los tipos elementales.* Estas diferenciaciones tienen que ver con la relación de los mortales con el agua, el aire y la tierra y, en lo que respecta a esta relación con dichos hábitats, hay cuatro especies distintas de vida inteligente. Las razas de Urantia pertenecen al orden terrestre.

Es completamente imposible que podáis imaginar el medio ambiente que predomina durante las primeras eras de algunos mundos. Estas excepcionales condiciones hacen que la vida evolutiva animal permanezca en su hábitat reproductivo marino por períodos más largos de los que lo hacen en aquellos planetas en los que pronto tiene lugar un entorno terrestre y atmosférico hospitalario. Por el contrario, en algunos mundos de los suprarespiradores, cuando el planeta no es demasiado grande, resulta a veces oportuno dar origen a un tipo de criatura mortal que pueda surcar fácilmente la atmósfera. La aparición de estos navegantes del aire media entre los grupos acuáticos y los grupos terrestres. Hasta cierto punto, siempre viven en el suelo, llegando a evolucionar hasta convertirse en ocupantes de la tierra. Pero en algunos mundos, durante muchas eras, continúan volando incluso tras haberse convertido en seres del tipo terrestre.

Es a la vez sorprendente y entretenido observar cómo se va conformando la incipiente civilización de las razas primitivas de los seres humanos, en algunos casos, en el aire y en las copas de los árboles y, en otros, en medio de las aguas poco profundas de cuencas tropicales resguardadas, al igual que en los fondos, los bordes y las orillas de estos jardines marinos de las tempranas razas de tan extraordinarias esferas. También en Urantia existió una prolongada era en la que el hombre primitivo se protegió a sí mismo e hizo avanzar su civilización primitiva viviendo, en su mayor parte, en las copas de los árboles tal como lo hicieron sus primeros ascendientes arbóreos. En Urantia todavía contáis con un grupo de diminutos mamíferos (de la familia de los murciélagos) que navegan por el aire y con otros mamíferos como vuestras focas y ballenas, cuyo hábitat es marino.

En Satania, de los tipos elementales de criaturas, el siete por ciento son acuáticos; el diez por ciento, aéreos; el setenta por ciento, terrestres; y el trece por ciento, una combinación de los tipos terrestres y aéreos. Si bien, estas modificaciones de las primeras criaturas inteligentes no hacen que sean ni peces humanos ni pájaros humanos. Pertenecen a los tipos de criaturas humanas y prehumanas; no son ni suprapeces ni pájaros enaltecidos, sino inequívocamente mortales.

3. *Los tipos gravitacionales.* Modificando el diseño creativo, se crean seres inteligentes que sean capaces de obrar con libertad en esferas más pequeñas o más grandes que Urantia, de manera que se puedan acomodar en cierta medida a la gravedad de aquellos planetas que no tienen ni el tamaño ni la densidad idóneos.

Hay variabilidad en la altura de los diversos tipos planetarios de mortales. En Nebadón, la media es de alrededor de dos metros. Algunos de los mundos más grandes están poblados por seres que tienen solamente una altura de unos sesenta y seis centímetros. La estatura de los mortales oscila entre esta última, pasando por la altura promedio en los planetas de tamaño medio, hasta aproximadamente tres metros en las esferas habitadas más pequeñas. En Satania existe una sola raza por debajo de metro y veinte de altura. El veinte por ciento de los mundos habitados de Satania está poblado por mortales de los tipos gravitacionales modificados que ocupan los planetas más grandes y más pequeños.

4. *Los tipos térmicos.* Es posible crear seres vivos que puedan soportar temperaturas tanto muy superiores como muy inferiores a las del espectro vital de Urantia. Según se clasifican en función de los mecanismos de regulación de la temperatura, existen cinco órdenes distintos de seres. En esta escala, las razas de Urantia corresponderían al número tres. El treinta por ciento de los mundos de Satania están poblados por razas de los tipos térmicos modificados. El doce por ciento de estas razas pertenecen al espectro de temperaturas más altas; el dieciocho por ciento, al de temperaturas más bajas; los urantianos, a su vez, se situarían en el grupo de temperaturas de tipo medio.

5. *Los tipos eléctricos.* El comportamiento eléctrico, magnético y electrónico de los mundos varía enormemente. Existen diez diseños de vida mortal conformados de diversos modos a fin de soportar el diferencial de energía de las esferas. Estas diez variaciones en el diseño de la vida responden también, de forma ligeramente diferente, a los rayos químicos de la luz solar ordinaria. Pero estas leves variaciones físicas no afectan en nada a la vida intelectual o espiritual.

De los grupos eléctricos existentes de seres mortales, casi el veintitrés por ciento pertenece a la clase número cuatro, al tipo urantiano de existencia. Estos tipos se distribuyen de la manera siguiente: el uno por ciento pertenece a la clase número 1; el dos por ciento, a la 2; el cinco por ciento, a la 3; el veintitrés por ciento a la 4; el veintisiete por ciento, a la 5; el veinticuatro por ciento, a la 6; el ocho por ciento, a la 7; el cinco por ciento, a la 8; el tres por ciento, a la 9; el dos por ciento, a la 10. Son cifras en porcentajes totales.

6. *Los tipos energizadores.* No todos los mundos son similares en cuanto al modo de absorber energía. No todos los mundos habitados tienen un océano atmosférico idóneo para el intercambio respiratorio de gases, tal como el que se halla presente en Urantia. Durante las etapas primeras y posteriores de muchos planetas, los seres de vuestro orden actual no podrían existir cuando los factores respiratorios de un planeta aparecen en un grado muy elevado o muy bajo; si bien, cuando todos los demás requisitos indispensables para la vida inteligente son satisfactorios, a menudo, los portadores de vida establecen en dichos mundos una forma de vida mortal modificada, dando lugar a seres que son competentes para llevar a cabo directamente los intercambios de sus procesos vitales por medio de la energía luminosa y de las transmutaciones directas de la potencia de los controladores físicos mayores.

Los animales y los seres humanos presentan seis tipos diferentes de nutrición: los subrespiradores emplean el primero; los habitantes marinos, el segundo; los respiradores medios, el tercero, como en el caso de Urantia. Los suprarespiradores emplean el cuarto tipo de absorción de energía, mientras que los no respiradores, el quinto orden de nutrición y de energía. El séptimo modo de energización se limita a las criaturas intermedias.

7. *Los tipos innominados.* En la vida planetaria encontramos otras muchas variaciones físicas de diferente índole, pero todas ellas son enteramente cuestiones relativas a la modificación anatómica, a la di-

ferenciación fisiológica y al ajuste electroquímico, y no afectan a la vida intelectual o espiritual.

3. Los mundos de los no respiradores

En su mayor parte, los planetas están poblados por seres inteligentes dotados de respiración. Si bien, hay igualmente órdenes de mortales que están facultados para vivir en mundos con poco aire o sin aire. De los mundos habitados de Orvontón, este tipo de seres suma menos del siete por ciento. En Nebadón dicho porcentaje es menor del tres por ciento. Solo hay nueve de estos mundos en todo Satania.

En Satania hay un número tan escaso de mundos habitados por seres del tipo de los no respiradores porque en este sector de Norlatiadec, de más reciente organización, hay todavía abundancia de cuerpos espaciales meteóricos; y los mundos sin la fricción que produce la capa protectora de la atmósfera están sometidos a un incesante bombardeo de estos vagabundos del espacio. Hay incluso algunos cometas compuestos de enjambres de meteoros, pero, por regla general, son cuerpos disgregados y más pequeños de materia.

Millones y millones de meteoritos penetran diariamente en la atmósfera de Urantia a una velocidad de unos trescientos veinte kilómetros por segundo. En los mundos de los no respiradores, sus avanzadas razas han de realizar grandes esfuerzos para protegerse del daño que causan los meteoros. Para ello, construyen instalaciones eléctricas que se encargan de desintegrar o desviar los meteoros, y se enfrentan a serios peligros si se aventuran más allá de las zonas protegidas. Estos mundos están también sometidos a catastróficas tormentas eléctricas de una naturaleza desconocida en Urantia. Durante esos momentos de enormes fluctuaciones energéticas, los habitantes deben refugiarse en construcciones especiales provistas de aislamiento protectores.

La vida en los mundos de los no respiradores es radicalmente distinta de la que existe en Urantia. Los no respiradores no consumen alimentos ni beben agua como lo hacen las razas de Urantia. Las reacciones de su sistema nervioso, el mecanismo regulador de la temperatura y el metabolismo de los singulares pobladores de estos mundos son del todo diferentes en cuanto a esas mismas funciones en los mortales de Urantia. Salvo en la reproducción, varían en casi todos los actos de la vida, e incluso en los modos de procreación son algo diferentes.

En los mundos de los no respiradores, las especies animales son radicalmente distintas a las que se encuentran en los planetas atmosféricos. El plan de vida en estos mundos varía de la forma de existencia que se lleva en un mundo atmosférico; e incluso hay variación en cuanto a la supervivencia al optar por la fusión con el espíritu. No obstante, estos seres disfrutan de la vida y desarrollan los quehaceres propios de su entorno con las mismas vicisitudes y gozos relativos que experimentan los mortales que viven en los mundos atmosféricos. En cuanto a la mente y al carácter, los no respiradores no difieren de otros tipos mortales.

Os podría interesar sobremanera el comportamiento planetario de este tipo de mortales porque una raza de seres de este tipo habita en una esfera muy cercana a Urantia.

4. Las criaturas evolutivas de voluntad

Hay grandes diferencias entre los mortales de los distintos mundos, incluso entre aquellos pertenecientes al mismo orden intelectual y físico; si bien, todos los mortales de dignidad y voluntad son animales erectos, bípedos.

Existen seis razas evolutivas básicas: tres primarias —la roja, la amarilla y la azul—; y tres secundarias —la naranja, la verde y la índigo—. Todas estas razas están presentes en la mayoría de los mundos habitados, pero muchos de los planetas de seres de tres cerebros únicamente albergan a los tres tipos primarios. Igualmente, algunos sistemas locales solo tienen estas tres razas.

Los seres humanos poseen una media de doce sentidos físicos especiales, aunque los sentidos de los mortales con tres cerebros están ligeramente más desarrollados que los de los seres con uno y dos cerebros; pueden ver y oír bastante mejor que las razas de Urantia.

Normalmente los niños nacen uno a uno; los nacimientos múltiples son una excepción, y la vida familiar es bastante similar en cualquier tipo de planeta. La igualdad entre los sexos prevalece en todos los mundos avanzados; los hombres y las mujeres son iguales en cuanto a su dotación de mente y a su condición espiritual. Estimamos que un planeta no ha salido de la barbarie mientras uno de los sexos intente tiranizar al otro. Este rasgo, que forma parte de la experiencia de las criaturas, siempre mejora notablemente tras la llegada de un hijo y una hija material.

En todos los planetas iluminados y calentados por el sol se producen variaciones de estaciones y temperaturas. En todos los mundos atmosféricos, la agricultura es universal; el cultivo de la tierra es la ocupación común de las razas de todos estos planetas en su camino de avance.

En sus días tempranos, todos los mortales afrontan las mismas habituales luchas con enemigos microscópicos que experimentáis ahora en Urantia, aunque quizás no de forma tan generalizada. La duración de la vida varía en los diferentes planetas desde los veinticinco años de los mundos primitivos hasta los cerca de quinientos años de las esferas de mayor avance y antigüedad.

Todos los seres humanos son gregarios, tanto en un aspecto tribal como racial. Esta separación en grupos es innata a su origen y constitución, y solo el avance de la civilización y la espiritualización paulatina pueden modificar esta tendencia. Los problemas sociales, económicos y gobernativos de los mundos habitados varían en conformidad con la edad de los planetas y con el grado de influencia que las sucesivas estancias de los hijos divinos han ejercido sobre ellos.

La mente es la dádiva del Espíritu Infinito y obra por completo de la misma manera en los distintos entornos. La mente de los mortales es semejante, con independencia de las diferencias estructurales y químicas que caracterizan las naturalezas físicas de las criaturas de voluntad de los sistemas locales. A pesar de las diferencias planetarias personales o físicas, la vida mental de todos estos distintos órdenes de mortales es muy similar, y las trayectorias que siguen inmediatamente tras la muerte, muy parecidas.

Pero la mente mortal no puede sobrevivir sin el espíritu inmortal. La mente del hombre es mortal; solo el espíritu que se otorga de gracia es inmortal. La supervivencia depende de la espiritualización por el ministerio del modelador —del nacimiento y evolución del alma inmortal—; al menos, no debe haberse desarrollado un antagonismo hacia la misión del modelador, consistente en efectuar la transformación espiritual de la mente material.

5. Los grupos planetarios de mortales

Resulta algo difícil realizar una descripción satisfactoria de los grupos planetarios de mortales porque sabéis muy poco de ellos, y porque se dan muchas variaciones. Se puede, no obstante, hacer un estudio de las criaturas mortales desde numerosos puntos de vista, entre los que están los siguientes:

1. La adaptación al medio ambiente planetario.
2. Los grupos de mortales del tipo cerebral.

3. Los grupos receptivos al espíritu.
4. Las épocas planetarias de los mortales.
5. Los grupos correlacionados de criaturas afines.
6. Los grupos de mortales que se fusionan con el modelador.
7. Los métodos de salida del planeta.

Las esferas habitadas de los siete suprauniversos están pobladas por mortales que se pueden clasificar, al mismo tiempo, dentro de una o más categorías de cada una de estas siete clases generales de vida evolutiva creatural. Pero, incluso en esta clasificación general, no están contemplados seres tales como los midsonitas ni ciertas otras formas de vida inteligente. Los mundos habitados, tal como se describen en estas narrativas, están poblados por criaturas mortales evolutivas, pero existen otras formas de vida.

1. *La adaptación al medio ambiente planetario.* Existen tres grupos generales de mundos habitados desde el punto de vista de la adaptación de la vida creatural al entorno planetario: el grupo de adaptación normal, el grupo de adaptación radical y el grupo experimental.

En la adaptación normal a las condiciones planetarias, se siguen los modelos físicos generales previamente considerados. Los mundos de los no respiradores son un ejemplo de adaptación radical o extrema, pero en este grupo también se incluyen otros tipos de mortales. Los mundos experimentales están, por lo general, perfectamente adaptados a las formas típicas de existencia, y en estos planetas decimales los portadores de vida tratan de producir, en los diseños regulares de vida, variaciones que puedan resultar beneficiosas. Al ser un planeta experimental, vuestro mundo difiere notablemente de sus esferas hermanas de Satania; en Urantia han aparecido muchas formas de vida que no se hallan en ningún otro lugar; igualmente, hay muchas especies comunes que no tienen presencia en vuestro planeta.

En el universo de Nebadón, todos los mundos en los que se ha modificado la vida están vinculados secuencialmente y constituyen un área especial de los asuntos del universo que recibe la atención de administradores asignados a tal tarea. Hay un colectivo de directores del universo, cuyo jefe es el veterano finalizador conocido en Satania como Tabamantia, que se encarga de inspeccionar periódicamente a todos estos mundos experimentales.

2. *Los grupos de mortales del tipo cerebral.* La única uniformidad física existente entre los mortales es el cerebro y el sistema nervioso; sin embargo, el órgano cerebral tiene tres configuraciones básicas. Hay seres de uno, dos y tres cerebros. Los urantianos tienen dos cerebros y son algo más imaginativos, aventureros y filosóficos que los mortales de un solo cerebro, pero algo menos espirituales, éticos y tendentes a la adoración que los órdenes de tres cerebros. Estas diferencias cerebrales se observan incluso en la vida animal prehumana.

Partiendo del tipo de corteza cerebral de los dos hemisferios propios de los urantianos podéis, por analogía, comprender algo del tipo de seres de un solo cerebro. La noción del tercer cerebro, de los órdenes que lo poseen, se puede concebir mejor si se entiende como algo que ha evolucionado a partir de la configuración de vuestro cerebro, de índole inferior o rudimentario, y que ha alcanzado un grado de desarrollo que le hace regir principalmente las actividades físicas, dejando libres a los dos cerebros para cometidos superiores: uno para funciones intelectuales y, el otro, para la labor del modelador del pensamiento de crear equivalentes espirituales.

Mientras que los logros planetarios de las razas con un solo cerebro están levemente limitados en comparación con los de los órdenes de dos cerebros, los planetas más antiguos pertenecientes al grupo de tres cerebros poseen civilizaciones que asombrarían a los urantianos y que avergonzaría, en cierto modo, a la vuestra si se la compara con ellas. En cuanto al desarrollo mecánico y a la civilización material, e incluso en cuanto a su progreso intelectual, los mundos de mortales con dos cerebros son capaces de equipararse a las esferas de los habitantes con tres cerebros. Pero en relación al dominio superior de la mente y al desarrollo de la reciprocidad intelectual y espiritual, vosotros os encontráis en un nivel algo inferior.

Todas estas valoraciones comparativas referidas al progreso intelectual o a los logros espirituales de un mundo o grupo de mundos deben en justicia tener en consideración la edad planetaria; muchas, muchísimas cosas, dependen del factor de la edad, de la ayuda de los mejoradores biológicos y de las misiones posteriores de los diferentes órdenes de hijos divinos.

Aunque los pueblos con tres cerebros son susceptibles de experimentar una evolución planetaria ligeramente superior a la de los órdenes de uno o dos cerebros, todos poseen el mismo tipo de plasma vital y llevan a cabo, en sus planetas, tareas de índole muy similar, semejantes a las realizadas por los seres humanos de Urantia. Estos tres tipos de mortales se reparten por los mundos de los sistemas locales. En la mayoría de los casos, las condiciones planetarias tuvieron muy poco que ver con la decisión de los portadores de vida de implantar a estos diversos órdenes de mortales en los distintos mundos; es pues, prerrogativa de los portadores de vida trazar un plan y ejecutarlo.

Estos tres órdenes están en igualdad de condiciones en cuanto a su camino de ascensión. Cada uno de ellos ha de pasar por la misma escala de desarrollo intelectual y cada cual debe superar las mismas pruebas de progreso espiritual. Sin excepción alguna, no existe ninguna discriminación por parte de la administración del sistema ni en cuanto a las acciones directivas de la constelación respecto a estos diferentes mundos; incluso los regímenes de los príncipes planetarios son idénticos.

3. *Los grupos receptivos al espíritu.* En cuanto a su configuración, y en relación a su conexión con las cuestiones espirituales, la mente se clasifica en tres grupos. Esta clasificación no hace referencia a los órdenes de mortales de uno, dos y tres cerebros, sino fundamentalmente a la química glandular y se refiere, de manera más particular, a la constitución de ciertas glándulas comparables a los órganos pituitarios. En algunos mundos, las razas tienen una glándula; en otros, dos, como en el caso de los urantianos; mientras que, en otras esferas, las razas tienen tres de estos singulares órganos. La imaginación innata y la receptividad espiritual de los mortales ciertamente se ven influenciadas por esta diferencia de dotación química.

De estos tipos de mortales receptivos al espíritu, el sesenta y cinco por ciento pertenecen al segundo grupo, al igual que las razas de Urantia. El doce por ciento, menos receptivos por naturaleza, se integra en el primer tipo, mientras que el veintitrés por ciento tiene una mayor propensión a lo espiritual durante la vida física. No obstante, estas distinciones no perviven tras la muerte natural; todas estas diferencias raciales atañen solamente a la vida en la carne.

4. *Las épocas planetarias de los mortales.* En esta clasificación, se hace mención a las sucesivas dispensaciones temporales en la medida en la que repercuten en el estatus planetario del hombre y en su recepción del ministerio celestial.

La vida se inicia en los planetas de mano de los portadores de vida, que velan por su desarrollo hasta algún tiempo después de la aparición evolutiva del hombre mortal. Antes de dejar el planeta, los portadores de vida instauran como corresponde a un príncipe planetario en calidad de gobernante del mundo. Con él, llega un contingente completo de auxiliares de menor rango y ayudantes servidores. Con simultaneidad a su llegada, tiene lugar el primer juicio de los vivos y de los muertos.

Con la gradual aparición de los grupos humanos, este príncipe planetario llega para inaugurar la civilización humana y centrar su atención en la sociedad humana. Vuestro confuso mundo no se puede considerar como modelo estándar de los primeros días del reinado de los príncipes planetarios, puesto que, casi al comienzo de este gobierno en Urantia, vuestro príncipe planetario, Caligastia, se unió a la rebelión de Lucifer, el soberano del Sistema. Desde entonces, vuestro planeta ha seguido un tormentoso rumbo.

En un mundo evolutivo normal, las razas progresan de forma natural hasta alcanzar su cúspide biológica durante el régimen del príncipe planetario; poco después, el soberano del sistema envía a ese planeta a un hijo y a una hija material. Estos seres, venidos de fuera, sirven en calidad de mejoradores biológicos; su transgresión en Urantia hizo que vuestra historia planetaria se complicara aún más.

Cuando el progreso intelectual y ético de una raza humana ha llegado a los límites de su desarrollo evolutivo, llega un hijo avonal del Paraíso en misión de magistrado y, más adelante, cuando el estatus espiritual de dicho mundo se acerca al límite de su logro natural, acude al planeta un hijo de gracia del Paraíso. La misión principal de este hijo de gracia consiste en establecer el nuevo estatus planetario, liberar al espíritu de la verdad para que realice su misión en el planeta y llevar a efecto la llegada universal de los modeladores del pensamiento.

Aquí, una vez más, Urantia se desvía de la normalidad: jamás se ha producido esta misión de un hijo magistrado en vuestro mundo ni vuestro hijo de gracia pertenecía al orden de los avonales; vuestro planeta tuvo el extraordinario honor de convertirse en el lugar de nacimiento humano del hijo soberano: Miguel de Nebadón.

Como resultado del ministerio sucesivo de todos los órdenes de filiación divina, los mundos habitados y sus razas evolutivas comienzan a acercarse a la cima de su desarrollo planetario. Dichos mundos han alcanzado un grado de madurez que los hace propicios para la misión culminante de la llegada de los hijos preceptores de la Trinidad. Esta época de los hijos preceptores es la antesala de la era planetaria final —la cúspide evolutiva—: la era de luz y vida.

Esta clasificación de los seres humanos será objeto de una atención especial en uno de los escritos siguientes.

5. *Los órdenes de criaturas afines.* Los planetas no solo se organizan de forma vertical en sistemas, constelaciones y así sucesivamente; la administración del universo también contempla la formación de grupos de carácter horizontal atendiendo al tipo, al grupo y a otras relaciones que se establecen entre las criaturas. Esta gestión lateral del universo corresponde, más en particular, a la coordinación de acciones de naturaleza afín que se fomentan, de manera independiente, en las distintas esferas. Periódicamente, estas clases correlacionadas de criaturas del universo están sujetas a la inspección de un colectivo combinado de elevados seres personales, presidido por finalizadores con una larga experiencia.

Estos factores de afinidad se ponen de manifiesto en todos los niveles, porque existe correspondencia entre los seres personales no humanos al igual que entre las criaturas mortales —incluso entre órdenes humanos y sobrehumanos—. Los seres inteligentes se relacionan verticalmente en doce grandes grupos de siete divisiones principales cada uno. La coordinación de estos grupos de seres vivos, singularmente correlacionados, se lleva probablemente a efecto a través de algún modo de proceder del Ser Supremo, no del todo comprendido.

6. *Los grupos que se fusionan con el modelador.* La relación entre el estatus del ser personal y el mentor misterioso interior es del todo determinante a la hora de clasificar o agrupar espiritualmente a todos los mortales durante su existencia previa a su fusión. Casi el noventa por ciento de los mundos habitados de Nebadón está poblado por mortales que se fusionan con el modelador, a diferencia de un universo cercano en el que poco más de la mitad de los mundos albergan a seres que pueden optar por la fusión eterna con el modelador interior.

7. *Métodos de salida del planeta.* Fundamentalmente, existe una única manera en la que la vida humana pueda iniciarse en los mundos habitados: mediante la procreación de las criaturas y el nacimiento natural; pero hay un gran número de métodos dispuestos para que el hombre pueda dejar su estatus planetario y acceder al caudal de seres ascendentes que fluyen hacia el interior, hacia el Paraíso.

6. Salida del planeta

En su totalidad, los distintos tipos físicos y grupos planetarios de mortales gozan por igual del ministerio de los modeladores del pensamiento, de los ángeles guardianes y de los diversos órdenes de las multitudes de mensajeros del Espíritu Infinito. Todos los mortales se liberan por igual de las ataduras de la carne al desprenderse de la dependencia de la muerte natural, y todos se dirigen por igual a los mundos morontiales para su evolución espiritual y su progreso mental.

Con cierta periodicidad, por petición de las autoridades planetarias o de los gobernantes del sistema, se realizan resurrecciones especiales de los supervivientes dormidos. Estas resurrecciones ocurren al menos cada milenio de tiempo planetario, cuando "muchos" pero no todos "de los que duermen en el polvo de la tierra se despertarán". Estas resurrecciones especiales brindan la ocasión de convocar a grupos especiales de seres ascendentes a objeto de rendir un servicio específico dentro del plan del universo local dispuesto para la ascensión de los mortales. Existen razones prácticas al igual que vínculos afectivos relacionados con este tipo de resurrecciones.

A lo largo de las primeras eras de los mundos habitados, muchos son los llamados a las esferas de las moradas en las resurrecciones especiales y milenarias, pero la mayoría de los supervivientes retoman su ser personal al inaugurarse una nueva dispensación en conexión con la llegada de un hijo divino al planeta en el que va a realizar su servicio.

1. Los mortales del orden de supervivencia dispensacional o grupal. Con la llegada del primer modelador a un mundo habitado, también hacen su aparición los serafines guardianes, indispensables para poder salir del planeta. Durante todo el período de interrupción de la vida de los supervivientes durmientes, los valores espirituales y las realidades eternas de sus almas recién desarrolladas e inmortales permanecen bajo la sagrada custodia de los serafines personales o de grupo.

Los guardianes de grupo asignados a los supervivientes dormidos siempre desempeñan su cometido con los hijos judiciales cuando estos hacen su aparición en los mundos. "Enviará sus ángeles y juntarán a sus escogidos, de los cuatro vientos". Con cada serafín destinado a la reconstitución del ser personal de uno de los mortales dormidos obra el modelador retornado, la misma fracción inmortal del Padre que vivió en él durante sus días en la carne, y es así como se restablece la identidad y resurge el ser personal. Durante el sueño de sus tutorados, estos modeladores en proceso de espera sirven en Lugar de la Divinidad. En este intervalo de tiempo jamás moran en otra mente mortal.

Mientras que los mundos más antiguos de los mortales albergan a tipos de seres humanos de gran avance y excelencia espiritual que están prácticamente exentos de pasar por la vida morontial, las épocas tempranas de las razas de origen animal se distinguen por la existencia de mortales primitivos cuya falta de desarrollo les imposibilita la fusión con sus modeladores. El despertar de estos mortales se efectúa gracias a los serafines guardianes en conjunción con una fracción individualizada del espíritu inmortal de la Tercera Fuente y Centro.

Así pues, los supervivientes dormidos de una era planetaria retoman su ser personal en los llamamientos nominales de las dispensaciones. Pero en cuanto a los seres personales no salvables de algún mundo, ningún espíritu inmortal está presente para actuar con los guardianes de grupo de destino, y esto constituye la cesación de la existencia de la criatura. Aunque en algunos de vuestros registros se han descrito estos acontecimientos como si tuviesen lugar en los planetas donde se da la muerte física, en realidad todos suceden en los mundos de las moradas.

2. Los mortales de los órdenes individuales de ascensión. El progreso individual de los seres humanos se mide por su logro sucesivo y por su travesía (consecución) de los siete círculos cósmicos. Estos círculos, indicativos del progreso realizado por los mortales, representan niveles que conjugan valores intelectuales, sociales, espirituales y de percepción cósmica. Comenzando en el séptimo círculo, los mortales se esfuerzan por alcanzar el primero y, a todos los que han llegado al tercero, se les asigna de inmediato guardianes personales de destino. Estos mortales pueden retomar su ser personal en el transcurso de la vida morontial, con independencia de juicios dispensacionales o de otra índole.

Durante las eras primitivas de un mundo evolutivo, pocos mortales son juzgados al tercer día. Pero, con el transcurso del tiempo, cada vez se asignan más guardianes personales de destino a los mortales, acrecentándose así el número de estas criaturas evolutivas que retoman su ser personal en el primer mundo de morada, al tercer día después de su muerte física. En tales ocasiones, el retorno del modelador señala el despertar del alma humana, y esto supone una reconstitución del ser personal de los muertos tan real como cuando, en los mundos evolutivos, se hace el llamamiento general al fin de una dispensación.

Hay tres grupos de ascendentes individuales: el grupo de menor avance llega al mundo de morada inicial o primero, el de un mayor avance empieza su andadura morontial en cualquiera de los mundos de las moradas intermedios en conformidad con el progreso planetario que le haya precedido y el de más avance de estos órdenes comienza realmente su vida morontial en el séptimo mundo de morada.

3. *Los mortales de los órdenes de ascensión dependientes de un período de prueba.* Ante el universo, la llegada del modelador restablece la identidad, y todos los seres en los que han morado los modeladores reciben el llamamiento nominal de la justicia. Pero la vida temporal en los mundos evolutivos es incierta, y muchos mueren jóvenes antes de haber optado por la andadura al Paraíso. Estos niños y jóvenes, en los que el modelador ha habitado, siguen al progenitor de estatus espiritual más avanzado, continuando, pues, hasta el mundo de los finalizadores del sistema (la guardería probatoria) al tercer día, en la resurrección especial, o en el momento de los llamamientos nominales milenarios y dispensacionales regulares.

Los niños que fallecen demasiado jóvenes como para tener un modelador del pensamiento retoman su ser personal en el mundo de los finalizadores de los sistemas locales en simultaneidad con la llegada de cualquiera de sus progenitores a los mundos de las moradas. El niño adquiere su identidad física en el momento en el que nace como mortal, pero, en lo concerniente a la supervivencia, todos los niños sin modelador se consideran todavía como vinculados a sus padres.

A su debido tiempo, los modeladores del pensamiento acuden a morar en estos pequeños; a su vez, el ministerio seráfico que se dispensa a los dos grupos de órdenes dependientes de un período de prueba es similar, en general, al del progenitor más avanzado o equivalente al del único progenitor, en caso de que solo uno de ellos sobreviva. A aquellos que consiguen llegar al tercer círculo, con independencia del estatus de sus padres, se les otorga guardianes personales.

En las esferas de los finalizadores de la constelación y de las sedes del universo, se mantienen guarderías probatorias similares para los niños sin modelador de los órdenes modificados primarios y secundarios de ascendentes.

4. *Los mortales de los órdenes modificados secundarios de ascensión.* Se trata de seres humanos progresivos que habitan en los mundos evolutivos intermedios. Por regla general, no son inmunes a la muerte natural, pero están exentos de pasar por los siete mundos de las moradas.

El grupo menos perfeccionado de estos mortales se despierta en la sede de su sistema local, pasando de largo los mundos de las moradas. El grupo intermedio va a los mundos de formación de la constelación, pasando de largo todo el régimen morontial del sistema local. Incluso más adelante, en las eras planetarias de conquista espiritual, muchos supervivientes se despiertan en la sede de la constelación y comienzan allí la ascensión al Paraíso.

Pero antes de que cualquiera de dichos grupos pueda seguir adelante, estos mortales deben regresar en calidad de instructores a esos mismos mundos que dejaron atrás como estudiantes y adquirir una amplia experiencia docente. Posteriormente, todos ellos continuarán hacia el Paraíso por las rutas establecidas para el progreso de los mortales.

5. *Los mortales del orden modificado primario de ascensión.* Son mortales pertenecientes al tipo de vida evolutiva que se fusiona con el modelador, y que, con mucha frecuencia, caracterizan las etapas finales del desarrollo humano en un mundo en evolución. Estos seres glorificados están exentos de cruzar el umbral de la muerte; se someten al asimiento de parte del hijo; son trasladados de entre los vivos y aparecen de inmediato ante la presencia del hijo soberano, en la sede del universo local.

Se trata de seres personales que se fusionan con sus modeladores durante su vida en la carne y, al fusionarse, surcan el espacio libremente antes de revestirse de las formas morontiales. Estas almas fusionadas se trasladan de forma directa junto con el modelador a las salas de resurrección en las esferas morontiales superiores, donde reciben su vestimenta morontial inicial exactamente de la misma manera que los otros mortales que llegan de los mundos evolutivos.

Este orden modificado primario puede aplicarse a los seres de cualquier grupo planetario, desde las etapas inferiores hasta las superiores de los mundos en los que se da la fusión con el modelador, pero se utiliza con mayor frecuencia en las esferas más antiguas, tras haberse beneficiado de las numerosas estancias de los hijos divinos.

Con el establecimiento de la era planetaria de luz y vida, muchos se dirigen a los mundos morontiales del universo, siguiendo el proceso de traslado del orden modificado primario. Más adelante, en las etapas de mayor avance y asentamiento de la vida, cuando la mayoría de los mortales que dejan sus mundos se incluyen en esta clase, se considera que el planeta pertenece a este grupo. En estas esferas, desde hace mucho asentadas en luz y vida, la muerte física ocurre cada vez con menor frecuencia.

[Exposición de un melquisedec de la Escuela de Administración Planetaria de Jerusem.]

QUINCE

LAS ESFERAS DE LUZ Y VIDA

(ESCRITO 55)

PARA UN planeta del tiempo y del espacio, la era de luz y vida significa haber alcanzado su estatus evolutivo final. Desde los tempranos tiempos del hombre primitivo, los mundos habitados pasan por sucesivas épocas planetarias: las anteriores y posteriores a la era del príncipe planetario, la era posadánica, la era posterior a la llegada del hijo magistrado y la era posterior a la llegada del hijo de gracia. Y luego se prepara a dichos mundos para alcanzar la cima de su evolución, para asentarse en el estatus de luz y vida, mediante el ministerio de las misiones planetarias consecutivas de los hijos preceptores de la Trinidad, con sus revelaciones en constante avance de la verdad divina y de la sabiduría cósmica. En esta labor por establecer la postrera era planetaria, los hijos preceptores cuentan siempre con la asistencia de las brillantes estrellas vespertinas y, a veces, con la de los melquisedecs.

Esta era de luz y vida, inaugurada por los hijos preceptores al concluir su última misión planetaria, continúa de forma indefinida en los mundos habitados. En su avance, cada etapa asentada en el estatus de luz y vida se puede ver como una sucesión de dispensaciones basadas en las actuaciones judiciales periódicas de los hijos magistrados; si bien, dichas actuaciones son puramente ordinarias, de ninguna manera alteran el curso de los acontecimientos planetarios.

Solo aquellos planetas que consiguen existir en las vías circulatorias principales del suprauniverso tienen asegurada la continuidad de su supervivencia, pero, hasta donde sabemos, estos mundos asentados en luz y vida están destinados a continuar su curso durante las eras eternas de todo tiempo futuro.

En el desarrollo de la era de luz y vida en un mundo evolutivo se dan siete etapas y, en este sentido, cabe señalar que los mundos de los mortales que se fusionan con el espíritu evolucionan de modo idéntico a aquellos grupos que se fusionan con el modelador. Estas siete etapas de luz y vida son las siguientes:

1. La primera etapa o etapa planetaria.
2. La segunda etapa o etapa del sistema.
3. La tercera etapa o etapa de la constelación.
4. La cuarta etapa o etapa del universo local.
5. La quinta etapa o etapa del sector menor.
6. La sexta etapa o etapa del sector mayor.
7. La séptima etapa o etapa del suprauniverso.

Al concluir esta narrativa, se describen estas etapas progresivas en su relación con la organización del universo, pero en cualquier mundo se pueden lograr los valores planetarios de cualquier etapa con total independencia del desarrollo de otros mundos o de los niveles supraplanetarios de la administración del universo.

1. El templo morontial

La presencia del templo morontial en la capital de un mundo habitado evidencia la admisión de dicha esfera permanentemente en las eras de luz y vida. Antes de que los hijos preceptores dejen un mundo, una vez concluida su misión, inauguran esta época final en lo que se refiere a logros evolutivos; presiden ese día en el que "el templo sagrado desciende a la tierra". Este acontecimiento, que señala el comienzo de la era de luz y vida, se ve honrado con la presencia personal del hijo de gracia del Paraíso de ese planeta, que acude para ser testigo de este gran día. Ahí, en este templo de inigualable belleza, este hijo de gracia proclama, como nuevo soberano planetario, al que durante tanto tiempo fue príncipe planetario, confiriendo a ese fiel hijo lanonandec nuevos poderes y una más amplia autoridad sobre los asuntos planetarios. El soberano del sistema también está presente y da su confirmación a estos pronunciamientos.

El templo morontial consta de tres partes: en el centro se encuentra el santuario del hijo de gracia del Paraíso. A la derecha está la sede del ex-príncipe planetario, ahora soberano planetario; y, cuando se halla presente en el templo, este hijo lanonandec es visible para los seres más espirituales del planeta. A la izquierda se encuentra la sede del jefe en funciones de los finalizadores adscritos al planeta.

Aunque se dice que los templos planetarios "descienden del cielo", en realidad no se transporta material alguno desde la sede del sistema. La estructura de cada uno de ellos se diseña en miniatura en la capital del sistema y los supervisores de la potencia morontial, con posterioridad, traen al planeta los planos que han sido aprobados. Aquí, en colaboración con los rectores físicos mayores, proceden a construir el templo morontial, de acuerdo con las especificaciones establecidas.

El templo morontial de tipo medio tiene capacidad para unos trescientos mil espectadores. Estos edificios no se usan para la adoración ni para el entretenimiento ni para recibir transmisiones; se dedican a las ceremonias especiales del planeta tales como las comunicaciones con el soberano del sistema o con los altísimos, las ceremonias especiales de visualización diseñadas para revelar la presencia personal de seres espirituales y la contemplación cósmica silenciosa. Las escuelas de filosofía cósmica celebran aquí sus ceremonias de graduación, y aquí también los mortales del mundo reciben el reconocimiento a nivel planetario por sus eminentes logros en el servicio social y por otros destacados éxitos.

Este templo morontial sirve también de lugar de reunión para presenciar el traslado de mortales vivos a un orden de existencia morontial. Debido a que está compuesto de material morontial, este templo en el que se producen los traslados no se desintegra en la llameante gloria del fuego consumidor que arrasa totalmente los cuerpos físicos de esos mortales, cuando llegan a experimentar la fusión final con sus modeladores divinos. En un mundo grande, estas llamaradas de partida son casi continuas y, conforme se incrementa el número de traslados, se disponen santuarios secundarios de vida morontial en diferentes zonas del planeta. No hace mucho tiempo residí en un mundo del alejado norte en el que había veinticinco santuarios morontiales en funcionamiento.

En los mundos aún por asentarse en la eras de luz y vida, en planetas sin templos morontiales, este destellante acto de fusión muchas veces se da en la atmósfera planetaria, adonde las criaturas intermedias y los controladores físicos elevan al aspirante al traslado.

2. Muerte y traslado

La muerte física natural no es una inevitabilidad para el ser humano. La mayoría de los seres evolutivos en estado avanzado, los ciudadanos de los mundos que existen en la era final de luz y vida, no mueren; se les traslada directamente de la vida en la carne al orden de existencia morontial.

El proceso de traslación de la vida material al estado morontial —la fusión del alma inmortal con el modelador interior—, aumenta en frecuencia de manera proporcional al progreso evolutivo del planeta. Al principio, solo unos pocos mortales consiguen en cada era alcanzar niveles de progreso espiritual para tal traslado, pero con la llegada de las sucesivas eras de los hijos preceptores, acontece un número mayor de fusiones con el modelador antes de la terminación de las vidas, cada vez más prolongadas, de estos mortales en su camino de avance; y llegado el momento de la última misión de los hijos preceptores, hay aproximadamente una cuarta parte de tales magníficos mortales que está exenta de la muerte natural.

Más adelante en la era de luz y vida, las criaturas intermedias o sus colaboradores perciben el próximo estatus de una probable unión de un alma con su modelador y se lo indican a los guardianes del destino, los cuales, a su vez, se lo comunican al grupo de finalizadores bajo cuya jurisdicción este mortal pueda encontrarse; entonces, el soberano planetario emite un llamamiento para que dicho mortal renuncie a todos sus cometidos en el planeta, se despida de su mundo de origen y acuda al interior del templo del soberano planetario, para aguardar allí su tránsito al estatus morontial, la destellante traslación, desde el entorno material y evolutivo hasta el nivel morontial en el que ocurre el progreso preespiritual.

Cuando la familia, los amigos y el grupo de trabajo de ese aspirante a la fusión se han reunido en el templo morontial, se les distribuye alrededor del lugar central donde están los aspirantes en reposo, conversando entretanto de forma distendida con sus amigos allí congregados. Se forma un círculo intermedio de seres personales celestiales a fin de proteger a los mortales materiales de la acción de las energías que se manifiestan en el instante del "destello de vida" y que libera a este aspirante de las ataduras a la carne material, haciendo con ello, de dicho mortal evolutivo, lo que la muerte natural hace de aquellos que se liberan de la carne de ese modo.

En el espacioso templo, se pueden congregar muchos aspirantes a la fusión al mismo tiempo. Y ¡qué hermoso acontecimiento es que los mortales se reúnan así para presenciar la ascensión de sus seres queridos en llamas espirituales!, y ¡qué diferencia con aquellas tempranas épocas en las que los mortales debían confiar a sus muertos a los elementos terrestres! Las escenas de llantos y lamentaciones, típicas de las épocas más primitivas de la evolución humana, se sustituyen ahora por una alegría exultante y el entusiasmo más sublime conforme estos mortales conocedores de Dios se despiden temporalmente de sus seres queridos, al ser liberados de sus vínculos materiales por un fuego espiritual de incontenible grandeza y ascendente gloria. En los mundos asentados en luz y vida, "los funerales" son momentos de suprema alegría, de profunda satisfacción y de inexpresable esperanza.

Las almas de estos mortales en progreso están cada vez más llenas de fe, esperanza y confianza. El ánimo que inspira a los que se han reunido alrededor del santuario de traslación se asemeja al de esos gozosos amigos y familiares, que se congregan en la ceremonia de graduación de un miembro de su grupo o que se unen para ser testigos de la concesión de algún gran honor a uno de los suyos. Y sería de gran utilidad que los mortales menos avanzados pudieran aprender a ver la muerte natural con un poco de esta misma alegría y esparcimiento.

Tras el destellante acto de fusión, los espectadores mortales no pueden ver nada de sus allegados al ser trasladados. Estas almas trasladadas continúan, transportadas por los modeladores, directamente a la sala de resurrección del mundo morontial de formación que le corresponda. Un arcángel, asignado a dicho mundo el día en que se inicia su asentamiento en luz y vida, se encarga de supervisar todo lo relacionado con el traslado de seres humanos vivos al mundo morontial.

Cuando un mundo alcanza la cuarta etapa de luz y vida, más de la mitad de los mortales deja el planeta trasladándose de entre los vivos. La disminución de la muerte se hace cada vez más manifiesta, pero no conozco ningún sistema cuyos mundos habitados, incluso si llevan mucho tiempo asentados en vida, estén completamente libres de la muerte natural como modo de escapar de las ataduras de la carne. Y hasta que no se logre tal elevado estado de evolución planetaria de forma uniforme, los mundos morontiales de formación del universo local deben continuar prestando servicio como esferas culturales y educativas para los progresadores morontiales evolutivos. La supresión de la muerte es teóricamente posible, pero según he podido observar, esto aún no ha ocurrido. Quizás se pueda alcanzar tal estatus en un futuro distante, durante las consecutivas épocas de la séptima etapa de asentamiento en vida de un planeta.

Las almas trasladadas durante las florecientes eras asentadas en vida no pasan por los mundos de las moradas. Tampoco residen en calidad de estudiantes en los mundos morontiales del sistema o de la constelación. No pasan por ninguna de las etapas tempranas de la vida morontial. Son los únicos mortales ascendentes que casi llegan a eludir el período morontial transitorio, que lleva desde la existencia material al estatus semiespiritual. Inicialmente, en su camino de ascensión, estos mortales *asidos por el hijo* prestan sus servicios en los mundos de progreso de la sede del universo. Y, desde estos mundos de estudio de Lugar de Salvación, vuelven como maestros a aquellos mismos mundos que dejaron atrás, dirigiéndose posteriormente hacia el interior, hacia el Paraíso, por la ruta establecida para la ascensión de los mortales.

Si pudierais visitar un planeta en una avanzada etapa de desarrollo, comprenderíais enseguida las razones por las que se han dispuesto formas diferentes de admisión de los mortales ascendentes en los mundos de las moradas y en los mundos morontiales superiores. Entenderíais de inmediato que los seres que proceden de estas esferas con tal alto grado de evolución están preparados para reanudar su ascensión al Paraíso con mucha más antelación que el mortal ordinario, que llega de un mundo como Urantia, atrasado y sin orden.

Sea cual sea el nivel de logros planetarios desde el que los seres humanos puedan ascender a los mundos morontiales, las siete esferas de las moradas les ofrecen una gran oportunidad para adquirir, como estudiantes-maestros, esa experiencia que no pudieron adquirir debido al estatus avanzado de sus planetas nativos.

El universo aplica, de forma indefectible, estos métodos de igualación destinados a asegurar que no se prive a ningún ascendente de experiencia alguna que pueda resultar esencial para su ascensión.

3. Las eras de oro

Durante esta era de luz y vida, el mundo, bajo el gobierno paternal del soberano planetario, prospera cada vez más. Llegado este punto, los mundos van progresando bajo el impulso de un solo idioma, de una sola religión y, en las esferas normales, de una sola raza. Pero esta era no es perfecta. Estos mundos todavía disponen de hospitales bien equipados, de residencias para el cuidado de los enfermos. Todavía queda por resolver la cuestión del cuidado de las lesiones por accidentes y de las ineludibles enfermedades asociadas con la decrepitud de la edad avanzada y los trastornos de la senilidad. Aún no se han vencido del todo las enfermedades ni se ha llegado a dominar a la perfección a los animales terrestres; pero, comparados con los primeros tiempos del hombre primitivo de la era anterior a la llegada del príncipe planetario, estos mundos son como el Paraíso. Si se os pudiera transportar de repente a uno de estos planetas en dicha etapa de desarrollo, lo describiríais instintivamente como el cielo en la tierra.

Durante esta era de progreso y perfección relativos, el gobierno humano continúa con su gestión de los asuntos materiales. Las actividades públicas del mundo asentado en la primera etapa de luz y vida que visité recientemente se financiaban mediante el diezmo. Todo trabajador adulto —y todos los ciudadanos en buenas condiciones físicas tenían alguna ocupación— pagaba al tesoro público el diez por ciento de su ingreso o de algún ingreso que tuviera, el cual se repartía de la siguiente manera:

1. El tres por ciento se gastaba en fomentar la verdad: la ciencia, la educación y la filosofía.

2. El tres por ciento se destinaba a la belleza: al esparcimiento, al ocio social y al arte.

3. El tres por ciento se dedicaba a la bondad: al servicio social, al altruismo y a la religión.

4. El uno por ciento se destinaba a las reservas de seguros contra el riesgo de incapacidad laboral por accidentes, enfermedades, vejez o desastres inevitables.

Los recursos naturales de este planeta se administraban como posesiones sociales, como bienes comunitarios.

En este mundo, el honor más elevado que se otorgaba a un ciudadano era la orden del "servicio supremo", el único grado de reconocimiento que se confería en el templo morontial. Este reconocimiento se concedía a aquellos que se habían distinguido durante mucho tiempo en alguna faceta relativa a descubrimientos de orden supramaterial o al servicio social planetario.

La mayoría de los puestos sociales y gobernativos se ocupaban conjuntamente por hombres y mujeres. La mayor parte de la educación se impartía asimismo de forma conjunta; de la misma manera, todas las responsabilidades judiciales se desempeñaban similarmente por parejas así vinculadas.

En estos espléndidos mundos, el período de procreación no se prolonga durante mucho tiempo. No es bueno que haya demasiados años de diferencia de edad entre los hijos de una familia. Cuanta menos diferencia exista entre ellos, más pueden estos contribuir a su formación mutua. Y, en tales mundos, se les forma magníficamente mediante sistemas de competición que incitan al esfuerzo en ámbitos y niveles avanzados a fin de conseguir logros que los lleven al dominio de la verdad, la belleza y la bondad. No sintáis temor puesto que, incluso en estas esferas con tal grado de glorificación, se manifiesta el mal, mal tanto real como potencial, de forma más que suficiente como para que pueda resultar de estímulo a la hora de optar entre la verdad y el error, entre el bien y el mal, entre el pecado y la rectitud.

No obstante, hay un cierto e inevitable coste añadido a la existencia humana en dichos planetas evolutivos avanzados. Cuando un mundo asentado en luz y vida progresa más allá de su tercera etapa, a todos los seres ascendentes, antes de llegar al sector menor, los destinan, de forma transitoria, a alguna tarea en un mundo que esté en los primeros estadios de su evolución.

Cada una de estas sucesivas eras conlleva logros planetarios de carácter progresivo en todas sus facetas. En la etapa inicial de luz, la revelación de la verdad se amplía hasta abarcar el funcionamiento del universo de los universos, mientras que, en la segunda era, el estudio de la Deidad constituye el intento de dominar el concepto multifacético de la naturaleza, misión, ministerio, relaciones, origen y destino de los hijos creadores, el primer nivel del Dios Séptuplo.

Un planeta del tamaño de Urantia, cuando esté bien asentado en luz, contará con alrededor de cien centros administrativos secundarios. Estos centros de menor rango estarían presididos por uno de los siguientes grupos de cualificados administradores:

1. Jóvenes hijos e hijas materiales traídos desde la sede del sistema para actuar como asistentes del adán y de la eva gobernantes.

2. La progenie de la comitiva semihumana del príncipe planetario que se reprodujo en ciertos mundos para estas y otras responsabilidades similares.

3. La progenie planetaria directa de Adán y de Eva.

4. Criaturas intermedias materializadas y humanizadas.

5. Mortales en condiciones de fusionarse con su modelador que,

a petición propia, están exentos temporalmente de ser trasladados por orden del modelador personificado que ostenta la jefatura del universo, para poder continuar en el planeta en ciertos puestos gobernativos de importancia.

6. Mortales especialmente formados en las escuelas planetarias de administración que también han conseguido la orden del servicio supremo del templo morontial.

7. Ciertas comisiones electivas compuestas por tres ciudadanos debidamente cualificados que son a veces elegidas por la ciudadanía por indicación del soberano planetario, conforme a sus dotes especiales para llevar a cabo alguna tarea precisa que sea necesaria en ese sector planetario específico.

El gran obstáculo al que se enfrenta Urantia para poder alcanzar un elevado destino planetario de luz y vida se halla en el problema de la enfermedad, el declive degenerativo, la guerra, las razas multicolores y el multilingüismo.

Hasta no haber conseguido un solo idioma, una sola religión y una sola filosofía, ningún mundo evolutivo puede aspirar a progresar más allá de la primera etapa de su asentamiento en luz. Tener una única raza facilita considerablemente tal logro; si bien, la existencia de muchos pueblos en Urantia no es impedimento para que pueda alcanzar etapas superiores.

4. Reajustes gobernativos

En las etapas sucesivas de existencia permanente en luz y vida, estos mundos habitados experimentan un prodigioso progreso bajo la administración, sabia y comprensiva, del colectivo final voluntario, esto es, de ascendentes que han alcanzado el Paraíso y que regresan para servir a sus hermanos en la carne. Estos finalizadores cooperan de forma activa con los hijos preceptores de la Trinidad, pero no empiezan realmente a participar en los asuntos del mundo hasta que el templo morontial no hace su aparición en la tierra.

Al inaugurarse de manera oficial el ministerio planetario del colectivo final, la mayoría de las multitudes celestiales se retiran. Pero los guardianes seráficos del destino continúan desempeñando su ministerio personal entre los mortales que progresan en luz; de hecho, estos ángeles acuden en número cada vez mayor durante las eras asentadas en luz y vida, puesto que cada vez hay grupos más numerosos de seres humanos, que alcanzan cooperativamente el tercer círculo cósmico durante el transcurso de su vida planetaria.

Esta es simplemente la primera de las modificaciones gobernativas consecutivas que resultan del desarrollo de las eras de logros cada vez de mayor excelencia, que se van sucediendo en los mundos habitados, a medida que pasan de la primera etapa de su permanente existencia a la séptima.

1. *La primera etapa de luz y vida.* Son tres los gobernantes que se encargan de la administración de un mundo en esta primera etapa:

a. El soberano planetario, contando en ese momento con el asesoramiento de uno de los hijos preceptores de la Trinidad, sería con toda probabilidad el jefe del colectivo final de estos hijos que actúa en el planeta.

b. El jefe del colectivo planetario de finalizadores.

c. Adán y Eva, que unifican de forma conjunta el doble liderazgo del príncipe soberano y del jefe de los finalizadores.

Las criaturas intermedias, elevadas en su estatus y liberadas, actúan en calidad de intérpretes para los guardianes seráficos y para los finalizadores. En su postrera misión, uno de los últimos actos de los hijos preceptores de la Trinidad consiste en liberar a los seres intermedios del planeta y promoverlos (o restablecerlos) a un estatus planetario avanzado, asignándolos a puestos de responsabilidad en la nueva administración de la esfera que se ha asentado en luz y vida. En el espectro de la visión humana, ya se han efectuado ciertos cambios necesarios para permitir a los mortales reconocer a estos primos vuestros, anteriormente invisibles, del antiguo régimen adánico. Esto es posible gracias a los descubrimientos últimos de la ciencia física en conjunción con la ampliación de las funciones planetarias de los controladores físicos mayores.

El soberano del sistema tiene autoridad para liberar a las criaturas intermedias en cualquier momento después de la primera etapa de asentamiento de luz y vida del planeta, a fin de que puedan humanizarse en el nivel morontial con la ayuda de los portadores de vida y de los controladores físicos y, tras recibir sus modeladores del pensamiento, emprender su ascensión al Paraíso.

En la tercera etapa y en las siguientes, algunos de los seres intermedios siguen aún actuando principalmente en calidad de seres personales de enlace para los finalizadores; si bien, conforme se entra en cada una de las etapas de luz y vida, nuevos órdenes de servidores con esta labor de enlace van reemplazando, en su mayor parte, a los seres intermedios; muy pocos de ellos permanecen más allá de la cuarta etapa de luz. La séptima etapa presenciará la llegada de los primeros servidores absonitos procedentes del Paraíso para realizar su actividad en los puestos de ciertas criaturas del universo.

2. *La segunda etapa de luz y vida.* Esta época se anuncia en los mundos mediante la llegada de un portador de vida que se convierte, de forma voluntaria, en el asesor de los gobernantes planetarios con respecto al impulso de la depuración y estabilización de la raza humana. De este modo, los portadores de vida participan activamente en el fomento de la evolución de la raza humana —física, social y económicamente—. Y luego extienden su supervisión para impulsar la depuración del linaje humano mediante la rigurosa exclusión de los vestigios de subdesarrollo que persisten y que tienen un menor potencial en cuanto a su naturaleza intelectual, filosófica, cósmica y espiritual. Quienes diseñan e implantan la vida en un mundo habitado son totalmente competentes para asesorar a los hijos e hijas materiales, que poseen plena e incuestionable autoridad para depurar a la razas evolutivas de todas las influencias que puedan ir en su detrimento.

Desde la segunda etapa y durante toda la andadura de un planeta asentado en luz y vida, los hijos preceptores sirven en calidad de consejeros de los finalizadores. Durante tales misiones, realizan este servicio de forma voluntaria y no por designación; y lo hacen exclusivamente con el colectivo de los finalizadores, salvo que, con consentimiento del soberano del sistema, tengan que estar disponibles como asesores del adán y de la eva planetarios.

3. *La tercera etapa de luz y vida.* Durante esta época, en los mundos habitados se llega a una nueva percepción de los ancianos de días, la segunda fase del Dios Séptuplo, y los representantes de estos gobernantes del suprauniverso emprenden nuevas relaciones con el gobierno planetario.

En cada una de las siguientes eras de la existencia permanente de estos mundos, los finalizadores, en el ejercicio de sus funciones, adquieren cada vez mayores competencias. Existe una estrecha relación laboral entre los finalizadores, las estrellas vespertinas (los superángeles) y los hijos preceptores de la Trinidad.

Durante esta era o la siguiente, uno de los hijos preceptores, asistido por un cuarteto de espíritus servidores, se adscribe al mandatario en jefe humano electo, que ahora se vincula al soberano planetario en calidad de administrador conjunto de los asuntos del mundo. Estos mandatarios jefes humanos sirven durante veinticinco años de tiempo planetario, y este nuevo acontecimiento facilita que el adán y la eva planetarios puedan conseguir liberarse, durante las siguientes eras, de las responsabilidades que durante tan largo tiempo asumieron en el planeta.

Los cuartetos de espíritus servidores están compuestos por el jefe seráfico de la esfera, el consejero secoráfico del suprauniverso, el arcángel de traslaciones y el omniafín que actúa como representante personal del centinela con destino emplazado en la sede del sistema. Pero estos asesores nunca ofrecen sus consejos a menos que se les soliciten.

4. *La cuarta etapa de luz y vida.* Hacen su aparición en los mundos los hijos preceptores de la Trinidad ejerciendo nuevas funciones. Ayudados por los hijos trinitizados por criaturas vinculados a su orden durante tan largo período de tiempo, acuden ahora a estos mundos de forma voluntaria, en calidad de consejeros y asesores del soberano planetario y de sus colaboradores. Estas parejas —los hijos trinitizados del Paraíso Havona y los hijos trinitizados por ascendentes— conforman perspectivas diferentes del universo y experiencias personales diversas, que son de suma utilidad para los gobernantes planetarios.

En cualquier momento tras esta era, el adán y la eva planetarios pueden solicitar al hijo creador soberano que los libere de sus cometidos planetarios a objeto de comenzar con su ascenso al Paraíso; o pueden permanecer en el planeta como directores del nuevo orden emergente de sociedad, en su creciente espiritualización, compuesta por mortales avanzados que se afanan por entender las enseñanzas filosóficas de los finalizadores descritas por las brillantes estrellas vespertinas, que están asignadas en ese momento a estos mundos para colaborar en parejas con los seconafines procedentes de la sede del suprauniverso.

Los finalizadores se dedican fundamentalmente a dar inicio a las nuevas actividades supramateriales de la sociedad —sociales, culturales, filosóficas, cósmicas y espirituales—. Hasta donde podemos percibir, estos continuarán en tal ministerio hasta bien entrada la séptima época de estabilidad evolutiva; época en la que, posiblemente, puedan emprender su ministerio en el espacio exterior; con lo que suponemos que sus puestos se ocuparán por los seres absonitos del Paraíso.

5. *La quinta etapa de luz y vida.* Los reajustes de esta etapa de existencia permanente atañen casi enteramente a los ámbitos físicos, que conciernen principalmente a los controladores físicos mayores.

6. *La sexta etapa de luz y vida* es testigo del desarrollo de nuevas funciones de las vías circulatorias mentales del mundo. La sabiduría cósmica parece volverse una parte esencial del ministerio de la mente en el universo.

7. *La séptima etapa de luz y vida.* Al comienzo de la séptima época, un asesor voluntario, enviado por los ancianos de días, se une al preceptor de la Trinidad, consejero del soberano planetario y, más tarde, se sumará un tercer consejero proveniente del mandatario supremo del suprauniverso.

Durante esta época, si no antes, Adán y Eva siempre quedan liberados de sus cometidos planetarios. Si hay un hijo material en el colectivo de los finalizadores, este se puede vincular al mandatario en jefe humano y, a veces, es un melquisedec quien se ofrece como voluntario para este puesto. Si un ser intermedio está entre los finalizadores, todos los miembros de ese orden que permanezcan en el planeta quedan liberados de forma inmediata.

Al ser liberados de un destino de tan larga duración, el adán y la eva planetarios pueden elegir entre las siguientes andaduras:

1. Pueden quedar liberados del planeta y, desde la sede del universo, comenzar de inmediato su andadura al Paraíso, recibiendo sus modeladores del pensamiento al concluir su experiencia morontial.

2. Con mucha frecuencia, el adán y la eva planetarios recibirán sus modeladores mientras están todavía viviendo en un mundo asentado en luz, coincidiendo con la recepción de modeladores por algunos de sus hijos de linaje puro importado, que se han ofrecido como voluntarios para servir en el planeta durante un período de tiempo. Posteriormente, pueden todos dirigirse a la sede del universo y comenzar desde allí su andadura al Paraíso.

3. Tal como hacen los hijos e hijas materiales de la capital del sistema, los adanes y las evas planetarios pueden optar por dirigirse directamente al mundo midsonita y, durante una breve estancia, recibir allí sus modeladores.

4. Pueden decidir regresar a la sede del sistema y ocupar, por un tiempo, puestos en el tribunal supremo, para, una vez desempeñado este servicio, recibir sus modeladores y comenzar la ascensión al Paraíso.

5. Tras dejar sus responsabilidades gobernativas, pueden optar por volver a su mundo nativo para servir como maestros durante una

temporada y, en el momento de su traslado a la sede del universo, convertirse en moradas de los modeladores.

A lo largo de todas estas épocas, los hijos e hijas materiales llegados de fuera para prestar su asistencia ejercen una enorme influencia en el progreso del orden social y económico. Son potencialmente inmortales, al menos hasta ese momento en el que eligen humanizarse, recibir modeladores y partir hacia el Paraíso.

En los mundos evolutivos, los seres deben humanizarse para recibir al modelador del pensamiento. Todos los miembros ascendentes del colectivo de finalizadores mortales han sido habitados por el modelador y se han fusionado con él, salvo los serafines que, en el momento de su incorporación a este colectivo, son habitados por el Padre mediante la acción de otro tipo de espíritu

5. La cima del desarrollo material

Es difícil para las criaturas mortales que viven en mundos afligidos por el pecado, dominados por el mal, egoístas y aislados como Urantia, poder concebir la perfección física, los logros intelectuales y el desarrollo espiritual característicos de estas épocas de avance evolutivo en las esferas exentas de pecado.

Estas etapas avanzadas de los mundos asentados en luz y vida constituyen la cima de su desarrollo material evolutivo. En dichos mundos culturales, la ociosidad y las fricciones de las eras primitivas anteriores han quedado atrás. La pobreza y la desigualdad social se han desvanecido, el declive degenerativo ha desaparecido y la delincuencia es poco común. La locura ha dejado prácticamente de existir y la deficiencia mental es una rareza.

El estatus económico, social y gobernativo de estos mundos ha alcanzado un alto grado de perfección. La ciencia, el arte y la industria florecen y la maquinaria de la sociedad funciona sin complicaciones, alcanzando grandes logros materiales, intelectuales y culturales. La industria se ha puesto en su mayor parte al servicio de las grandes metas de esta magnífica civilización. La vida económica de un mundo así se ha vuelto ética.

La guerra se ha convertido en historia, y ya no existen ejércitos ni fuerzas de policía. El gobierno desaparece de forma paulatina. Lentamente, el control de uno mismo está contribuyendo a que las leyes dictadas por los humanos se conviertan en algo obsoleto. En una civilización con un grado intermedio de progreso, el alcance del gobierno civil y de la reglamentación jurídica es inversamente proporcional a la moral y a la espiritualidad de la ciudadanía.

Las escuelas han mejorado notablemente y se dedican a la formación de la mente y a la expansión del alma. Los centros de arte son excelentes y las organizaciones musicales extraordinarias. Los templos de culto con sus escuelas adjuntas de filosofía y de religión de orden vivencial son creaciones bellas y grandiosas. Las zonas de culto al aire libre son igualmente sublimes en simplicidad y equipamiento artístico.

Las provisiones para el juego competitivo, el humor y para otras facetas en cuanto a logros de carácter personal y de grupo son abundantes y oportunas. Una particularidad de la actividad competitiva en un mundo con tal alto grado de cultura está relacionada con el esfuerzo individual y de grupo por sobresalir en las ciencias y en las filosofías de la cosmología. La literatura y la oratoria florecen y el idioma ha progresado tanto como para simbolizar conceptos al igual que para expresar ideas. La vida es alentadoramente sencilla; el hombre ha logrado, por fin, coordinar un elevado orden de progreso mecánico con impresionantes realizaciones intelectuales, y ha hecho sombra a los dos con sus excelentes logros espirituales. La búsqueda de la felicidad trae consigo gozo y satisfacción.

6. El ser humano individual

A medida que los mundos avanzan en su asentamiento de luz y vida, la sociedad se hace cada vez más pacífica. La persona, aunque no menos independiente y dedicada a su familia, se ha vuelto más altruista y fraternal.

En Urantia, y en vuestra situación, podéis escasamente apreciar el estatus avanzado y la naturaleza progresiva de las iluminadas razas de estos mundos perfeccionados. Estas personas constituyen el florecimiento de las razas evolutivas. Pero estos seres son todavía mortales; continúan respirando, comiendo, durmiendo y bebiendo. Esta gran evolución no comporta estar en el cielo, pero es un sublime anuncio de los mundos divinos que están por llegar en la ascensión al Paraíso.

En un mundo normal, hace tiempo que, durante las épocas posadánicas, se llevó a la raza humana a un alto grado de aptitud biológica y, ahora, era tras era, a lo largo de su asentamiento en luz y vida, la evolución física del hombre prosigue. Tanto la vista como el oído se amplían. Para esta época, las cifras de población se han estabilizado. La reproducción se regula de acuerdo a las necesidades planetarias y a las dotes hereditarias innatas: los mortales del planeta, durante esta era, se dividen entre cinco y diez grupos, y los grupos de menor orden solo tienen permiso para engendrar la mitad del número de hijos que los grupos de orden superior. A largo de la era de luz y vida, el mejoramiento continuado de tan magnífica raza depende en gran medida de la reproducción selectiva de aquellas estirpes raciales que manifiestan cualidades superiores de naturaleza social, filosófica, cósmica y espiritual.

Los modeladores continúan llegando como en eras evolutivas anteriores y, con el paso de las distintas épocas, estos mortales son cada vez más capaces de comunicarse con la fracción del Padre que habita en su interior. Durante las etapas embrionarias y previas al estatus espiritual del desarrollo evolutivo, los espíritus asistentes de la mente siguen aún desempeñando su labor. El espíritu santo y el ministerio de los ángeles se muestran incluso más eficaces conforme se suceden las épocas asentadas en vida. En la cuarta etapa de luz y vida, los mortales avanzados parecen experimentar un contacto, significativo y consciente, con la presencia espiritual del espíritu mayor con jurisdicción sobre el suprauniverso, mientras que la filosofía de dicho mundo se centra en el intento de comprender las nuevas revelaciones del Dios Supremo. A un número mayor de la mitad de los habitantes humanos de los planetas de este estatus avanzado se les traslada de entre los vivos al estado morontial. Esto es, "las cosas viejas pasaron; he aquí que todas son hechas nuevas".

Entendemos que la evolución física habrá llegado a su pleno desarrollo al término de la quinta época de la era de luz y vida. Observamos que el límite máximo de desarrollo espiritual en su relación con la mente humana en evolución se determina por el nivel de los valores morontiales y contenidos cósmicos conjuntos adquiridos en la fusión con el modelador. Pero, en lo que se refiere a la sabiduría: aunque en realidad no lo sabemos, suponemos que no puede existir jamás un límite a la evolución intelectual y al logro de la sabiduría. En un mundo de la séptima etapa, la sabiduría puede agotar los potenciales materiales, emprender el conocimiento de la mota y, finalmente, incluso paladear la grandeza absonita.

Notamos que en estos mundos de la séptima etapa, sumamente evolucionados, los seres humanos, antes de ser trasladados, aprenden completamente el idioma del universo local; y he visitado algunos planetas muy antiguos en los que los abandontes enseñaban a los mortales de mayor edad la lengua del suprauniverso. Y he observado en estos mundos el modo por el que los seres personales absonitos revelan la presencia de los finalizadores en el templo morontial.

Esta es la historia de la magnífica meta hacia la que los esfuerzos humanos de los mundos evolutivos se dirigen; y todo ello acontece incluso antes de que los seres humanos emprendan su andadura morontial; todo este espléndido desarrollo es factible de conseguir por los mortales materiales en los mundos habitados en la temprana etapa misma de esa andadura, interminable e impenetrable, que lleva a la ascensión al Paraíso y al logro de la divinidad.

Pero ¿podéis posiblemente imaginar qué clase de mortales evolutivos están ahora llegando procedentes de los mundos que desde hace mucho tiempo están asentados en la séptima época de luz y vida? Son semejantes a los que llegan a los mundos morontiales de la capital del universo local para empezar su andadura de ascensión.

Si los mortales de la consternada Urantia pudieran visualizar algunos de estos mundos más avanzados que llevan tiempo asentados en luz y vida, nunca más volverían a cuestionar la sabiduría del plan evolutivo de la creación. Incluso si no hubiese un futuro de eterno progreso para las criaturas, las magníficas realizaciones evolutivas de las razas humanas de tales mundos de perfección y logro justificarían ampliamente, de por sí, la creación del hombre en los mundos del tiempo y del espacio.

A menudo nos preguntamos: si el gran universo se asentara en luz y vida, ¿se destinaría todavía a sus magníficos mortales ascendentes al colectivo final? Pero no lo sabemos.

7. La primera etapa o etapa planetaria

Esta época se extiende desde la aparición del templo morontial en la nueva sede planetaria hasta el momento del asentamiento de todo el sistema en luz y vida. Los hijos preceptores de la Trinidad inauguran esta era al término de sus sucesivas misiones en el mundo, cuando el príncipe planetario es elevado a la condición de soberano planetario por el mandato y la presencia personal del hijo de gracia del Paraíso de esa esfera. En concurrencia con esto, los finalizadores inician su participación activa en los asuntos planetarios.

Según es perceptible de forma externa y visible, los gobernantes reales, o directores, de este mundo establecido en luz y vida, son los hijos e hijas materiales, el adán y la eva planetarios. Los finalizadores son invisibles como lo es el príncipe soberano, salvo cuando están en el templo morontial. En el sentido estricto de la palabra, los verdaderos jefes del régimen planetario son, por tanto, el hijo y la hija materiales. El conocimiento de esta jerarquía ha dado pie a la idea de la existencia de reyes y reinas en todos los mundos del universo. Y los reyes y las reinas comportan un gran logro en estas circunstancias ideales, cuando se puede determinar en el mundo que seres personales tan elevados actúen en nombre de gobernantes todavía más elevados aunque invisibles.

Cuando vuestro mundo logre llegar a tal era, no hay duda de que Maquiventa Melquisedec, ahora príncipe planetario vicerregente de Urantia, ocupará el puesto del soberano planetario; y, según se supone en Jerusem desde hace mucho tiempo, lo acompañarán un hijo y una hija del adán y la eva de Urantia, que se quedan entonces en Edentia en calidad de pupilos de los altísimos de Norlatiadec. Estos hijos de Adán quizás presten sus servicios en Urantia colaborando con el soberano melquisedec, puesto que se les privó del poder de procrear hace casi 37 000 años, en el momento que renunciaron a sus cuerpos materiales en Urantia como preparación para su desplazamiento a Edentia.

Esta era asentada en luz y vida prosigue hasta que todos los planetas habitados del sistema llegan a un periodo de estabilización; y, después, cuando el mundo más joven —el último en alcanzar la luz y vida—, ha experimentado tal asentamiento durante un milenio de tiempo del sistema, todo el sistema entra en este estatus estabilizado y los mundos, de forma individual, se inician en esa época en la que el sistema se asienta en la era de luz y vida.

8. La segunda etapa o etapa del sistema

Cuando un sistema se asienta por completo en vida, se inaugura un nuevo orden de gobierno. Los soberanos planetarios se convierten en miembros del cónclave del sistema, y este nuevo órgano de administración, sujeto al veto de los padres de la constelación, es supremo en autoridad. Dicho sistema de mundos habitados se vuelve prácticamente autónomo. En el mundo sede del sistema se constituye la asamblea legislativa, y cada planeta envía a dicha asamblea a sus diez representantes. Inmediatamente, se establecen los tribunales en las capitales de los sistemas; solo las apelaciones se llevan a la sede del universo.

Con el asentamiento del sistema en vida, el centinela con destino, representante del mandatario supremo del suprauniverso, se convierte voluntariamente en el asesor del tribunal supremo del sistema y en el legítimo presidente de la nueva asamblea legislativa.

Tras el asentamiento de todo un sistema en luz y vida, los soberanos de los sistemas no se desplazan de un lado a otro. El soberano permanece en perpetuidad al frente de su sistema. Los soberanos asistentes continúan cambiando como en eras anteriores.

Durante esta época de estabilización, llegan, por vez primera, los midsonitas desde los mundos sedes del universo en los que residen para actuar en calidad de consejeros en las asambleas legislativas y de asesores en los tribunales judiciales. Estos midsonitas se afanan también por impartir nuevos significados mota de valor supremo en iniciativas educativas que auspician conjuntamente con los finalizadores. Lo que los hijos materiales hicieron biológicamente por las razas mortales las criaturas midsonitas lo hacen ahora por estos humanos unificados y glorificados en los ámbitos, siempre en avance, de la filosofía y del pensamiento espiritualizado.

En los mundos habitados, los hijos preceptores se convierten en colaboradores voluntarios de los finalizadores, y estos mismos hijos preceptores también acompañan a los finalizadores a los mundos de las moradas, una vez que todo el sistema está asentado en luz y vida y estas esferas han dejado de utilizarse como mundos receptores diferenciados; esto ocurre al menos en el momento en que toda la constelación ha evolucionado de esta manera. Pero no hay en Nebadón grupos que hayan avanzado tanto.

No se nos permite revelar cuál es la labor de los finalizadores que supervisarán el nuevo empleo que se le dará a los mundos de las moradas. Sin embargo, se os ha informado de que por todos los universos hay distintos tipos de criaturas inteligentes que no se han descrito en estas narrativas.

Y entonces, a medida que los sistemas se van asentando uno a uno en luz y vida, gracias al progreso de los mundos que los componen, llega el momento en que el último sistema de alguna determinada constelación consigue la estabilización y los administradores del universo —el hijo mayor, el unión de días y la brillante estrella de la mañana— acuden a la capital de la constelación para proclamar a los altísimos como líderes incondicionales de la familia recientemente desarrollada en perfección de cien sistemas de mundos habitados asentados en luz.

9. La tercera etapa o etapa de la constelación

La unificación de toda una constelación de sistemas asentados en luz va acompañada de una nueva distribución del poder ejecutivo y de nuevos reajustes en la administración del universo. Esta época es testigo de los avanzados logros conseguidos en todos los mundos habitados, pero se caracteriza, de forma particular, por los reajustes que se realizan en la sede de la constelación, con una acusada modificación de las relaciones que se establecen tanto con la supervisión de los sistemas como con el gobierno del universo local. Durante esta era, mucha de la actividad de la constelación y del universo se transfiere a las capitales de los sistemas, y los representantes del suprauniverso asumen un nuevo orden de relación más cercano con los gobernantes de los planetas, de los sistemas y del universo. En simultaneidad a estos nuevos vínculos, algunos administradores del suprauniverso se establecen voluntariamente en las capitales de las constelaciones en calidad de asesores de los padres altísimos.

Cuando una constelación se asienta así en luz, el poder legislativo cesa y toma su lugar la cámara de los soberanos de los sistemas, presidida por los altísimos. Entonces, por vez primera, estos órganos directivos tratan directamente con el gobierno del suprauniverso en cuestiones relativas a las relaciones con Havona y con el Paraíso. Por lo demás, la constelación continúa relacionada con el universo igual que antes. De etapa en etapa de asentamiento en vida, los univitatias continúan con la supervisión de los mundos morontiales de la constelación.

A medida que transcurren las eras, los padres de las constelaciones asumen más y más las pormenorizadas funciones gobernativas o de supervisión que anteriormente se centraban en la sede del universo. Al alcanzarse la sexta etapa de estabilización, estas constelaciones, unificadas, habrán logrado una autonomía casi completa. Con el paso a la séptima etapa de asentamiento, se evidenciará sin duda la exaltación de estos gobernantes a la verdadera dignidad que sus nombres indican: los altísimos. A todos los efectos, las constelaciones tratarán directamente con los gobernantes del suprauniverso, mientras que el gobierno del universo local se expandirá hasta abarcar los cometidos que se derivan de las nuevas obligaciones respecto al gran universo.

10. La cuarta etapa o etapa del universo local

En cuanto un universo se asienta en luz y vida, entra en las vías circulatorias establecidas del suprauniverso, y los ancianos de días proclaman el establecimiento del *consejo supremo de plenos poderes*. Este nuevo órgano de gobierno consta de cien fieles de días presididos por el unión de días. El primer acto de este consejo supremo consiste en reconocer la continuidad de la soberanía del hijo creador mayor.

La administración del universo, en lo que respecta a Gabriel y al Padre Melquisedec, permanece sin cambios. Este consejo con plenos poderes se ocupa principalmente de los nuevos problemas y de las nuevas condiciones que resultan del avanzado estatus de luz y vida.

El inspector adjunto moviliza entonces a todos los centinelas con destino para constituir el *colectivo de estabilización del universo local* y pide al Padre Melquisedec que comparta con él su supervisión. Luego, por vez primera, se asigna a un colectivo de espíritus inspirados de la Trinidad al servicio del unión de días.

El asentamiento de un universo local completo en luz y vida da comienzo a profundos reajustes en todo el diseño administrativo, desde los mundos habitados individuales hasta la sede del universo. Las nuevas relaciones que se entablan llegan a las constelaciones y a los sistemas. El espíritu materno del universo local desarrolla un nuevo orden de relación con el espíritu mayor del suprauniverso, y Gabriel establece contacto directo con los ancianos de días para ser más eficiente cuando el hijo mayor se ausente de su mundo sede.

Durante esta era y las siguientes, los hijos magistrados continúan desempeñando su función de jueces en las dispensaciones, mientras que cien de estos hijos avonales del Paraíso constituyen el nuevo alto consejo de la brillante estrella de la mañana en la capital del universo. Más tarde, y por petición de los soberanos de los sistemas, uno de estos hijos magistrados se convertirá en el consejero supremo, con base en el mundo sede, de cada uno de los sistemas locales hasta que se alcance la séptima etapa de unidad.

Durante esta época, los hijos preceptores de la Trinidad son, voluntariamente, los asesores no solo de los soberanos planetarios, sino que, en grupos de tres, prestan un servicio similar a los padres de las constelaciones. Y estos hijos encuentran por fin su sitio en el universo local, porque, en este momento, se les aparta de la jurisdicción de la creación local y se les asigna al servicio del consejo supremo de ilimitada autoridad.

Entonces, el colectivo de finalizadores admite, por vez primera, la jurisdicción de un poder externo al Paraíso: el consejo supremo. Hasta ahora, los finalizadores no reconocían supervisión alguna a este lado del Paraíso.

Los hijos creadores de estos universos asentados en luz pasan una gran parte de su tiempo en el Paraíso y en sus mundos vinculados y asesorando a los numerosos grupos de finalizadores que prestan sus servicios en toda la creación local. De esta manera, Miguel, como hombre, consigue una relación de mayor fraternidad con los mortales finalizadores glorificados.

Resulta del todo inútil especular sobre la labor de los hijos creadores respecto a los universos exteriores en este momento en proceso inicial de formación. Pero todos hacemos ocasionalmente este tipo de suposiciones. Al alcanzar esta cuarta etapa de desarrollo, el hijo creador queda liberado de responsabilidades gobernativas; progresivamente, la benefactora divina armoniza su ministerio con el del espíritu mayor del suprauniverso y el del Espíritu Infinito. Parece que se está produciendo una nueva y sublime relación entre el hijo creador, el espíritu creativo, las estrellas vespertinas, los hijos preceptores y el creciente colectivo de finalizadores.

Si Miguel tuviese que dejar Nebadón, Gabriel, contando con la colaboración del Padre Melquisedec, ostentaría sin duda la jefatura del gobierno. Al mismo tiempo, se otorgaría un nuevo rango a todos los órdenes de ciudadanía permanente, tales como los hijos materiales, los univitatias, los midsonitas, los susatias y los mortales fusionados con el espíritu. Pero, mientras prosigue la evolución, se necesitarán serafines y arcángeles en la administración del universo.

Nos sentimos, sin embargo, convencidos de dos elementos de nuestras suposiciones: si se destina a los hijos creadores a los universos exteriores, no hay duda de que las benefactoras divinas los acompañarán; y estamos igualmente seguros de que los melquisedecs permanecerán en sus universos de origen. Creemos que los melquisedecs están destinados a desempeñar un papel de cada vez mayor responsabilidad en el gobierno y en la administración del universo local.

11. La etapa de los sectores menores y mayores

Los sectores menores y mayores del suprauniverso no figuran directamente en el plan de asentamiento en luz y vida. Tal progreso evolutivo atañe principalmente al universo local como unidad y concierne solamente a sus componentes. Los suprauniversos se asientan en luz y vida cuando todos los universos locales que lo componen llegan a ese grado de perfección. Pero ninguno de los siete suprauniversos ha logrado progresar ni de cerca a tal nivel.

La era del sector menor. Hasta donde nuestras observaciones alcanzan, la quinta etapa, o etapa de estabilización del sector menor, guarda relación exclusivamente con el estatus físico y con el asentamiento equilibrado de los cien correlacionados universos locales en las vías circulatorias establecidas del suprauniverso. Al parecer, solo los centros de la potencia y sus colaboradores se ocupan de esta realineación de la creación material.

La era del sector mayor. Con respecto a la sexta etapa, o etapa de estabilización del sector mayor, solo podemos hacer conjeturas, puesto que ninguno de nosotros ha sido testigo de tal acontecimiento. No obstante, podemos realizar algunas afirmaciones en cuanto a los reajustes de tipo administrativo o de otro orden que probablemente acompañarían a este estatus tan avanzado en el que estarían los mundos y sus agrupaciones en el universo.

Puesto que el estatus del sector menor guarda relación con la coordinación del equilibrio físico, deducimos que la unificación del sector mayor estará relacionada con ciertos nuevos niveles de logros intelectuales, posiblemente referidos a la consecución de algunos avances en la realización suprema de la sabiduría cósmica.

Llegamos a estas conclusiones sobre los reajustes que probablemente estarían presentes en la realización de los niveles de progreso evolutivo, todavía por alcanzar, al observar los resultados de dichos logros en los distintos mundos y en las experiencias de los distintos mortales que viven en estas esferas más antiguas y altamente desarrolladas.

Que quede claro que ni los mecanismos administrativos ni los procedimientos gubernamentales de un universo o de un suprauniverso pueden en modo alguno limitar ni retrasar el desarrollo evolutivo o el progreso espiritual de un determinado planeta habitado o de un determinado mortal de dicha esfera.

En algunos de los universos más antiguos, encontramos mundos asentados en la quinta y en la sexta etapa de luz y vida —e incluso bastante adentrados en la séptima época— cuyos sistemas locales no están todavía asentados en luz. Los planetas más jóvenes pueden retrasar la unificación del sistema, pero esto no obstaculiza en absoluto el progreso de un mundo más antiguo y avanzado. Las limitaciones medioambientales, ni siquiera en un mundo aislado, pueden impedir tampoco los logros personales de mortal alguno; Jesús de Nazaret, como hombre entre los hombres, logró de forma personal el estado de luz y vida en Urantia hace más de mil novecientos años.

Observando lo que sucede en los mundos que llevan mucho tiempo asentados en luz, podemos llegar a conclusiones bastante fiables en cuanto a lo que acontecerá cuando todo un suprauniverso se asiente en luz, incluso si no podemos dar por cierto la circunstancia de la estabilización de los siete suprauniversos.

12. La séptima etapa o etapa del suprauniverso

No podemos hacer un pronóstico cierto de lo que ocurrirá cuando un suprauniverso se asiente en luz porque nunca se ha llevado a efecto. Según las enseñanzas de los melquisedecs, que nunca han sido desmentidas, deducimos que se sucederán cambios profundos en toda la organización y administración de cada una de las unidades que integran las creaciones del espacio y tiempo desde los mundos habitados hasta la sede del suprauniverso.

Por lo general, se cree que un gran número de hijos trinitizados por criaturas, por lo demás sin adscripción, se congregarán en las sedes y en las capitales de las divisiones administrativas de los suprauniversos asentados en luz. Esto se puede hacer en previsión de la llegada algún día de seres del espacio exterior en su camino hacia Havona y el Paraíso, pero no lo sabemos realmente.

Si un suprauniverso se estableciese en luz y vida, creemos que, cuando eso pudiera suceder, los supervisores incondicionados del Supremo actualmente en calidad de asesores, se convertirían en el alto órgano administrativo del mundo sede del suprauniverso. Estos seres personales tienen también la facultad de ponerse en contacto directo con los administradores absonitos, que de inmediato participarían activamente en el suprauniverso asentado en luz. Aunque estos supervisores incondicionados han desempeñado durante mucho tiempo la labor de asesores y consejeros en las unidades evolutivas y avanzadas de la creación, no asumen responsabilidades de tipo administrativo hasta que la autoridad del Ser Supremo no sea soberana.

Los supervisores incondicionados del Supremo, que desempeñan de forma más amplia su labor durante esta época, no son finitos ni absonitos, ni últimos ni infinitos; *son* la supremacía y únicamente representan al Dios Supremo. Constituyen la manifestación personal de la supremacía en el tiempo y en el espacio y, por lo tanto, no obran en Havona. Actúan solamente como unificadores supremos. Puede que intervengan en el sistema de la reflectividad del universo, pero no estamos seguros.

Ninguno de nosotros tiene una noción satisfactoria de lo que sucederá cuando la totalidad del gran universo (los siete suprauniversos dependientes de Havona) se asienten en luz y vida. Sin duda, será el acontecimiento de mayor envergadura de los anales de la eternidad desde la aparición del universo central. Hay quienes sostienen que el Ser Supremo mismo emergerá del misterio de Havona que envuelve su persona espiritual y residirá en la sede del séptimo suprauniverso en calidad de soberano, todopoderoso y experiencial, de las creaciones perfeccionadas del tiempo y del espacio. Pero en realidad no lo sabemos.

[Exposición de un mensajero poderoso asignado temporalmente al Consejo de Arcángeles de Urantia.]

DIECISÉIS

El gobierno de un planeta vecino

(escrito 72)

CON EL permiso de Lanaforge y con la aprobación de los altísimos de Edentia, dispongo de autorización para narrar algunos aspectos de la vida política, moral y social de la más avanzada raza humana que habita en un planeta no muy lejano, perteneciente al sistema de Satania.

De todos los mundos de Satania que quedaron aislados por su participación en la rebelión de Lucifer, este planeta es el que presenta una historia más similar a la de Urantia. El parecido entre ambas esferas es lo que, sin duda, explica la razón por la que se concedió el permiso para llevar a cabo esta extraordinaria exposición, ya que resulta, de lo más inusual, que los gobernantes del sistema den su consentimiento a que se narren en un planeta los asuntos de otro.

Este planeta, al igual que Urantia, se descarrió a consecuencia de la deslealtad de su príncipe planetario con motivo de la rebelión de Lucifer. Recibió a un hijo material poco tiempo después de que Adán llegara a Urantia, y este hijo también incumplió su deber, dejando la esfera aislada, al no haberse nunca otorgado a sus razas mortales un hijo magistrado.

1. La nación continental

Al margen de estos obstáculos planetarios, en un continente aislado, aproximadamente del tamaño de Australia, está evolucionando una civilización muy superior. Esta nación cuenta con unos 140 millones de habitantes. Su población es de una raza mixta, predominantemente azul y amarilla; tienen una proporción algo mayor de violeta que la llamada raza blanca de Urantia. Estas diferentes razas aún no se han mezclado por completo, pero confraternizan y se relacionan entre sí de forma muy satisfactoria. La duración media de vida en este continente es ahora de noventa años, un quince por ciento más elevada que la de cualquier otra población del planeta.

El entramado industrial de esta nación goza ciertamente de grandes ventajas gracias a las peculiaridades de la topografía del continente. Las altas montañas, sobre las que se precipitan intensas lluvias durante ocho meses del año, están situadas en el centro mismo del país. Esta disposición natural favorece el aprovechamiento de la energía hidráulica y facilita en gran medida el regadío de la cuarta parte occidental del continente, de mayor aridez.

Esta población es autosuficiente, es decir, puede vivir por tiempo indefinido sin importar nada de las naciones que la rodean. Está bien provista de recursos naturales y, mediante métodos científicos, han aprendido cómo suplir sus carencias en cuanto a elementos esenciales para la vida. Gozan de un activo comercio interno, pero tienen poco comercio exterior a causa de la generalizada hostilidad de sus vecinos menos avanzados.

En líneas generales, esta nación continental ha seguido la tendencia evolutiva planetaria: la evolución desde la etapa tribal hasta la aparición de mandatarios y reyes poderosos duró miles de años. A los monarcas absolutos le sucedieron muchos tipos distintos de gobierno: repúblicas fallidas, Estados comunales y dictadores que iban y venían de forma frecuente e interminable. Este desarrollo continuó hasta hace unos quinientos años cuando, durante un período políticamente agitado, uno de los poderosos dictadores-triunviros de la nación cambió de parecer. Se ofreció a abdicar de forma voluntaria bajo la condición de que uno de los otros dos soberanos, el más abyecto de ellos, renunciara también a su dictadura. Así fue como la soberanía del continente quedó en manos de un solo dirigente. El Estado, unificado, progresó bajo un fuerte gobierno monárquico durante más de cien años, periodo en el que se elaboró un magistral estatuto de libertades.

La posterior transición de la monarquía a la forma representativa de gobierno se produjo de forma gradual; los reyes permanecieron como meras figuras sociales o sentimentales, para luego desaparecer al extinguirse la línea masculina de descendencia. La actual república lleva vigente solo doscientos años, tiempo durante el que ha habido un avance continuo hacia métodos de gobierno que se describen a continuación; ha sido durante la década pasada cuando han ocurrido los últimos desarrollos en los ámbitos político e industrial.

2. Organización política

Actualmente, esta nación continental tiene un gobierno representativo cuya capital nacional está centralmente localizada. El gobierno central está formado por una gran federación de cien estados relativamente libres. Dichos estados eligen a sus gobernadores y legisladores por un período de diez años, y ninguno se puede considerar para la reelección. Los gobernadores nombran a los jueces estatales con carácter vitalicio, y son sus asambleas legislativas, que constan de un representante por cada cien mil ciudadanos, los que los confirman en sus cargos.

Existen cinco tipos diferentes de gobiernos metropolitanos, dependiendo del tamaño de la ciudad, pero a ninguna ciudad se le permite tener más de un millón de habitantes. En su conjunto, estos sistemas de gobiernos municipales son muy sencillos, directos y económicos. Los pocos puestos existentes en la gestión administrativa urbana son muy codiciados por los ciudadanos de mayor preeminencia.

El gobierno federal consta de tres divisiones del mismo rango: ejecutiva, legislativa y judicial. El mandatario federal en jefe se elige cada seis años por sufragio universal territorial, y no puede acogerse a la reelección salvo por petición de setenta y cinco asambleas legislativas estatales con la aceptación de sus respectivos gobernadores estatales; y, en tal caso, solo por un mandato más. Tiene el asesoramiento de un gabinete de elevado rango compuesto por todos los ex mandatarios en jefe existentes.

La división legislativa consta de tres cámaras:

1. *La cámara alta*: elegida por grupos de trabajadores industriales, trabajadores profesionales cualificados, trabajadores agrícolas o de cualquier otro tipo; la votación se efectúa con arreglo a su actividad económica.

2. *La cámara baja*: elegida por determinadas organizaciones de la sociedad que abarcan grupos sociales, políticos y filosóficos, no incluidos los industriales ni los profesionales cualificados. Todos los ciudadanos de buena reputación participan en la elección de ambas clases

de representantes, pero se agrupan de forma diferente según corresponda la elección a la cámara alta o a la baja.

3. *La tercera cámara* —los ancianos estadistas—: abarca a los veteranos del servicio cívico e incluye a muchas personas ilustres nombradas por el jefe del ejecutivo, por los mandatarios regionales (subfederales), por el jefe del tribunal supremo y por los líderes de una u otra cámara legislativa. El límite de integrantes de este grupo es de cien, los cuales se eligen mediante la decisión mayoritaria de los mismos ancianos estadistas. El nombramiento es vitalicio y, cuando se generan vacantes, está previsto que se elija, de entre los candidatos, al que más votos reciba. La competencia de este órgano es de carácter puramente consultivo, si bien, es un poderoso regulador de la opinión pública y ejerce una gran influencia sobre todas las ramas del gobierno.

Una gran parte del trabajo de la administración federal lo llevan a cabo los diez organismos regionales (subfederales), que están compuestos, cada cual, de la asociación de diez estados. Estas divisiones regionales tienen carácter enteramente ejecutivo y administrativo; no tienen funciones ni legislativas ni judiciales. El jefe federal del ejecutivo nombra personalmente a los diez mandatarios regionales, cuya duración en el cargo —seis años— coincide con la suya. El tribunal supremo federal aprueba el nombramiento de estos diez mandatarios regionales y, aunque no se pueden volver a nombrar, el mandatario saliente se convierte automáticamente en compañero y asesor de su sucesor. Por otro lado, estos jefes regionales escogen sus propios gabinetes de funcionarios de la administración.

En esta nación, la justicia se administra por medio de dos sistemas principales de tribunales: los tribunales de justicia y los tribunales socioeconómicos. Los tribunales de justicia operan en los tres siguientes niveles:

1. *Los tribunales menores* de jurisdicción local y municipal, cuyas decisiones pueden recurrirse ante los altos tribunales estatales.

2. *Los tribunales supremos* estatales cuyas resoluciones son definitivas en todas las cuestiones que no conciernan al gobierno federal o que pongan en peligro los derechos y libertades de la ciudadanía. Los mandatarios regionales están facultados para llevar de inmediato cualquier caso ante el tribunal supremo federal.

3. *El tribunal supremo federal* —el alto tribunal para la resolución de litigios nacionales y los casos de apelación procedentes de los tribunales estatales—. Este tribunal supremo está formado por doce hombres mayores de cuarenta años y menores de setenta y cinco, que hayan servido durante dos o más años en un tribunal estatal y que hayan sido nombrados para este alto cargo por el mandatario en jefe, con la aprobación mayoritaria del gabinete de elevado rango y de la tercera cámara de la asamblea legislativa. Todas las decisiones que este órgano judicial supremo toma precisan al menos de dos tercios de los votos.

Los tribunales socioeconómicos operan en las siguientes tres secciones:

1. *Los tribunales parentales*, relacionados con las divisiones legislativa y ejecutiva del sistema familiar y social.

2. *Los tribunales educacionales*: organismos jurídicos vinculados con los sistemas escolares estatales y regionales, y relacionados con las ramas ejecutiva y legislativa del régimen administrativo de la educación.

3. *Los tribunales industriales*: tribunales jurisdiccionales revestidos de plena autoridad para la resolución de todos los desencuentros de carácter económico.

El tribunal supremo federal no dicta resolución sobre los casos socioeconómicos, salvo con el pronunciamiento de las tres cuartas partes de los votos de la tercera rama legislativa del gobierno nacional, la cámara de los ancianos estadistas. De otro modo, todas las decisiones de los tribunales superiores parentales, educacionales e industriales son definitivas.

3. La vida familiar

En este continente, va contra la ley que dos familias vivan bajo el mismo techo. Y puesto que las viviendas comunales se han declarado ilegales, la mayoría de los edificios de viviendas se han demolido, aunque los solteros siguen viviendo en clubes, hoteles y otras residencias comunales. La parcela más pequeña de suelo que se permite para el emplazamiento de los hogares ha de tener unos cuatro mil seiscientos metros cuadrados. Todo el terreno y otras propiedades usados para fines domésticos están exentos de impuestos hasta diez veces por encima de la asignación mínima de suelo previsto para dicho emplazamiento.

Durante el último siglo, la vida familiar de la población ha mejorado notablemente. Los padres de familia, tanto el padre como la madre, tienen obligatoriamente que asistir a las escuelas de puericultura para padres. Incluso los agricultores que residen en pequeños núcleos rurales llevan a cabo esta tarea por correspondencia, desplazándose a los centros cercanos para recibir instrucción oral una vez cada diez días; esto es, cada dos semanas, puesto que su semana es de cinco días.

Cada familia tiene un promedio de cinco hijos, que están bajo la plena autoridad de los padres o, en caso del fallecimiento de uno de ellos o de ambos, bajo la de los tutores designados por los tribunales parentales. Para cualquier familia representa un gran honor conseguir la tutela de un huérfano de padre y madre. Los padres han de competir entre ellos, y se otorga el huérfano al hogar de quienes demuestren mejores aptitudes como padres.

Estas personas consideran el hogar como la institución esencial de su civilización. Se exige que los hijos reciban en el hogar de sus padres la parte más valiosa de su educación y la formación de su carácter; y los padres dedican casi tanta atención a la crianza del hijo como las madres.

Son los padres o los tutores legales los que imparten en el hogar la educación sexual. Los maestros ofrecen la formación moral durante los períodos de descanso en los talleres escolares, pero no ocurre así con la enseñanza religiosa, que se considera un privilegio exclusivo de los padres; la religión se percibe como parte integrante de la vida familiar. La instrucción puramente religiosa solo se imparte públicamente en los templos de la filosofía; en este país, no se han desarrollado instituciones exclusivamente religiosas como las iglesias de Urantia. En su filosofía, la religión es el afán de conocer a Dios y de manifestar, mediante el servicio, el amor a sus semejantes, pero esto no es lo habitual del carácter religioso de las otras naciones de este planeta. En esta sociedad, la religión es una cuestión tan enteramente familiar que no existen lugares públicos dedicados de modo exclusivo a las reuniones religiosas. Políticamente, la Iglesia y el Estado, como los urantianos suelen decir, están totalmente separados, pero existe un extraño solapamiento entre la religión y la filosofía.

Hasta hace veinte años, los maestros espirituales (equiparables a los pastores religiosos de Urantia) que visitan a cada familia de forma periódica para valorar a los niños y comprobar si sus padres les han dado la debida formación, estaban bajo la supervisión del gobierno. Estos asesores y evaluadores espirituales están ahora bajo la dirección de la recién creada Fundación del Progreso Espiritual, una institución apoyada por contribuciones voluntarias. Posiblemente, esta institución no continúe desarrollándose después de la llegada de un hijo magistrado del Paraíso.

Los niños permanecen legalmente sujetos a sus padres hasta que tienen quince años de edad, momento en el que tiene lugar la primera iniciación a las responsabilidades cívicas. A continuación, cada cinco años y durante cinco periodos consecutivos, se llevan a cabo ejercicios públicos similares para estos grupos de edades en los que se reducen sus obligaciones hacia los padres, a la par que asumen nuevas responsabilidades cívicas y sociales para con el Estado. El derecho al voto se concede a los veinte años de edad, el derecho a contraer matrimonio sin consentimiento de los padres no se otorga hasta los veinticinco años de edad y los hijos tienen que abandonar el hogar paterno al cumplir los treinta.

En toda la nación existe una legislación común sobre el matrimonio y el divorcio. El matrimonio no está permitido antes de cumplir los veinte años —la edad de la emancipación civil—. El permiso para casarse se concede solamente tras haber notificado la intención de hacerlo con un año de antelación, y después de que tanto el novio como la novia hayan presentado las certificaciones acreditativas de que han recibido la debida instrucción en las escuelas de padres sobre las responsabilidades de la vida matrimonial.

Las estipulaciones sobre el divorcio son algo flexibles, pero las sentencias de separación, que dictan los tribunales parentales, no se pueden obtener hasta un año después de haberse presentado la solicitud, y el año de este planeta es mucho más largo que el de Urantia. No obstante, a pesar de que las leyes que regulan los divorcios son permisivas, la tasa actual de estos es únicamente la décima parte de la de las razas civilizadas de Urantia.

4. El sistema educativo

El sistema educativo de esta nación es obligatorio y mixto en las escuelas preuniversitarias, a las que los estudiantes asisten desde los cinco hasta los dieciocho años de edad. Estas escuelas difieren enormemente de las de Urantia. No hay aulas, se cursa una sola materia cada vez y, tras los primeros tres años, todos los alumnos se convierten en maestros auxiliares, instruyendo a aquellos que están por debajo de ellos. Solo se usan los libros para obtener información que ayude a resolver los problemas que se planteen en los talleres y en las granjas escolares. En estos talleres escolares se fabrica una gran parte del mobiliario utilizado en el continente al igual que muchos artefactos mecánicos —se está en la gran era de la invención y de la mecanización—. Junto a cada taller, hay una biblioteca laboral donde el alumno puede encontrar los libros de consulta que necesite. Se imparte también Agricultura y Horticultura durante todo el período educativo en unas amplias granjas colindantes con cada una de las escuelas locales.

A las personas con deficiencia mental se les forma solamente en la agricultura y en la ganadería, y se les confinan de por vida en colonias especiales custodiadas en las que se les separa por sexo para evitar la procreación, que se niega a aquellos de capacidad intelectual inferior a la normal. Estas medidas restrictivas llevan en funcionamiento setenta y cinco años; son los tribunales parentales los que dictan los mandatos de confinamiento.

Todos disfrutan de un mes de vacaciones al año. Las escuelas preuniversitarias operan nueve de los diez meses de los que se compone el año; las vacaciones se utilizan para viajar con los padres o con los amigos. Estos viajes forman parte del programa de educación de adultos y continúan a lo largo de toda la vida; los fondos para sufragar este tipo de gastos se reúnen del mismo modo que los que se emplean para el seguro de vejez.

Una cuarta parte del periodo escolar se dedica al deporte —al atletismo competitivo—; los estudiantes compiten avanzando, en pruebas de destreza y valor, desde el nivel local hasta el nacional, pasando por el regional y el estatal. Asimismo, los certámenes de oratoria y música, al igual que los de ciencia y filosofía, ocupan la atención de los estudiantes desde los niveles inferiores hasta aquellos que conllevan honores a nivel nacional.

El gobierno de la escuela es una réplica del gobierno nacional con sus tres ramas correlacionadas; al personal docente le corresponde la división tercera o legislativa y consultiva. En este continente, el objetivo fundamental de la educación es hacer de cada uno de los alumnos un ciudadano autosuficiente.

Todos los jóvenes que se gradúan del sistema escolar preuniversitario a los dieciocho años de edad son expertos artesanos. Comienza entonces el estudio de los libros y la adquisición de conocimientos especiales, ya sea en las escuelas de adultos o en las universidades. Cuando un alumno brillante completa sus estudios antes de lo programado, se le premia con tiempo y medios para que pueda elaborar su propio proyecto personal. Todo el sistema educativo está diseñado para formar adecuadamente al estudiante.

5. Organización industrial

La situación industrial de este país dista mucho de sus propios ideales; el capital y la mano de obra tienen todavía sus conflictos, pero ambos se están adecuando al plan de sincera cooperación. En este singular continente, cada vez más, los trabajadores van convirtiéndose en accionistas de todas las empresas industriales; y, paulatinamente, todo trabajador inteligente se va volviendo un pequeño capitalista.

Los antagonismos sociales están disminuyendo y la buena voluntad está aumentando rápidamente. No ha sobrevenido ningún problema económico grave como consecuencia de la abolición de la esclavitud (ocurrida hace más de cien años), ya que esta modificación se efectuó de modo gradual mediante la liberación, cada año, del dos por ciento de los esclavos. A aquellos que pasaron satisfactoriamente las pruebas físicas, mentales y morales se les otorgó la ciudadanía; una gran parte de estos esclavos más dotados eran prisioneros de guerra o hijos de ellos. Hace unos cincuenta años que deportaron al último de sus esclavos menos dotados e, incluso, en fechas más recientes, están acometiendo la tarea de reducir el número de las clases en declive degenerativo y depravadas.

Estas personas han desarrollado recientemente nuevas prácticas para afrontar las desavenencias en el ámbito industrial y para corregir los abusos económicos, que representan una notable mejora frente a los antiguos métodos de resolución de dichos problemas. Se ha prohibido la violencia como procedimiento para solucionar las discrepancias personales o industriales. Los salarios, los beneficios y otras cuestiones económicas no están estrictamente regulados, pero son los órganos legislativos de asuntos industriales los que los rigen generalmente, mientras que todas las disputas que surgen de la industria se resuelven en los tribunales industriales.

Los tribunales industriales llevan existiendo desde hace solamente treinta años, pero operan de manera muy satisfactoria. En su regulación más reciente se dispone que, en lo sucesivo, dichos tribunales deberán reconocer que las remuneraciones legales se contemplen en tres apartados:

1. Tipos legales de interés sobre el capital invertido.

2. Salarios razonables por la destreza empleada en las operaciones industriales.

3. Remuneraciones justas y equitativas por el trabajo.

Estas remuneraciones se satisfarán primeramente de acuerdo a un contrato, o ante una disminución de los beneficios compartirán proporcionalmente una reducción transitoria. Y, a partir de entonces, todos los beneficios que excedan estos gastos fijos se considerarán como dividendos y se prorratearán entre estos tres apartados: capital, destreza y trabajo.

Cada diez años, los mandatarios regionales ajustan y establecen las horas legales diarias de trabajo remunerado. En este momento, la industria opera con arreglo a una semana de cinco días, cuatro de trabajo y uno de esparcimiento. Estas personas tienen jornadas laborales de seis horas al día y, como los estudiantes, durante los nueve meses de los diez que tiene el año. Habitualmente, disfrutan sus vacaciones viajando y, como muy recientemente se han desarrollado nuevos métodos de transporte, la nación entera es propensa a viajar. El clima favorece los viajes unos ocho meses al año, y sacan el máximo de provecho de sus posibilidades.

Hace doscientos años la industria estaba completamente dominada por el afán de lucro, pero hoy en día este está siendo rápidamente desplazado por otras fuerzas impulsoras de orden superior. En este continente existe una viva competitividad, pero se ha transferido gran parte de ella de la industria al deporte, a la especialización, al logro científico y al desarrollo intelectual. Sigue bastante activa en los servicios sociales y en la lealtad al gobierno. En este país, el servicio público se está convirtiendo con celeridad en el objetivo fundamental de sus aspiraciones. El hombre más rico del continente trabaja seis horas al día en el despacho de su taller mecánico y luego se apresura hacia la sede local de la escuela de estadistas, en la que intenta cumplir los requisitos exigidos para el servicio público.

El trabajo se está volviendo cada vez más respetable en este continente, y todos los ciudadanos sanos de más de dieciocho años de edad trabajan o bien en casa y en granjas, en alguna empresa reconocida, en las obras públicas que dan ocupación a los desempleados temporales o en el colectivo de obreros obligatorios de las minas.

Estas personas están también comenzando a albergar una nueva forma de repulsión social —repulsión hacia la ociosidad al igual que hacia la riqueza inmerecida—. De forma lenta pero decidida, están conquistando a sus máquinas. Hace tiempo, ellos también lucharon por la libertad política y, posteriormente, por la libertad económica. Están ahora comenzando a disfrutar de ambas a la par que aprecian su bien merecido ocio, que se puede dedicar al desarrollo de su realización personal.

6. El seguro de vejez

Esta nación está haciendo un decidido esfuerzo por reemplazar el tipo de caridad que destruye la autoestima con una cobertura gubernamental digna que garantice la seguridad en la vejez. Aquí se proporciona educación a todos los niños y trabajo a todos los hombres, por lo que se puede llevar a buen término tal sistema de seguros para proteger a los enfermos y a los ancianos.

Todas las personas de esta nación deben jubilarse y cesar cualquier actividad remunerada a los sesenta y cinco años de edad, a menos que obtengan un permiso del comisario estatal de trabajo que las autorice a seguir en activo hasta los setenta años. Este límite de edad no afecta a los funcionarios públicos ni a los filósofos. Los discapacitados físicos o con invalidez permanente pueden acceder a la jubilación a cualquier edad, mediante un mandamiento judicial refrendado por el comisario de pensiones del gobierno regional.

Los fondos para las pensiones de jubilación proceden de cuatro recursos económicos:

1. De las remuneraciones de un día al mes, que el gobierno federal deduce para estos fines, en un país donde todos trabajan.

2. De los legados: muchos ciudadanos adinerados dejan fondos para este propósito.

3. De las ganancias de los trabajos obligatorios en las minas estatales. Una vez que los trabajadores que han sido reclutados forzosamente tienen para su propio sustento y han reservado la cuota para su jubilación, entregan todo el beneficio excedente que resulta de su trabajo a este fondo de pensión.

4. De los ingresos por los recursos naturales. El gobierno federal es el depositario social de todas las riquezas naturales del continente, y los

ingresos que se derivan se utilizan para fines sociales, tales como la prevención de enfermedades, la educación de los superdotados y los gastos de personas especialmente prometedoras que atienden las escuelas de estadistas. La mitad de los ingresos provenientes de los recursos naturales se destinan al fondo de pensiones de jubilación.

Aunque las fundaciones de actuarios estatales y regionales proporcionan muchas formas de seguros de protección, es el gobierno federal, a través de sus diez departamentos regionales, el que gestiona las pensiones de jubilación.

Desde hace mucho tiempo se han gestionado estos fondos públicos con honradez. Después de la traición y el asesinato, los castigos más severos que imponen los tribunales están relacionados con la traición a las responsabilidades públicas. Hoy en día, se considera la deslealtad social y política como el más atroz de todos los delitos.

7. El seguro de vejez

El gobierno federal es paternalista únicamente en la gestión de las pensiones de jubilación y el fomento del talento y la originalidad creativa; los gobiernos estatales se preocupan algo más del ciudadano individual, mientras que los gobiernos locales son mucho más paternalistas o socialistas. El gobierno metropolitano (o alguna subdivisión de este) se ocupa de asuntos como la salud, el saneamiento, la normativa en materia de construcción, el embellecimiento urbano, el suministro de agua, el alumbrado, la calefacción, el ocio, la música y la comunicación.

En todo el ámbito industrial se presta una atención primordial a la salud; ciertas facetas del bienestar físico se consideran como prerrogativas industriales y comunitarias, pero los problemas de salud a nivel individual y familiar son asuntos de interés estrictamente personal. En la medicina, como en todos las demás cuestiones exclusivamente personales, el plan del gobierno es abstenerse, cada vez más, de intervenir.

Las ciudades carecen de poder tributario, ni tampoco pueden endeudarse. Perciben prestaciones per cápita de la tesorería del estado y han de complementar estos ingresos con las ganancias de sus empresas de dominio público y con el cobro de licencias para la realización de diferentes actividades comerciales.

Es el municipio el que gestiona las instalaciones de transporte rápido, que facilitan enormemente la ampliación de los límites de la ciudad. Las fundaciones de prevención de incendios y de seguros sufragan los departamentos de bomberos de la ciudad, y todos los edificios, ya sean de la ciudad o del entorno rural, están a prueba de incendios —lo han estado desde hace más de setenta y cinco años—.

Los municipios no nombran a los agentes del orden público; son los gobiernos estatales los que gestionan las fuerzas policiales. Este cuerpo se recluta casi por entero de entre los varones no casados de veinticinco a cincuenta años de edad. La mayoría de los estados imponen a los solteros una fuerte presión tributaria, que se condona a todos los hombres que ingresan en la policía estatal. En el estado medio, la fuerza policial es solo una décima parte de lo que era hace cincuenta años.

Existe muy poca o ninguna homogeneidad entre los sistemas tributarios de los cien estados relativamente libres y soberanos, ya que las condiciones económicas y de otro tipo varían considerablemente en los diferentes sectores del continente. Cada estado tiene diez disposiciones constitucionales fundamentales que no son alterables salvo mediante la autorización del tribunal supremo federal, y uno de sus artículos impide aplicar un gravamen que exceda el uno por ciento anual del valor de cualquier propiedad, quedando exenta aquella destinada al emplazamiento del hogar, sea urbano o rural.

El gobierno federal no puede endeudarse, y se requiere un referéndum con una mayoría de las tres cuartas partes de los votos para que un estado pueda conseguir un préstamo, exceptuando que sea para fines bélicos. Puesto que el gobierno federal no puede contraer deudas, en caso de guerra el Consejo Nacional de Defensa está facultado para exigir un impuesto a los estados, al igual que hombres y material, según se precisen. Pero ninguna puede dejarse sin saldar durante más de veinticinco años.

Los ingresos para sufragar al gobierno federal proceden de los cinco recursos económicos siguientes:

1. *De los derechos de importación.* Todas las importaciones están sujetas a un arancel destinado a velar por el nivel de vida de este continente, que está muy por encima del de cualquier otra nación del planeta. El más alto tribunal industrial establece estos aranceles una vez que las dos cámaras del congreso industrial han ratificado las recomendaciones del jefe ejecutivo de asuntos económicos, que es la persona designada conjuntamente por estos dos órganos legislativos. Los trabajadores eligen la cámara industrial superior y, el capital, la baja.

2. *De los derechos de autor.* El gobierno federal apoya la invención y las creaciones originales en diez laboratorios regionales, ayudando a todo tipo de genios —artistas, autores y científicos— y protegiendo sus patentes. A cambio, el gobierno retiene la mitad de los beneficios obtenidos de todos estos inventos y creaciones, ya se refieran a maquinas, libros, arte, plantas o animales.

3. *Del impuesto de sucesiones.* El gobierno federal grava un impuesto escalonado sobre la herencia que oscila entre el uno y el cincuenta por ciento, dependiendo de la cuantía del patrimonio así como de otras condiciones.

4. *Del equipamiento militar.* El gobierno obtiene una importante suma de dinero del alquiler del equipamiento militar y naval para usos comerciales y recreativos.

5. *De los recursos naturales.* Los ingresos procedentes de los recursos, cuando no se precisan en su totalidad para los fines específicos señalados en los estatutos del Estado federal, se aportan a la tesorería nacional.

Las asignaciones federales, exceptuando los fondos militares que deduce el Consejo Nacional de Defensa, se originan en la cámara legislativa superior, se respaldan por la cámara baja, se aprueban por el jefe del ejecutivo y, finalmente, se validan por la comisión federal de presupuestos de los cien. Los gobernadores estatales son quienes proponen a los miembros de esta comisión y las asambleas legislativas estatales los eligen. Prestan sus servicios durante veinticuatro años, eligiéndose a una cuarta parte de ellos cada seis años. Cada seis años, este órgano, con la mayoría de las tres cuartas partes de los votos, escoge a uno de sus integrantes como presidente, con lo cual se convierte en director-administrador de la tesorería federal.

8. Escuelas especiales

Además del programa obligatorio de enseñanza elemental que se prolonga desde los cinco hasta los dieciocho años de edad, hay escuelas especiales que se organizan de la siguiente manera:

1. *Las escuelas de estadistas.* Estas escuelas son de tres clases: nacional, regional y estatal. Los cargos públicos de la nación se agrupan en cuatro categorías. La primera categoría de puestos de confianza pública atañe principalmente a la administración nacional, y todos los

cargos públicos de este grupo tienen que ser graduados de las escuelas regionales y nacionales de estadistas. En la segunda categoría, se pueden ocupar cargos políticos, electos o por nombramiento al graduarse de cualquiera de las diez escuelas regionales de estadistas; su cometido entraña responsabilidades en la administración regional y en los gobiernos estatales. En la tercera categoría, se incluyen las responsabilidades estatales y, para ella, solo se le requiere a los cargos estar en posesión de títulos estatales de estadista. Para la cuarta y última categoría de cargos públicos, no se necesita estar en posesión del título de estadista, ya que son puestos que se otorgan enteramente por nombramiento. Son puestos menores de ayudantía, secretaría y responsabilidades técnicas que distintos profesionales altamente cualificados desempeñan en funciones gubernamentales de carácter administrativo.

Los jueces de los tribunales menores y estatales ostentan títulos de las escuelas estatales de estadistas. Los jueces de los tribunales jurisdiccionales de asuntos sociales, educacionales e industriales poseen títulos de las escuelas regionales. Los jueces del tribunal supremo federal han de tener títulos de todas estas escuelas de estadistas.

2. *Las escuelas de filosofía.* Estas escuelas están afiliadas a los templos de filosofía y están más o menos relacionadas con la religión como labor pública.

3. *Las instituciones científicas.* Estas escuelas técnicas están más en coordinación con la industria que con los sistemas educativos y se rigen con arreglo a quince divisiones departamentales.

4. *Escuelas de formación profesional.* Estas instituciones especiales proporcionan la formación técnica de las diferentes profesiones altamente cualificadas, que suman doce.

5. *Escuelas militares y navales.* Cerca de los cuarteles generales nacionales y en los veinticinco centros militares costeros están operativas estas instituciones dedicadas a la formación militar de ciudadanos voluntarios de dieciocho a treinta años de edad. Para poder ingresar en estas escuelas, los menores de veinticinco años necesitan el consentimiento paterno.

9. El sistema de sufragio universal

Aunque los candidatos a todos los cargos públicos se limitan a los graduados de las escuelas de estadistas estatales, regionales o federales, los líderes progresistas de esta nación descubrieron una grave deficiencia en su sistema de sufragio universal y, hace unos cincuenta años, desarrollaron una disposición constitucional modificando su método de votación, que incluye las siguientes características:

1. Todo hombre y mujer de veinte o más años de edad tiene un voto. Al llegar a esta edad, todos los ciudadanos deben pertenecer a dos grupos de votantes: se incorporarán al primero de ellos con arreglo a su actividad económica —industrial, profesional, agrícola o comercial—; ingresarán en el segundo grupo de acuerdo con sus inclinaciones políticas, filosóficas y sociales. Todos los trabajadores pertenecen, por tanto, a algún grupo de sufragio de orden económico, y estos gremios, al igual que las asociaciones no económicas, se regulan de forma muy similar a la del gobierno nacional con su triple división de poderes. Durante doce años, no se puede cambiar la inscripción en estos grupos.

2. Tras su designación por los gobernadores estatales o por los mandatarios regionales y por decreto de los consejos regionales supremos, a quienes han prestado gran servicio a la sociedad, o han demostrado una sabiduría extraordinaria al servicio del gobierno, se les puede conferir votos adicionales, solamente una vez cada cinco años y sin que tal sufragio de excelencia exceda las nueve veces. El máximo número de votos que cualquier votante múltiple puede emitir es de diez. También, y de igual manera, se reconoce la labor de los científicos, inventores, maestros, filósofos y líderes espirituales, honrándoles con un aumento de sus atribuciones políticas. Estas prerrogativas cívicas de rango superior se otorgan por los consejos supremos estatales y regionales de manera muy similar a como se conceden los títulos por parte de las escuelas superiores especiales, y sus beneficiarios se enorgullecen de añadir los símbolos de tal reconocimiento cívico, junto con sus otros títulos, a sus listas de logros personales.

3. Todos los individuos condenados a trabajo forzoso en las minas y todos los funcionarios públicos que perciben aportación económica de los impuestos están privados de su derecho al voto durante los períodos de tales servicios. Esto no se aplica a los pensionistas, que se han jubilado a los sesenta y cinco años de edad.

4. Existen cinco tramos de sufragio que reflejan los impuestos anuales medios tributados cada lustro. A los grandes contribuyentes se les permite votos adicionales hasta un máximo de cinco. Tal concesión

es independiente de todos los demás reconocimientos, pero en ningún caso puede una persona emitir más de diez votos.

5. Cuando se adoptó este régimen electoral, se abandonó el método territorial de sufragio en favor del sistema económico u ocupacional. En la actualidad, todos los ciudadanos votan como miembros de grupos industriales, sociales o profesionales, con independencia de su lugar de residencia. De este modo, el electorado está integrado por grupos consolidados, unificados e inteligentes, que eligen solamente a los mejores miembros de sus respectivos grupos para ocupar puestos de confianza y responsabilidad en el gobierno. Existe una excepción a este método de sufragio ocupacional o grupal: la elección de un mandatario federal en jefe se efectúa cada seis años, mediante una votación a nivel nacional en la que ningún ciudadano puede emitir más de un voto.

Por consiguiente, exceptuando la elección del mandatario en jefe, el sufragio se ejerce por agrupaciones económicas, profesionales, intelectuales y sociales de la ciudadanía. El estado ideal es orgánico, y cada grupo libre e inteligente de ciudadanos representa un órgano vital y de carácter operativo dentro del más amplio organismo gubernamental.

Las escuelas de estadistas tienen competencia para iniciar actuaciones en los tribunales estatales dirigidas a privar del derecho de voto a personas con deficiencias mentales, ociosas, desinteresadas o delictivas. Se piensa que cuando el cincuenta por ciento de los ciudadanos de una nación está peor dotado o es deficiente y está en posesión del voto, tal nación está destinada al fracaso. Creen que la supremacía de la mediocridad significaría la perdición de cualquier nación. Votar es obligatorio, y se imponen cuantiosas multas a todo el que deje de hacerlo.

10. Tratamiento de la delincuencia

Los métodos de esta nación para hacer frente a la delincuencia, a la demencia y al declive degenerativo aunque, en algunos aspectos satisfactorios, en otros resultan, sin duda, impactantes para la mayoría de los urantianos. A los delincuentes ordinarios y a los deficientes se les internan, por sexo, en diferentes colonias agrícolas y se mantienen sobradamente por sí mismos. A los delincuentes reincidentes más graves y a los dementes irremediables los tribunales los condenan a morir en las cámaras de gas letal. Numerosos actos criminales, además del asesinato, incluyendo la traición a las responsabilidades gubernamentales, también conllevan la pena capital; y la aplicación de la justicia es segura y pronta.

Este país está saliendo de la era negativa de la ley para incorporarse a la positiva. Últimamente han llegado al extremo de intentar prevenir la criminalidad, sentenciando a aquellos supuestos asesinos y grandes delincuentes potenciales a servir de por vida en las colonias de reclusión. Si estos presos demuestran posteriormente que se han normalizado, se les da la libertad condicional o se les indulta. El índice de homicidios en este continente es solamente el uno por ciento del de las otras naciones.

Hace más de cien años se pusieron en marcha medidas para prevenir la procreación de los delincuentes y de los deficientes, y ya están arrojando resultados alentadores. No existen presidios ni hospitales para enfermos mentales. Por un motivo: de estos grupos solo hay aproximadamente el diez por ciento de los que existen en Urantia.

11. Preparación militar

El presidente del Consejo Nacional de Defensa puede designar, con arreglo a siete rangos, a los graduados de las escuelas militares federales, como "guardianes de la civilización", según sea su capacidad y experiencia. Este consejo consta de veinticinco miembros, que se nombran por los más altos tribunales parentales, educacionales e industriales, se ratifican por el tribunal supremo federal y se preside, de oficio, por el jefe del estado mayor de asuntos militares conjuntos. Estos miembros desempeñan su cargo hasta la edad de setenta años.

Los cursos que estos oficiales comisionados llevan a cabo tienen una duración de cuatro años y siempre se correlacionan con el dominio de algún oficio o profesión. Nunca se imparte la formación militar sin este correspondiente aprendizaje industrial, científico o profesional. Al completar tal formación, la persona ha recibido, durante estos cuatro años, la mitad de la educación que se imparte en cualquiera de las escuelas especiales, cuyos cursos duran igualmente cuatro años. De esta manera, se evita la creación de una clase militar profesional, ya que se proporciona a un gran número de hombres la oportunidad de tener su propio sustento mientras adquieren la primera mitad de una formación técnica o profesional.

En tiempos de paz, el servicio militar es totalmente voluntario, y el alistamiento en cualquiera de sus ramas de servicio es de cuatro años; durante estos, todo hombre realiza algún área especial de estudio, además de obtener pericia en tácticas militares. La formación musical es una de las principales áreas de las escuelas militares centrales y de los veinticinco campos de entrenamiento repartidos por la periferia del continente. En los períodos de estancamiento de la industria, se recurre de inmediato a muchos miles de desempleados para fortalecer las defensas militares del continente en tierra, mar y aire.

Aunque este país mantiene un poderoso sistema bélico como defensa contra la invasión de los pueblos hostiles que lo rodean, se puede hacer constar como mérito que desde hace más de cien años no ha empleado estos recursos militares en una ofensiva de guerra. Se han vuelto tan civilizados que pueden defender enérgicamente su civilización sin caer en la tentación de utilizar su poderío militar en actos de agresión. Desde la instauración del Estado continental unido, no se han producido guerras civiles, pero durante los dos últimos siglos, se han visto abocados a librar nueve duros conflictos de tipo defensivo; tres de ellos contra poderosas confederaciones de potencias mundiales. Aunque esta nación mantiene una adecuada defensa contra el ataque de vecinos hostiles, presta mucha más atención a la formación de estadistas, científicos y filósofos.

Cuando la nación está en paz con el mundo, todos los mecanismos móviles de defensa se emplean casi por completo en el intercambio, el comercio y el esparcimiento. Cuando se declara la guerra, la nación entera se moviliza. Durante el transcurso de las hostilidades, impera el sueldo militar en las industrias, y los jefes de todos los cuerpos militares se convierten en miembros del gabinete del jefe del ejecutivo.

12. Las otras naciones

Aunque la sociedad y el gobierno de este singular país son superiores en muchos aspectos a los de las naciones de Urantia, cabe señalar que en los otros continentes (hay once en este planeta) los gobiernos son claramente de orden inferior a los de las naciones más avanzadas de Urantia.

Justo ahora este gobierno superior tiene previsto establecer relaciones diplomáticas con los pueblos menos avanzados y, por primera vez, ha surgido un gran líder religioso que aboga por el envío de misioneros a estas naciones circundantes. Nos tememos que estén a punto de cometer el mismo error que otros muchos cometieron cuando se propusieron imponer una cultura y religión de índole superior a otras razas. ¡Qué cosas tan extraordinarias se podrían hacer en este mundo si esta nación continental de avanzada cultura tan solo saliese a los pueblos vecinos y trajese a sus mejores especímenes y luego, tras haberlos instruidos, enviarlos de vuelta como emisarios de la cultura a sus ignorantes hermanos! Por supuesto que si un hijo magistrado llegase pronto a esta adelantada nación, cosas maravillosas podrían acontecer rápidamente en este mundo.

Este relato de los asuntos de un planeta vecino se lleva a efecto gracias a la concesión de un permiso especial y con el propósito de hacer avanzar la civilización y mejorar el desarrollo gubernamental en Urantia. Se podrían añadir muchas cosas a esta narración que sin duda serían del interés de los urantianos y suscitarían su curiosidad, pero la información aquí revelada respeta los límites que nuestro mandato permite.

Los urantianos, sin embargo, deben prestar atención al hecho de que su esfera hermana de la familia de Satania no se ha beneficiado de la misión de magistrado ni de la de gracia de los hijos del Paraíso. Tampoco hay tanta divergencia cultural entre los distintos pueblos de Urantia como la que existe entre esta nación continental y sus semejantes planetarios.

El derramamiento del espíritu de la verdad proporciona las bases espirituales para la realización de grandes logros en aras de la raza humana de los mundos de gracia. Urantia está, pues, mucho mejor preparada para la más inmediata consecución de un gobierno planetario con sus leyes, mecanismos, símbolos, convenciones e idioma —todo lo cual podría contribuir poderosamente al establecimiento de la paz mundial bajo la ley y podría dar lugar, en algún momento, al amanecer de una verdadera era de conquista espiritual, que constituye el umbral planetario de las eras ideales de luz y vida—.

[Exposición de un melquisedec de Nebadón.]

Los títulos de los escritos de Urantia

PARTE I: EL UNIVERSO CENTRAL Y LOS SUPRAUNIVERSOS

PARTE II: EL UNIVERSO LOCAL

PARTE III: LA HISTORIA DE URANTIA

62. Las razas precursoras del hombre primitivo
63. La primera familia humana
64. Las razas evolutivas de color
65. La acción directiva sobre la evolución
66. El príncipe planetario de Urantia
67. La rebelión planetaria
68. Los albores de la civilización
69. Instituciones humanas primitivas
70. Evolución del gobierno humano
71. El desarrollo del Estado
72. El gobierno de un planeta vecino
73. El Jardín de Edén
74. Adán y Eva
75. La transgresión de Adán y de Eva
76. El segundo jardín
77. Las criaturas intermedias
78. La raza violeta después de los días de Adán
79. La expansión andita en Oriente
80. La expansión andita en Occidente
81. Desarrollo de la civilización moderna
82. Evolución del matrimonio
83. La institución del matrimonio
84. Matrimonio y vida familiar
85. Orígenes de la adoración
86. Evolución temprana de la religión
87. El culto a los espectros
88. Fetiches, amuletos y magia
89. Pecado, sacrificio y expiación
90. Chamanismo: Curanderos y sacerdotes
91. Evolución de la oración
92. Evolución posterior de la religión
93. Maquiventa Melquisedec
94. Las enseñanzas de Melquisedec en Oriente
95. Las enseñanzas de Melquisedec en el Levante
96. Yahvé, el Dios de los hebreos
97. Evolución del concepto de Dios entre los hebreos

132. Estancia en Roma
133. Regreso de Roma
134. Los años de transición
135. Juan el Bautista
136. El bautismo y los cuarenta días
137. Tiempo de espera en Galilea
138. Formación de los mensajeros del reino
139. Los doce apóstoles
140. La ordenación de los doce
141. Inicio de la labor pública
142. En la Pascua de Jerusalén
143. A través de Samaria
144. En Gilboa y en la Decápolis
145. Cuatro días memorables en Cafarnaúm
146. El primer viaje de predicación por Galilea
147. Un paréntesis en su labor para visitar Jerusalén
148. Formación de los evangelistas en Betsaida
149. El segundo viaje de predicación
150. El tercer viaje de predicación
151. Estancia y enseñanzas junto al mar
152. Los sucesos que desembocaron en la crisis de Cafarnaúm
153. La crisis de Cafarnaúm
154. Últimos días en Cafarnaúm
155. Huida por el norte de Galilea
156. Estancia en Tiro y Sidón
157. En Cesarea de Filipo
158. El monte de la transfiguración
159. Viaje por la Decápolis
160. Rodán de Alejandría
161. Otras conversaciones con Rodán
162. En la fiesta de los Tabernáculos
163. La ordenación de los setenta en Magadán
164. En la fiesta de la Dedicación
165. Comienza la misión de Perea
166. Última visita al norte de Perea
167. Visita a Filadelfia

168. La resurrección de Lázaro
169. Últimas enseñanzas en Pella
170. El reino de los cielos
171. De camino a Jerusalén
172. Entrada en Jerusalén
173. Lunes en Jerusalén
174. Martes por la mañana en el templo
175. El último discurso en el templo
176. En el monte de los Olivos, a última hora de la tarde del martes
177. Miércoles, día de descanso
178. Último día en el campamento
179. La última cena
180. El discurso de despedida
181. Consejos y advertencias finales
182. En Getsemaní
183. Traición y arresto de Jesús
184. Ante el tribunal del sanedrín
185. El juicio ante Pilato
186. Justo antes de la crucifixión
187. La crucifixión
188. El tiempo en la tumba
189. La resurrección
190. Las apariciones morontiales de Jesús
191. Apariciones a los apóstoles y a otros líderes
192. Apariciones en Galilea
193. Últimas apariciones y ascensión
194. La dádiva del espíritu de la verdad
195. Tras Pentecostés
196. La fe de Jesús

LOS ESCRITOS DE URANTIA

EN TRES VOLUMENES

se venden en Amazon.com

Nueva traducción al español por Ángel F. Sánchez Escobar de *The Urantia Book*, publicado inicialmente en 1955, en EE. UU., por la Fundación Urantia. Este libro, ahora en dominio público, contiene 2097 páginas de material revelado.

* * *

Sobre el traductor

ÁNGEL F. SÁNCHEZ ESCOBAR, profesor jubilado de la Universidad de Sevilla, ha empleado más de dos décadas de su vida en realizar su traducción de *Los escritos de Urantia*. Es licenciado en Filología Hispánica y Anglogermánica (Universidad de Sevilla). Completó estudios de Máster en Literatura Hispanoamericana y Lingüística, Pedagogía y Doctorados en Didáctica del Inglés (Vanderbilt University), Filología Inglesa, Literatura Española (Universidad de Sevilla) y Teología (St. Stephen Harding Theological College, EE. UU.). Tiene otros muchos estudios teológicos. Ha realizado numerosas publicaciones tanto en el campo de la lengua y de la literatura como en el de la retórica comparada, el religioso, el creativo y la traducción.

Made in the USA
Monee, IL
04 November 2026

67383071R00177